渤海、黄海和东海沉积有机碳分布图

说 明 书

乔淑卿 石学法 吴 斌 姚政权 胡利民 主编

胡 珊 盛 洁 制图

科 学 出 版 社

北 京

审图号：GS京（2023）0597号

内 容 简 介

《渤海、黄海和东海沉积有机碳分布图》（1∶250万）是根据近三十几年在该海区获得的5796站沉积有机碳数据及相关地球化学和沉积学参数精心编制而成的第一幅中国海区沉积有机碳分布图。图件及说明书系统地阐述了渤海、黄海和东海表层沉积有机碳分布特征和变化规律，定量估算了现代沉积有机碳埋藏通量，阐明了有机碳的来源和收支，探讨了沉积有机碳分布及埋藏控制因素。图件初步展示了渤海、黄海和东海沉积有机碳“家底”，预期能为我国的“双碳”研究提供理论支撑，对海洋碳循环研究起到积极的推动作用。

本图可为从事海洋科研、生产和教学工作的科技工作者、教师、研究生、大学生以及其他对中国海和“双碳”知识感兴趣的人员提供参考。

科学出版社 出版
北京东黄城根北街16号
邮政编码：100717
http：//www.sciencep.com
中煤地西安地图制印有限公司 印刷
科学出版社发行 各地新华书店经销
*
2024年9月第 一 版 开本：787×1092 1/16
2024年9月第一次印刷 印张：12 1/4
字数：237 000
（随图发行）
（如有印装质量问题，我社负责调换）

题　　记

我们必须知道，我们必将知道！

——大卫·希尔伯特

序

随着全球增温的加剧和“碳达峰”“碳中和”目标的提出，各种碳库研究受到学术界越来越多的关注。其中，地质碳汇有着不可低估的潜力，但目前尚未得到应有的重视。地质碳汇的研究和利用是一项前沿的基础性工作，需要开展大量的调查、监测来获取足够的观测数据，研发合理有效的评估技术和方法。

海洋约占地球表面积的71%，是地球上最大的碳库。其中的有机碳是海洋碳库的重要组成部分。有研究推测，全球大陆边缘可能埋藏了全球沉积有机碳的90%，而渤海、黄海和东海沉积有机碳埋藏量约占大陆边缘有机碳埋藏量的10%，具有非常重要的碳汇潜力。

渤海、黄海和东海发育宽浅的陆架，周边的黄河、长江及大量中小型河流带来的巨量沉积物不仅为陆架浅海提供了丰富的陆源物质，而且对全球海洋沉积物的组成有重要影响，在区域和全球碳循环中可能扮演着重要的角色。在近30年积累的大量数据资料基础上，石学法研究团队精心编制完成了1:250万《渤海、黄海和东海沉积有机碳分布图》及说明书，是中国对陆架海碳库研究新的探索和尝试。该图较详细地展示了渤海、黄海和东海现代沉积有机碳分布特征和变化规律，估算了海区现代沉积有机碳埋藏通量，并对表层沉积有机碳的来源和收支进行了计算，探讨了有机碳分布的控制因素。

研究团队长期从事海洋沉积与深海矿产资源研究，从中国近海到深海大洋，从低纬赤道到高纬极地都留下了他们辛勤探索的足迹。近年来，团队基于多年积累的海洋调查资料，先后编制出版了1:100万《渤海、黄海和东海沉积物类型图》和《南海沉积物类型图》，展示了渤海、黄海、东海和南海沉积物分布格局及变化规律。新编制的《渤海、黄海和东海沉积有机碳分布图》是在上述图件的基础上，对沉积有机碳分布规律进一步深入研究的新成果，是基于实测数据编制的中国第一幅海区沉积有机碳分布图，给出了渤海、黄海和东海沉积有机碳的“家底”，预期能为“双碳”研究提供支撑，并对海洋碳循环研究起到推动作用。

我谨此对图件的出版表示诚挚的祝贺，并向相关学者郑重推荐。

中国科学院院士

郭正堂

2023年8月

前 言

海洋是地球上最大的活性碳库，有机碳是海洋碳库的重要组成部分。从理论上讲，埋藏的沉积有机碳一般难以再进入碳循环系统，因而构成了重要的碳汇。据估算大陆边缘埋藏了全球沉积有机碳的90%，可见其在碳库中占有重要地位。近来也有研究者估算出中国东部近海（渤海、黄海和东海）沉积有机碳埋藏量约占全球大陆边缘沉积有机碳埋藏的10%，这个占比相当高。尽管上述估算非常粗略，但至少说明了中国东部近海沉积有机碳具有非常重要的固碳能力和碳汇潜力。

渤海、黄海和东海周围发育有世界性大河黄河、长江及大量中小型河流。这些河流输入的陆源物质在渤海、黄海和东海形成了大型三角洲和泥质沉积体，同时大量的陆源有机碳入海发生沉积埋藏。以往对该区沉积有机碳的组成、分布、埋藏、保存以及控制机理等方面开展了大量研究，取得了许多重要成果，但从碳库和碳汇的角度来看，还存在诸多不足，一方面尚未对渤海、黄海和东海沉积有机碳的分布特征和变化规律进行精细地全面刻画；另一方面也未能对沉积有机碳埋藏量、来源及收支进行系统和详实的计算，只是进行了非常粗略的估算。这些不足主要受限于以下三点：一是研究样品数量偏少，在空间上未能覆盖所有沉积物类型；二是没有将海洋沉积有机碳研究与海区沉积物分布特征充分结合起来进行分析；三是沉积速率数据偏少，代表性不足。因而亟须基于大量实测数据编制一幅精度较高的渤海、黄海和东海沉积有机碳含量分布图，并在此基础上进行深入研究。

为此，我们编制了这幅1:250万《渤海、黄海和东海沉积有机碳分布图》。图件以我们前期编制《渤海、黄海和东海沉积物类型图》获得的沉积物分布特征和变化规律为基础，利用“我国近海海洋综合调查与评价专项”和“海洋公益性行业科研专项”和“国家自然科学基金共享航次”等多个项目的沉积有机碳实测数据，并收集了公开发表的有关数据资料编制而成。本图图幅范围为117° ~ 131° E，21.5° ~ 41.5° N，比例尺为1:250万，底图采用墨卡托投影。编图和研究中使用的数据资料包括：沉积有机碳含量5796站，有机碳δ^{13}C 988站，有机碳Δ^{14}C432站，沉积总氮1920站，黑碳302站，基于^{210}Pb计算的沉积速率565站，干密度994站，粒度18229站。

据我们了解，迄今尚未有依据实测数据按规范编制的中国海沉积有机碳分布图，类似的工作在其他区域也不多见。本图及说明书详细展示了渤海、黄海和东海沉积有机碳的分布特征及其变化规律，分析了有机碳的来源，定量估算了现代沉积有机碳埋藏通量，探讨了有机碳分布的控制因素，阐明了沉积有机碳的收支。希冀本图的编制出版能深化中国近海碳库和碳汇研究，并进一步推动大陆边缘碳循环与气候变化研究。

本图由乔淑卿、石学法、吴斌、姚政权和胡利民主编，制图人为胡珊和盛洁，图件说明书由乔淑卿、石学法和吴斌统稿。本图是集体劳动的产物，先后参加相关沉积物调查研究人员逾100人，除主编外，刘焱光、程振波、蔡德陵、刘升发、陈坚、杨刚、王昆山、石丰登、王国庆、邹建军、窦衍光、刘志杰、宋晓红、熊林芳、朱志伟、刘涛、方习生、徐涛玉、吴永华、于永贵、崔迎春、白亚之、朱爱美、张辉、韩京云等参加了部分工作。

秦蕴珊院士和何起祥研究员生前对渤海、黄海和东海沉积学及有机碳的研究工作非常关心，给予了精心指导。郭正堂院士对本图的编制提出了指导性意见，并欣然为本图作序。王成善院士、潘德炉院士、李家彪院士、蒋兴伟院士、杨作升教授、吴世迎研究员、李培英研究员、李铁刚研究员、刘保华研究员、石绥祥研究员、宋金明研究员、赵美训教授、郭志刚教授、高树基教授、吴莹教授、包锐教授等提出了宝贵的意见或进行了有益的讨论。原国家海洋局科学技术司周庆海司长、雷波司长、康健副司长、辛红梅副司长、高学民处长、叶菁处长和李琳副处长，国家自然科学基金委员会任建国处长和冷疏影处长，青岛海洋试点国家实验室庄志猛副主任、石洪华副部长、张宇项目主管等在有关项目执行过程中给予了大力支持和帮助。谨对上述专家、领导、同事和所有参加沉积物调查取样、测试分析、数据处理和收集的人员致以衷心的感谢！

本图编辑出版得到崂山实验室科技创新项目（LSK202204200）、我国近海海洋综合调查与评价项目（908-ZC-I-05）、国家自然科学基金委员会-山东省联合基金海洋中心项目（U1606401）、科技部国家重点研发项目（2022YFF0800503）、海洋公益性行业科研专项经费项目（201205001）和泰山学者攀登计划项目（tspd20181216）的联合资助。

由于著者水平有限，图件与说明书中肯定还存在不足之处，敬请读者专家批评指正。

作　者

2023年8月

目　　录

1　渤海、黄海和东海区域概况

1.1　地形地貌特征

我国东部海域包括渤海、黄海和东海，位于21° 54′ ~41° 00′ N，117° 05′ ~131° 03′ E之间，总面积约为121万km^2。除冲绳海槽外，渤海、黄海和东海陆架的水深不超过150m，平均坡度不超过0.3‰，并呈现由岸及海、自北向南深度增大的趋势（图1.1）。冲绳海槽的深度超过2000m，是我国东部海域的地势最低点。

渤海是我国唯一的内海，位于37° 07′ ~41° 00′ N，117° 35′ ~121° 10′ E之间，其三面被辽宁、河北、山东和天津四省市包围，仅在东面以渤海海峡与黄海相通（图1.1）。渤海海域总面积约为7.7万km^2，南北长（辽东湾顶至莱州湾顶距离）约480km，东西宽（渤海湾顶至渤海海峡的庙岛群岛距离）约300km。渤海总体呈“三湾一峡一盆地”的地貌格局，主要由辽东湾、渤海湾、莱州湾、中央盆地和渤海海峡五部分组成。渤海海底地形平缓，由辽东湾、渤海湾和莱州湾三个海湾向中央盆地及东部渤海海峡倾斜，平均坡度仅0.13‰，是中国四大海域中坡度最小的海区（刘晓瑜等，2013）。渤海平均水深约18m，10m以浅区域占总面积的26%，最大水深（84m）位于渤海海峡北部的老铁山水道（陈义兰等，2013）。渤海沿岸有黄河、海河、辽河和滦河等河流携带大量泥沙入海并沉积下来，使得近岸河口地区水深较浅（石学法，2012）。

黄海是介于中国大陆和朝鲜半岛之间的半封闭海域，位于31° 40′ ~39° 50′ N，119° 00′ ~126° 50′ E之间，其西北以渤海海峡与渤海相通，北接辽东半岛，东临朝鲜半岛，西岸为山东半岛和苏北平原，南面以长江口北角启东嘴与济州岛西南端连线为界与东海相连（图1.1）。黄海南北长约870km，东西宽约556km，海域总面积约为38万km^2，最窄处为山东半岛的成山头和朝鲜半岛长山串之间的连线，距离约193km，并自然地将黄海分为北黄海和南黄海两个海区。其中北黄海呈近似封闭的椭圆形，海域面积约为7.1万km^2；南黄海呈不规则六边形，海域面积约为30.9万km^2。从海底地形看，北黄海海底由北、东、西三面向南倾斜，平均坡度0.21‰，平均水深38m，最深处位于南北黄海交界处，深达70m（林美华，1989）。南黄海海底地形的最大特点是存在一个南北向水深约70~90m的宽浅谷底“黄海槽”，由于其偏向朝鲜半岛一侧，因此造成南黄海地形东陡西缓，东侧平均坡度为0.48‰，西侧平均坡度为0.24‰（许东禹等，1997）。南黄海平均水深46m，最深处位于

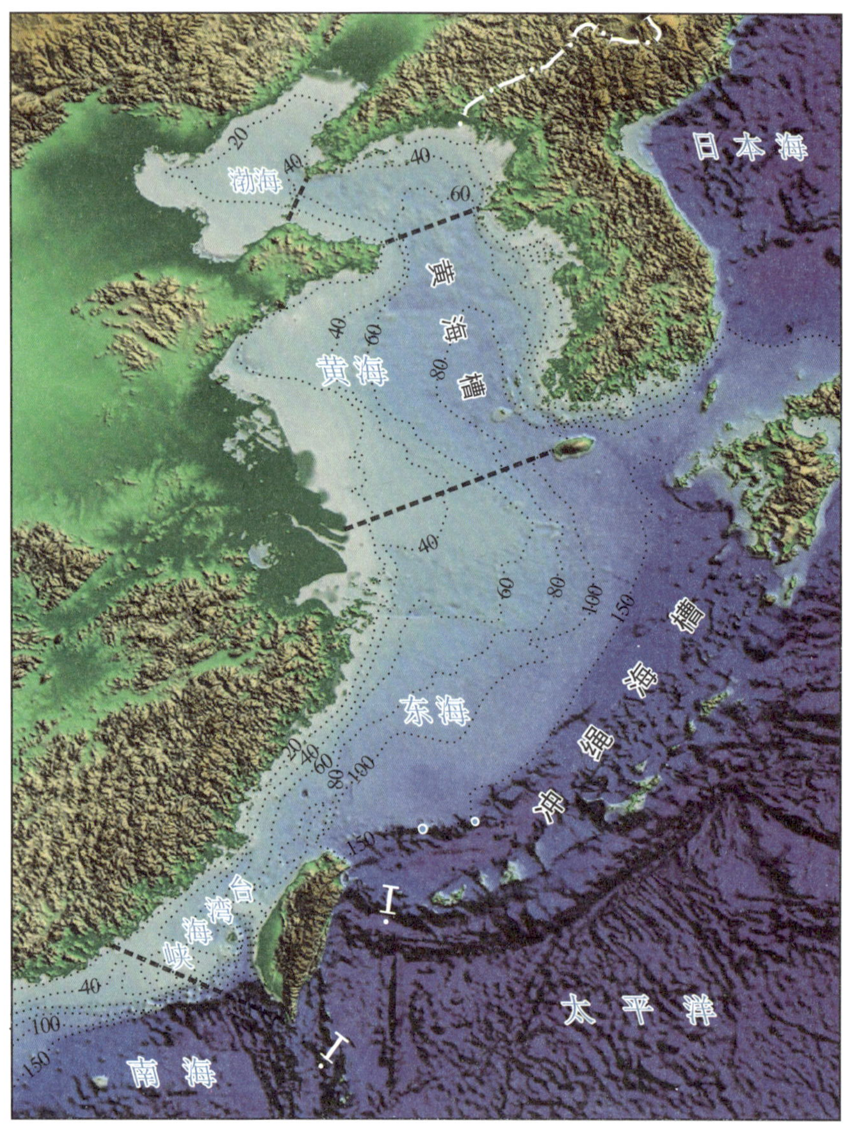

图1.1　渤海、黄海和东海地形图（等深线单位：m）

水深数据引自https://www.ngdc.noaa.gov/mgg/global/global.html

济州岛北侧，水深达140m。除海岸台地和岸坡外，黄海在我国苏北沿岸、韩国济州岛西侧以及西朝鲜湾均出现潮流沙脊地貌（刘振夏和夏东兴，2004；石学法，2012）。

东海是西太平洋的边缘海，位于21° 54′ ~33° 17′ N，117° 05′ ~131° 03′ E之间，其西北与黄海相连，西邻福建、浙江、上海三省市，东北以韩国济州岛东南端和日本福江岛南端连线为界与朝鲜海峡相连，东接日本九州、琉球以及我国台湾省，其间有众多水道与太平洋相连，南部以广东省南澳岛与台湾鹅銮鼻连线为界和南海相连（图1.1）。东海东北—西南向长度约1300km，东西宽约740km，海域总面积约为75.2万km^2。东海地形由西北向东南倾斜，平均水深370m，最大水深2322m（刘忠臣等，2003）。东海与太平洋及邻近海域间有许多海峡相通，南面以台湾海峡与南海连接，东部以琉球诸水道与太平洋沟通，东北方向经朝鲜海峡与日本海相通（秦蕴珊等，1987）。根据东海地形特征，自岸向海可划分为内陆架区（水深60m以内）、外陆架区（水深60~200m）和冲绳海槽区（水深大于200m）。内陆架区包括近岸台地和长江水下三角洲，外陆架区广泛分布有西北–东南走向的古潮流沙脊群，冲绳海槽大陆坡发育众多的海底峡谷。

1.2 气候和水文特征

渤海、黄海和东海位于亚洲大陆的东侧，处于东亚季风气候系统的控制区域。冬季30° N以北盛行西北季风，以南盛行东北季风；夏季盛行东南季风或者西南季风（熊学军，2012）。1月气温最低，南北差异较大：渤海平均气温为–4~0℃，北黄海为–1~2℃，南黄海为2~8℃，东海为8~18℃。渤海和北黄海的近岸气温较海区中部低，出现结冰现象。7月气温最高，南北差异较小：渤海平均气温为23~26℃，黄海为22~25℃，东海为25~29℃。渤海、黄海和东海的降水分布呈现南多北少、沿岸多于海区中央的特征。其中渤海年降水量为500~600mm，沿岸多，中部少；黄海年降水量为600~750mm，在朝鲜半岛近海可达1000mm；东海降水具有明显的东多西少特征，沿岸在1000mm左右，而在琉球群岛附近则可超过2000mm。从降水的季节分布来看，渤海和北黄海降水集中于7~8月，东海则呈现双峰型特征，即随季风进退在春季和秋季形成两次锋面雨带（苏纪兰和袁业立，2005）。

总体上看，渤海、黄海和东海的环流主要由北上的黑潮及分支和南下的沿岸流系组成，其不仅是陆源有机碳（organic carbon，简称OC）输送的重要通道，也影响着海洋初级生产力的分布，对海源有机碳的形成具有重要影响（石学法等，2016，2024）。北上的暖流和南下的沿岸流构成了气旋式的逆时针环流形式（图1.2）。黑潮是太平洋的西边界流，主要沿冲绳海槽西侧的陆架斜坡向东北流动，其表层水具有高温、高盐、高透光率和低营养盐等特征，使得黑潮表层的初级生产力较低（郝锵，2010）。黑潮主干的路径在冬夏两季变化不大，仅在流经台湾东岸时表现为冬季路径偏西，夏季路径偏东。黑潮流速较大，在台湾东岸区段夏季可达60~150cm·s^{-1}，冬季为35~84cm·s^{-1}；进入东海陆架后流速放缓，夏季为30~80cm·s^{-1}，冬季为20~60cm·s^{-1}（于非等，2002）。

黑潮与地形之间的相互作用，产生了入侵陆架的海流分支（图1.2）。其中，在台湾东北海区入侵陆架后与沿岸流形成高流速的台湾暖流，在九州西侧海区入侵后形成对马暖流。黄海暖流是对马暖流在济州岛东南方分出的一支海流，沿黄海槽西侧大约60m等深线附近北上，部分余脉进入北黄海和渤海。黄海暖流流速不大，一般在5cm·s^{-1}左右，且仅出现在冬季（王辉武等，2009）。所有黑潮分支均具有高温、高盐、低营养盐等特征，海水表层初级生产力较低，使得海源有机碳含量较低（熊林芳等，2010）。

渤海、黄海和东海的沿岸流自北向南包括鲁北沿岸流、苏北沿岸流、长江冲淡水和浙闽沿岸流，是陆源有机碳的主要输送带。其中鲁北沿岸流和苏北沿岸流终年向南流动，并呈现冬强夏弱的趋势，主要将黄河入海的陆源有机质向黄海和东海输运。长江巨大的入海流量形成长江冲淡水，在台湾暖流的阻隔下，大量陆源有机碳沉积在长江口和东海内陆

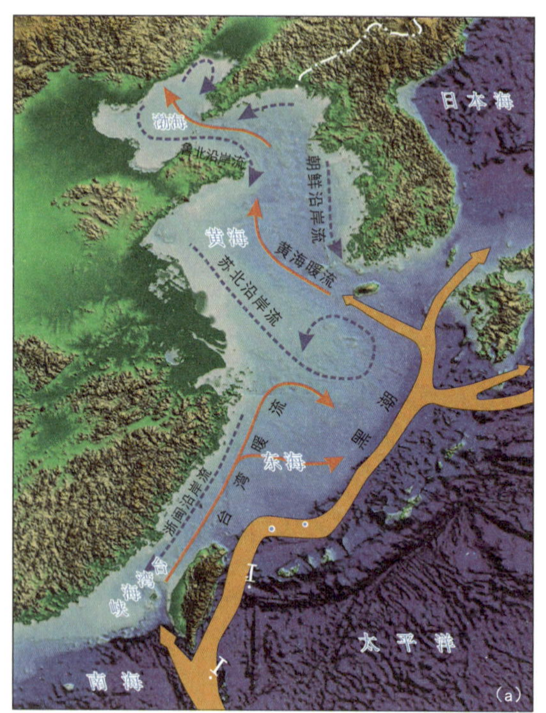

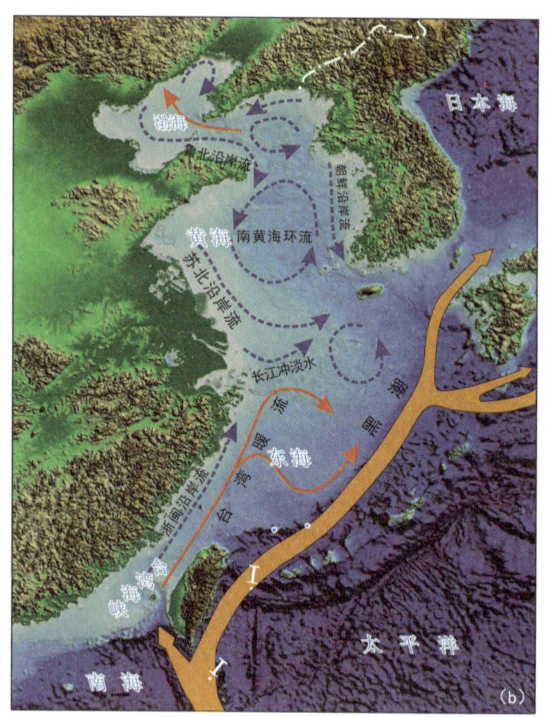

图1.2 渤海、黄海、东海环流模式图

（a）冬季；（b）夏季；改绘自苏纪兰和袁业立，2005

架，少部分被浙闽沿岸流带走（郭志刚等，2002）。同时，高营养盐的长江冲淡水显著提升了邻近海域的初级生产力，对海源有机碳的形成产生也具有重要贡献（檀赛春和石广玉，2006）。浙闽沿岸流具有明显的季节变化，其流向在夏季和台湾暖流相同，沿岸线向东北流动；冬季则反向，沿岸线向西南流动（曾定勇等，2012）。尽管渤海、黄海和东海的沿岸流具有高营养盐特征，但是其悬浮体浓度过高，透光率低，使得其初级生产力整体较低（郝锵，2010）。

除了上述环流体系外，黄海和东海还存在着一些较稳定的局地环流和中尺度涡，促进了我国近海重要泥质沉积区的形成和发育，并使其成为陆源有机碳的主要埋藏区域（Shi et al.，2003；石学法等，2016，2024）。夏季，南北黄海各形成一个气旋型环流，称为“黄海环流”，其中心为低温高盐的冷水团（苏纪兰和黄大吉，1995）。东海北部济州岛西南终年存在一冷水涡旋。在黑潮与台湾暖流的中间地带存在一弱流涡旋区，其形态存在复杂的季节变化（苏纪兰和袁业立，2005）。这些局地环流和中尺度涡均具有低营养盐特征，是我国近海初级生产力的低值区，不利于海源有机碳的产生（李国胜等，2003）。

1.3 周边河流有机碳输入

渤海、黄海和东海周边发育众多河流，其中长度在100km以上的河流就有49条（中国海湾志编纂委员会，1998；Qiao et al.，2017），本次统计的29条河流每年分别向渤海、黄海和东海输送780.1×10^6t、9.1×10^6t和482.3×10^6t沉积物（表1.1），是渤海、黄海和东海陆源有机碳的主要来源（刘军等，2015；Hu et al.，2016a；Liu et al.，2020）。如表1.1所示，黄河、海河和辽河等河流每年向渤海输送0.60×10^6t颗粒有机碳（particulate organic carbon，POC），其中黄河每年向渤海输入0.46×10^6t颗粒有机碳，约占全部河流的76%。淮河、鸭绿江以及朝鲜半岛河流每年向黄海输送约0.46×10^6t颗粒有机碳。长江、钱塘江、闽江等东南水系以及台湾西部水系每年向东海输送2.73×10^6t颗粒有机碳，其中长江每年向东海和南黄海输送超过1.77×10^6t颗粒有机碳，是我国向海输送有机碳最多的河流。

表1.1 渤海、黄海和东海周边29条主要河流（长度>100km）颗粒有机碳（POC）通量估算

河流名称	入海海区	年均径流量*/（$10^8 m^3·a^{-1}$）	年均输沙量*/（$10^4 t·a^{-1}$）	POC平均浓度/（$mg·L^{-1}$）	POC通量#/（$10^2 t\ C·a^{-1}$）	POC浓度数据来源
黄　河	渤海	301.4	72 200	15.26	4599	Ran等（2013）
海　河		8.20	7.38	8.05	66	Xia和Zhang（2011）
辽河/双台子		29.35	417	8.58	252	Xia和Zhang（2011）
大凌河		19.63	2 740	15.71	310	Xia和Zhang（2011）
小凌河		4.03	364	6.52	56	Xia和Zhang（2011）
六股河		6.02	148	2.57	15	Xia和Zhang（2011）
滦　河		46.51	1 739	9.26	431	Xia和Zhang（2011）
大清河		2.27	49.9	2.75	6	Xia和Zhang（2011）
子牙新河		3.09	38.6	11.31	35	Xia和Zhang（2011）
马颊河		2.93	76	14.06	41	Xia和Zhang（2011）
徒骇河		8.97	157	8.74	78	Xia和Zhang（2011）
小清河		8.78	36.9	7.54	66	Xia和Zhang（2011）
淮　河	黄海	21.16	212	4.85	105	刘军等（2015）
鸭绿江		289.47	373	3.36	973	刘军等（2015）
汉　江		170.00	100	5.77	981	刘军等（2015）
锦　江		420	220	6.03	2532	刘军等（2015）

续表

河流名称	入海海区	年均径流量* / ($10^8m^3·a^{-1}$)	年均输沙量* / ($10^4t·a^{-1}$)	POC平均浓度 / ($mg·L^{-1}$)	POC通量# / ($10^2t\ C·a^{-1}$)	POC浓度数据来源
长　江	东海	8964.00	39 000	1.98	17749	Wang等（2012）
钱塘江		11.60	17.1	1.94	23	鲍红艳（2013）
闽　江		37.31	54.3	3.14	117	刘军等（2015）
九龙江		148.00	307	1.03	152	Yang等（2013）
曹娥江		45.30	128.7	12.84	582	鲍红艳（2013）
甬　江		34.50	35.9	2.95	102	鲍红艳（2013）
椒　江		6.66	123	9.13	61	鲍红艳（2013）
瓯　江		332.00	266.5	3.67	1218	鲍红艳（2013）
飞云江		44.50	68.7	20.00	890	鲍红艳（2013）
淡水溪（高屏溪）		70.43	1145	20.88	1741	Kao等（2014）
曾文溪		16.40	18	63.21	1037	Kao等（2014）
乌溪（大肚溪）		37.27	679	26.52	988	Kao等（2014）
浊水溪		60.95	6387	42.9	2615	Kao等（2014）

*年均径流量和输沙量数据来自中华人民共和国水利部（2011年）、中国海湾志编纂委员会（1998年）、Kao和Milliman（2008年），其中黄河（1952~2010年）、滦河（1950~1984年）、辽河（1987 ~ 2010年）、海河（1960 ~ 2010年）、鸭绿江（1965~1974年）、淮河（1951~2010年）、长江（1950~2010年）、钱塘江（1956~2010年）、闽江（1952~2010年）、九龙江（1950~1979年）等河流的水、沙量为多年平均值。

#POC通量（$10^{-6}t·C·a^{-1}$）=POC平均浓度（$mg·L^{-1}$）×年均径流量（$m^3·a^{-1}$）

1.4　表层沉积物分布

渤海、黄海和东海表层沉积物以陆源碎屑沉积为主，只是在冲绳海槽区域沉积物中生物源组分和火山源组分含量较高。沉积物在黑潮及其分支、潮流、风暴潮和沿岸流等复杂的水动力作用下进行分异，形成了细粒级泥质沉积区、粗粒级砂质沉积区和混合沉积区，只有部分区域出现含砾沉积物、基岩和岩块。总体来看，渤海、黄海和东海陆架表层沉积物主要由砂质砾、砾质砂、含砾砂、细砂、粉砂质砂、粉砂、砂质粉砂、粉砂质黏土、黏土质砂、黏土质粉砂、黏土和砂-粉砂-黏土等12种类型组成，其中以细砂、粉砂质砂、粉砂、砂质粉砂、黏土质粉砂和粉砂质黏土分布范围最广（石学法等，2021）。

渤海、黄海和东海陆架广泛分布泥质沉积区，主要包括渤海、山东半岛东部沿岸、废黄河口、黄海中部、黄海东南部、济州岛西南和浙闽沿岸7个大型泥质区（图1.3）。这些泥质沉积区的沉积物主要为黏土质粉砂和粉砂质黏土，潮流和波浪动力因素一般较弱，沉积速率较高、沉积连续，是污染物和营养盐的重要载体，也是沉积有机碳的主要汇区（Huh et al.，2011；Qiao et al.，2017；Jia et al.，2018；石学法等，2021）。

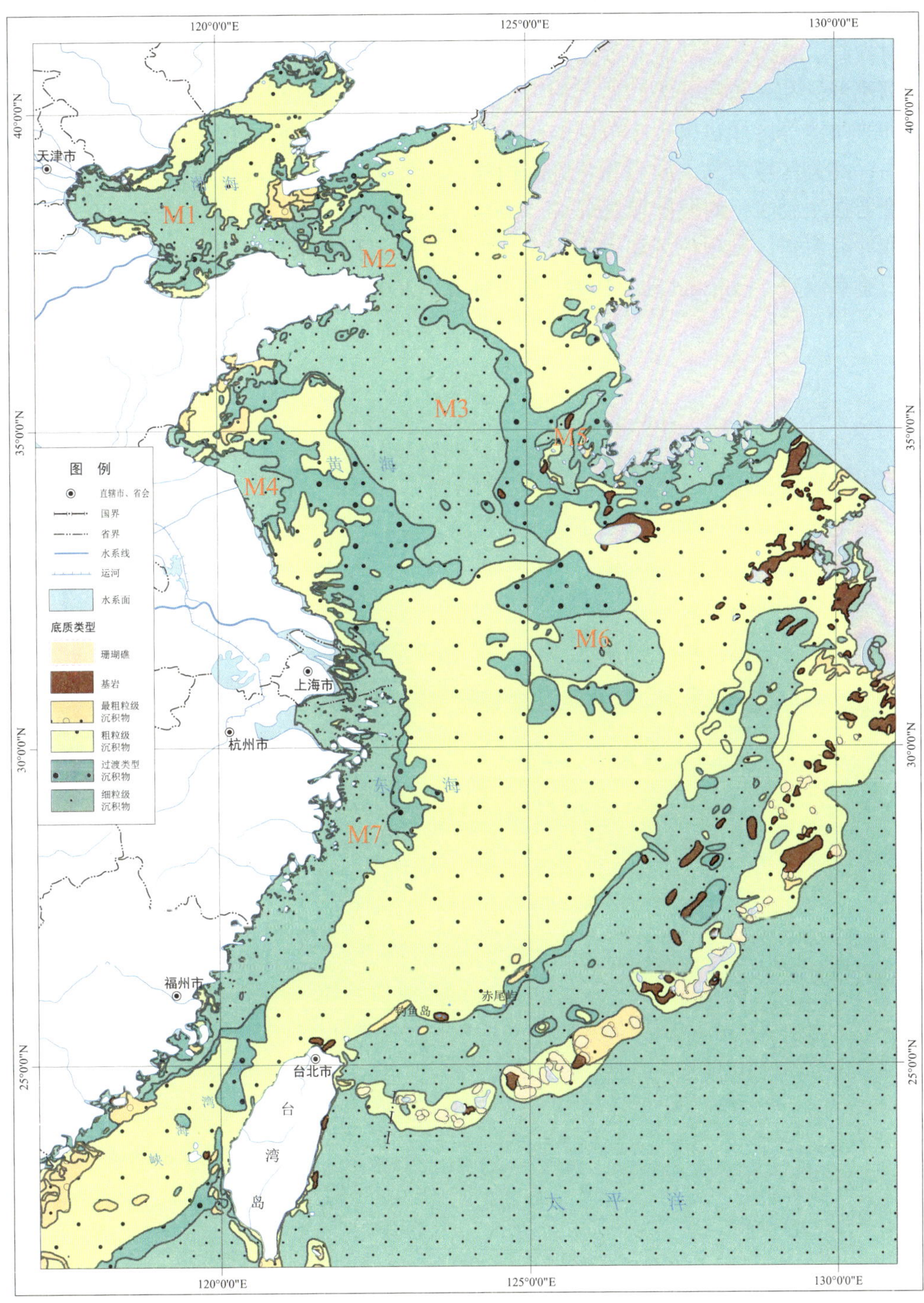

图1.3 渤海、黄海和东海沉积物类型分布简略图（石学法等，2021）

M1．渤海泥质区；M2．山东半岛东部沿岸泥质区；M3．黄海中部泥质区；M4．废黄河口泥质区；M5．黄海东南部泥质区；M6．济州岛西南泥质区；M7．浙闽沿岸泥质区；最粗粒级沉积物：砾石、砂质砾、砾质沉积物和含砾沉积物；粗粒级沉积物：砂、粉砂质砂和黏土质砂；过渡类型沉积物：砂质粉砂和砂-粉砂-黏土；细粒级沉积物：黏土、粉砂、黏土质粉砂和粉砂质黏土中国东部陆架还广泛分布有砂质沉积区，包括辽东湾中部、渤中浅滩、辽东浅滩、苏北辐射沙脊、黄海东部沙脊和沙席、东海外陆架沙脊、济州岛西北潮流沙脊、长江三角洲外古潮流沙脊和台湾海峡等砂质沉积区。另外，滦河口外、现代黄河三角洲北部、莱州湾顶部和海州湾等区域也出现小范围的砂质沉积分布区。这些砂质沉积区沉积物以细砂和中砂为主，部分区域为黏土质砂和含砾沉积物，现代潮流和波浪动力较强，沉积速率较低，甚至遭受强烈侵蚀（刘振夏和夏东兴，2004；Qiao et al.，2017；石学法等，2021）。东海陆坡和冲绳海槽区域现代沉积也较少，其中陆坡区沉积速率基本$<1mm \cdot a^{-1}$，只有浊流沉积区沉积速率较高（Huh and Su，1999；Huh et al.，2009）。

2 沉积有机碳分布图编制

2.1 国内外海洋沉积有机碳研究进展

研究证实，大气中CO_2的浓度与气候变化密切相关，尤其是工业革命以来，人为CO_2的大量排放是全球气候变暖的重要驱动因素（汪品先，2002；丁仲礼等，2009，2022）。海洋沉积有机碳（sedimentary organic carbon，SOC）是海洋碳库的重要组成部分，也是全球碳循环的一个重要汇。据估算高达90%以上的有机碳埋藏在大陆边缘（Hedges and Keil，1995；Bianchi et al.，2018）。大陆边缘不仅是碳循环的重要节点区域，参与了陆–海之间碳的交换（Rowe et al.，1994；Jahnke，1996；Dunne et al.，2007），也为海洋生态系统提供了关键的栖息地（Levin and Sibuet，2012）。同时，大陆边缘有机碳的来源和输运埋藏过程具有高度的时空非均一性（Blair and Aller，2012；Bauer et al.，2013；Ausín et al.，2021；Dai et al.，2022）。大陆边缘SOC的分布组成和源–汇过程研究对于认识碳的埋藏保存机制、归宿和生物地球化学循环具有重要的意义。一方面，河流从大陆向海洋输入大量的陆源有机碳，可在不同时间尺度上影响大气CO_2浓度（Galy et al.，2015；Leithold et al.，2016；Bianchi et al.，2018；焦念志等，2016；刘茜等，2018）；另一方面，海洋水动力以及后期的沉积改造作用也能进一步影响这些陆源碳的组成、活性和年龄（Blair and Aller，2012；Bauer et al.，2013；Ausín et al.，2021）。目前，评估不同组分沉积有机碳来源的方法主要基于沉积物全岩样品代用指标（例如C/N、$\delta^{13}C$和$\Delta^{14}C$等）和典型生物标志物（例如正构烷烃、木质素、四醚膜酯、烯酮、甾醇、脂肪酸等）等技术手段（Hedges et al.，1997；Goñi et al.，2005；Lamb et al.，2006；Belicka and Harvey，2009）。

海洋沉积有机碳埋藏和保存受多种因素影响，除有机碳自身来源的贡献以外，还与水动力、地形地貌、沉积速率、海洋生产力、溶解氧、沉积物粒度或比表面积等因素密切相关（Hedges and Keil，1995）。在较短时间尺度上（几十年到几千年），现代有机碳的氧化和埋藏可影响大气CO_2的浓度，而陈化土壤和古老化石碳的迁移和再埋藏对现代碳汇的贡献很小（Galy et al.，2008；Galy and Eglinton，2011；Tao et al.，2016）。从长时间尺度看，海洋中有机碳的沉积和埋藏对控制大气CO_2和O_2浓度以及化石燃料形成等具有重要作用（Berner，2003）。已有研究发现，过去15万年来深海有机碳埋藏与海平面变化和冰量具有相关性，这可能在一定程度上影响轨道尺度的全球大气CO_2含量变化（Cartapanis et al.，2016）。

随着人类活动对海洋环境影响的日益加剧，可能导致长期埋藏保存的SOC被扰动和再矿化，这一过程或将加剧未来的气候变化。目前对于全球海洋SOC的埋藏通量估算存在很大的不确定性，变化范围从126Mt C·a^{-1}至350Mt C·a^{-1}（Berner，1982；Burdige，2007；Keil，2017）。同时，对SOC储量的估算也在一定程度上受设置的参考深度或者沉积速率的影响（如160Mt C，Berner，1982、Hedges and Keil，1995；约87Gt C，Lee et al.，2019；约168Gt C，LaRowe et al.，2020；约3117Gt C，Atwood et al.，2020）。尽管近年来人们对沿海生态系统，如红树林（Atwood et al.，2017；Hamilton and Friess，2018；Sanderman et al.，2018）、海草（Kennedy et al.，2010；Fourqurean et al.，2012）、盐沼（Macreadie et al.，2017；Osland et al.，2018）以及全球海洋表层沉积物中的碳分布有所了解（Seiter et al.，2004；Lee et al.，2019），但仍然缺乏空间上对全球海洋沉积有机碳储量的精确评估。

由于大陆边缘系统具有高度的时空非均一性，沉积物输运过程和不同来源的OC输入影响着SOC的组成分布、性质、归宿和埋藏模式（Hu et al.，2013；Bao et al.，2016；Bianchi et al.，2018）。因此，首先需要从空间上进行系统的综合调查，以评估碳的来源和运输过程对陆架沉积有机碳的组成和分布的影响（van der Voort et al.，2018）。最近十几年来，科学家们建立了具有不同空间尺度和分辨率的海洋沉积有机碳数据库（例如，Inthorn et al.，2006；Hu et al.，2016a；Atwood et al.，2020；van der Voort et al.，2021；Martens et al.，2021），并包括了放射性碳同位素数据的集成、空间分析和表达（例如，Bao et al.，2016；Bosman et al.，2020）；同时人们也在尝试系统地建立整个大陆架的碳收支。不过，目前尚缺乏针对有机碳储量、埋藏通量及其空间分布的精确评估（Najjar et al.，2018；Fennel et al.，2019），导致对于有机碳储量和埋藏效率的认识具有不确定性（Legge et al.，2020）。近年来，基于地学大数据的统计或机器学习的空间预测方法取得了较好的效果（Hengl et al.，2014，2017），未来有望在海盆或全球尺度实现对海洋沉积有机碳埋藏和储存的量化评估（Lee et al.，2019；Atwood et al.，2020）。

2.2　渤海、黄海和东海沉积有机碳研究简史

海洋沉积有机碳是一个历久弥新的研究主题，我国近海沉积有机碳的研究与沉积物研究密切相关。我国于20世纪50年代末开始的大规模海洋调查，获取了大量沉积物样品和资料。自20世纪60年代以来，先后对渤海、黄海和东海等海域的沉积类型、物质组成、沉积速率以及沉积记录进行了系统的研究，在沉积作用、沉积环境和沉积模式的研究等方面取得了较大进展。这些大规模的海洋沉积学研究为渤海、黄海和东海沉积有机碳的研究奠定了基础。

1990年之前，我国近海沉积有机碳的研究总体比较薄弱。研究者早期发表的近海沉积有机碳论文多与油气资源勘查有关。例如程志纯（1980）通过对南黄海北部现代沉积有机碳与古代有机碳及有机碳组分的类比研究，探讨了石油成因的地质模式；崔秀荣（1983）

利用渤海和东海沉积物中的吸附态烃指示油气藏、评价生油岩、研究油气分布规律。随后，一批近海沉积有机碳地球化学特征与沉积环境演变的研究成果陆续发表。如栾作峰（1984，1985）通过分析东海和南黄海钻孔中沉积有机碳含量变化特征，探讨了其对于沉积环境演化的指示作用；许金树和李亮歌（1985）研究了台湾海峡沉积物类型和陆源输入对有机质分布的影响。在此期间，有学者开始使用有机碳稳定同位素和有机碳特征组分研究沉积有机质的来源，如施光春（1985）较系统地总结了现代沉积有机碳同位素组成，朱桂海和Brooks（1986）利用稳定碳同位素揭示了东海陆架泥质区沉积有机碳的来源和分布特征，朱桂海等（1988）还综合利用稳定碳同位素和有机碳组分（正构烷烃、多环芳烃）详细阐述了该区沉积有机碳的来源和组成特征。在这一时期，以中国科学院海洋研究所为代表的研究团队先后研究总结了渤海有机碳的空间分布规律（秦蕴珊等，1985）；揭示了长江口、冲绳海槽沉积有机碳分布及甾醇、脂肪酸、芳烃和氨基酸等生物标志物组成，探讨了早期成岩过程及有机质物源（秦蕴珊等，1987）；并利用表层沉积物中有机碳和沥青及其组分分析了北黄海沉积环境和物源（秦蕴珊等，1989）。

进入20世纪90年代，随着沉积物样品取样范围的不断扩大、国际合作的增加以及研究手段的进步，我国近海沉积有机碳的研究取得了较大的进展。其间沉积有机碳的研究主要聚焦两个方面：①有机质“从源到汇”过程及其调控机制研究，例如利用稳定碳同位素研究长江口颗粒有机碳含量和来源的季节性变化（蔡德陵等，1992），以及水动力对颗粒有机碳在河口分布格局的影响（施光春，1993；蔡德陵和蔡爱智，1993）；利用黏土矿物、金属元素和有机碳等参数探讨南黄海沉积环境对有机质沉积和埋藏的影响（赵全基，1993）。②沉积环境演化研究，包括物质来源、生产力重建、早期成岩过程的化学环境演化等，例如利用正构烷烃、甾醇等生物标志物研究冲绳海槽沉积有机质的物源变化（唐运千等，1993）；利用氨基酸的组成和海水古温度指标，重建南黄海中部的古生产力（卢冰等，1995）；利用有机质及其稳定同位素特征等指示沉积物早期成岩过程（王益友等，1991）；利用有机碳、Fe、Mn等指标研究化学成岩过程，并计算了湄洲湾有机碳的分解速率（陈绍勇，1992）。在此期间，通过系统总结我国近海沉积地球化学数据和资料，编著出版了包含渤海、黄海和东海沉积碳（无机碳和有机碳）分布图的《中国浅海沉积物地球化学》（赵一阳和鄢明才，1994），代表了我国20世纪该领域的研究成果和水平。

进入21世纪后，随着碳循环成为全球变化研究的焦点，我国近海沉积有机碳研究也取得长足进展。近20年来，研究者对渤海、黄海和东海沉积有机碳分布、来源、埋藏和保存以及控制机制等方面开展了系统的研究，主要成果包括：①揭示了土壤有机碳输入和海洋初级生产力是我国东部近海沉积有机碳的主要来源；②阐明了陆架泥质区是长江和黄河陆源沉积有机碳的主要储库；③提出了河流输入、沉积再悬浮和远距离输运等沉积动力过程显著影响着陆源沉积有机碳的输运和归宿；④大河输入、海洋初级生产力以及陆架沉积作用共同支撑着该区较高的有机碳埋藏能力；⑤初步估算了中国东部近海有机碳埋藏量约占全球大陆边缘沉积碳埋藏的约10%（Hedges and keil，1995；Deng et al.，2006；Hu et al.，2016a；焦念志等，2018），在全球海洋碳循环与碳汇效应中占有重要地位（Hu et al.，2009；2011；2012；2013；石学法等，2016，2024）。随着传统和新型生物标志物以及放射性碳（^{14}C）方法的应用（Bao et al.，2016，2018，2019；Tao et al.，2015；Yu et al.，2018，2021；Guo et al.，2021；Zhao et al.，2021；Zhu et al.，2008，2011a，2011b，2011c，2012，2013），对渤海、黄海和东海沉积有机碳的研究更加深入，尤其是在有机碳化学活性、年龄和水动力控制等方面实现了突破。在此基础上石学法等（2024）系统总结了中国东部近海沉积有机碳的分布、埋藏及碳汇效应，这为深入认识全球变化背景下中国东部海区沉积有机碳埋藏及潜力评估提供了依据。

为全面系统认识渤海、黄海和东海沉积有机碳的分布特征和变化规律，亟须编制一张全海域沉积有机碳分布图。上述调查研究工作为编制渤海、黄海和东海沉积有机碳分布图奠定了基础。

2.3　编图依据和方法

2.3.1　编图依据

渤海、黄海和东海沉积有机碳分布图编制主要依据：①我国近海海洋综合调查与评价专项《海洋底质调查技术规程》（国家海洋局908专项办公室，2006）；②《海洋调查规范第8部分-海洋地质地球物理调查》（GB/T 12763.8—2007）；③《海洋底质调查技术规程》（T/CAOE 42—2021）。根据调查研究站位数，确定编图比例尺为1:250万。

2.3.2　编图方法和范围

编图过程中，采用克里金法将离散数据点插值为分辨率为25km×25km的网格文件，克里金插值方法建立在下述假设的基础上，即邻近的两个点比相距更远的两个点更相似，并使用经验半变异函数模型创建预测值的网格面。

沉积有机碳埋藏通量计算公式为：$BF_{OC}=OC\times A\times SR\times \rho$。其中，$BF_{OC}$为有机碳埋藏通量（$g\cdot a^{-1}$），OC为有机碳，其含量以总有机碳（TOC，%）表示，A为面积（cm^2），SR为沉积速率（$cm\cdot a^{-1}$），ρ为干密度（$g\cdot cm^{-3}$）。渤海泥质区沉积物干密度取实测值，黄海和东海泥质区沉积物干密度取经验值$0.95g\cdot cm^{-3}$（Qiao et al.，2017）。通过数据网格化得到TOC、SR的空间分布，并将地理坐标系下的TOC与SR网格转换至墨卡托投影坐标系。对于任一网格单元，可通过公式计算该网格单元内的通量。渤海、黄海和东海有机碳埋藏通量为各泥质区内网格单元计算有机碳埋藏通量之和。

编图采用ArcGIS软件，图面系在地理底图的基础上，用颜色和实线勾画出有机碳含量的分布。图面配置和图式信息如下：①比例尺为1：250万，图幅范围为117～131° E，21.5～41.5° N；②投影方式：墨卡托投影，基准纬线30° N，CGCS-2000坐标系；③海域地理底图基于2017年1：100万全国基础地理数据库整理编制。

2.4 编图数据资料

本幅渤海、黄海和东海沉积有机碳含量分布图主要基于“东海底质调查”（1975～1978年）、“黄海底质调查”（1976～1977年）、“我国专属经济区和大陆架勘测”（1996～2001年）、“中韩黄海海洋沉积动力学合作研究”（1998～2000年）、“西北太平洋海洋环境调查与研究”（2001～2005年）、“我国近海海洋综合调查与评价”（2004～2012年）等专项调查项目和有关国际合作项目以及从研究报告和论文收集获取的18229站表层沉积物样品粒度、565站沉积速率、994站沉积物干密度、5796站沉积有机碳、1920站沉积总氮、988站有机碳$\delta^{13}C$、432站有机碳$\Delta^{14}C$和302站黑碳等数据编制而成（图2.1），其中主要数据来自“我国近海海洋综合调查与评价”专项底质调查与研究项目。

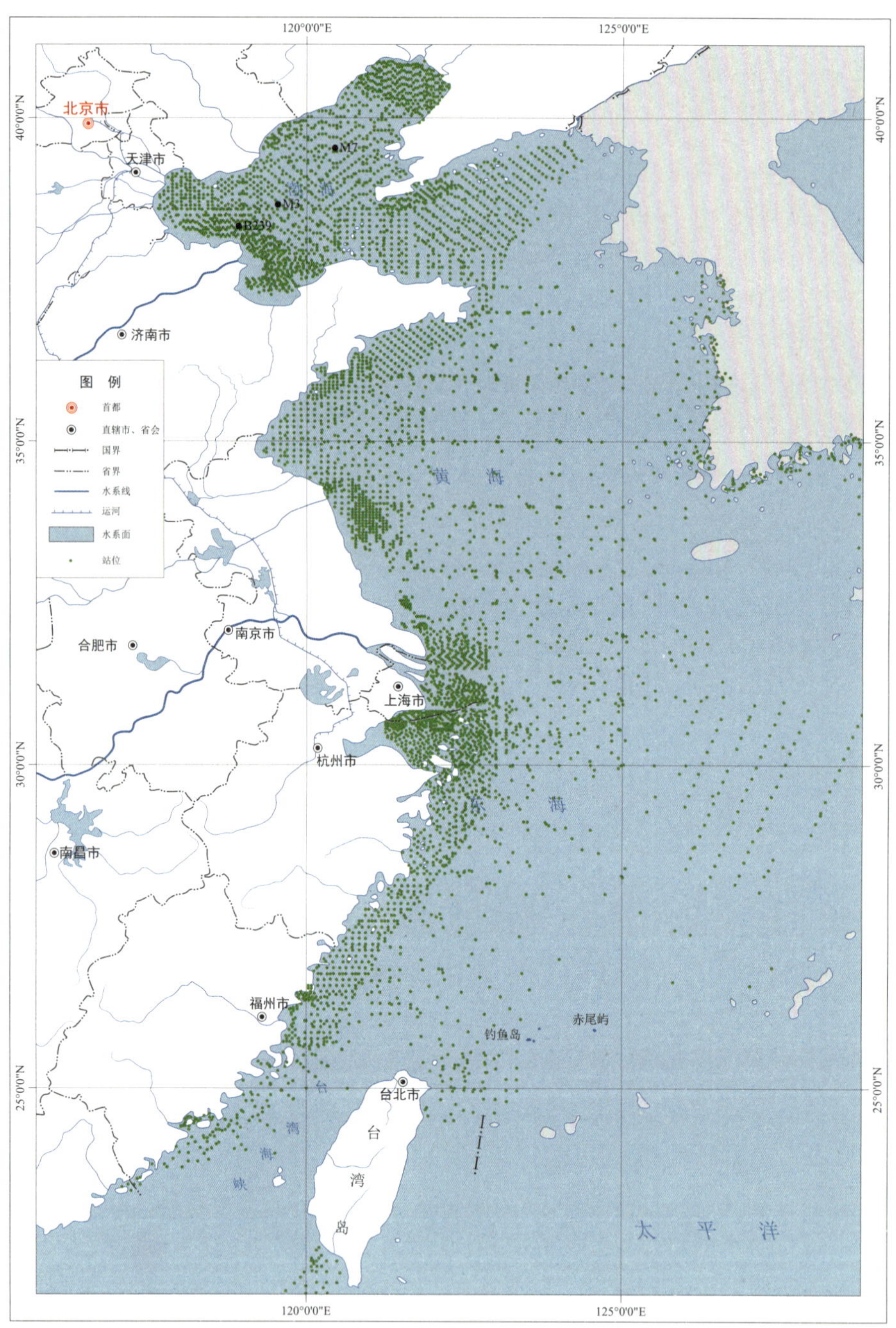

图2.1 渤海、黄海和东海表层沉积有机碳站位图

包括调查和收集的站位，收集站位数据引自Aller等，1985；Park等，1999；Lin等，2000；Jeng等，2003；Kang和Choi，2003；Deng等，2006；Kao等，2006，2014；Cha等，2007；Kong和Park，2007；Youn和Kim，2008；Chang等，2010，2015；Xing等，2011，2014；Li等，2012；Hu等，2012，2013，2016a；Wu等，2013；Li等，2014；Lim等，2015；Yao等，2015；Amano和Itaki，2016；Bao等，2016，2018；Tao 等，2016；Yoon等，2016；Cao等，2017；Zhang等，2017，2021；Liao等，2018；Ma等，2018；Zhao等，2018，2021；Matsuzaki等，2019；Mei等，2019；Kim等，2020；Sun等，2020a，2021；Wu 等，2020；Chen等，2021a，2021b；Guo等，2021；Qi等，2021；Wang等，2021；Yu等，2021；王润梅等，2015

3 沉积有机碳含量分布与分区

根据渤海、黄海和东海TOC数据累积频率（图3.1）对TOC含量分布进行划分：累积频率≥85%，即TOC≥0.71%为极高含量；累积频率≥75%，TOC≥0.62%为高含量；累积频率为25%~75%，即TOC为0.28%~0.62%为中含量，其中累积频率为50%~75%，TOC含量为0.45%~0.62%称为相对高值，累积频率为25%~50%，TOC含量为0.28%~0.45%称为相对低值；累积频率≤25%，即TOC≤0.28%为低含量；累积频率≤15%，即TOC≤0.20%为极低含量。

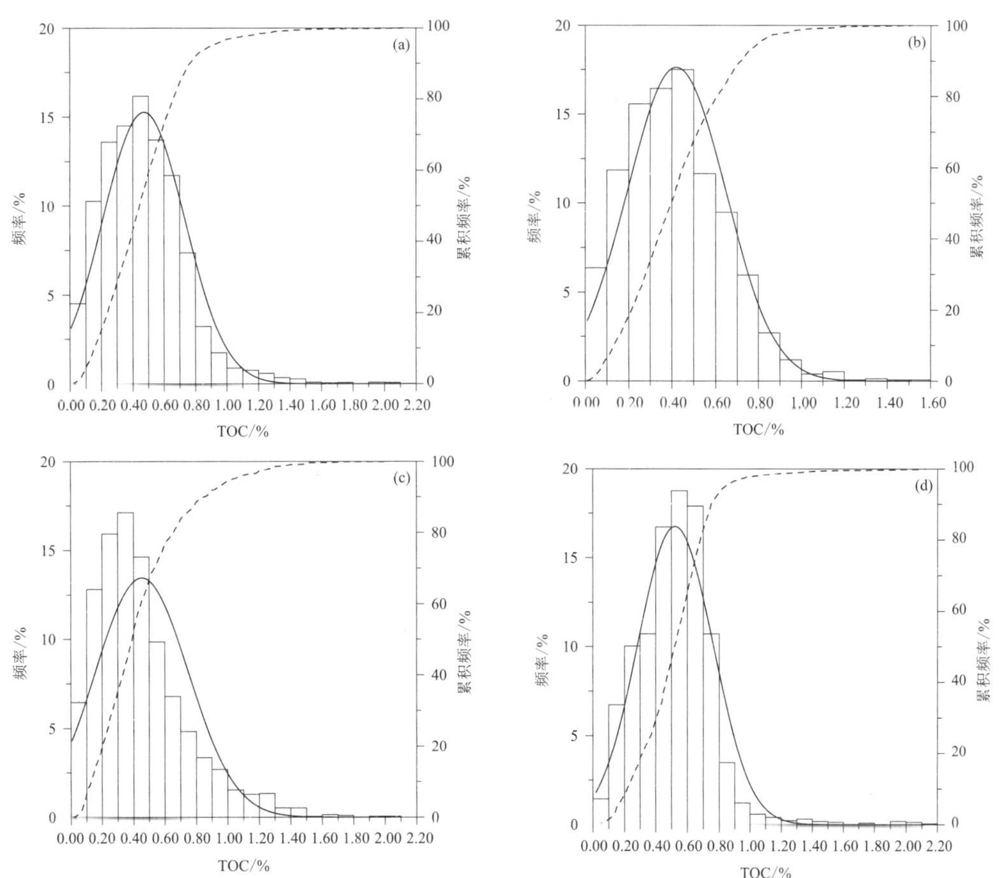

图3.1 渤海、黄海和东海沉积有机碳含量频率和累积频率分布

实线为正态分布拟合的频率曲线，虚线为累积频率曲线。（a）渤海、黄海和东海，（b）渤海，（c）黄海，（d）东海

3.1 渤海沉积有机碳分布特征

渤海TOC含量变化范围为0.01%~1.51%，平均值0.42% ± 0.23%（n=1509）（图3.2）。高含量区主要分布在黄河口毗邻的莱州湾西部、渤海泥质区、辽东湾西南部，其中极高含量主要分布在渤海泥质区，在莱州湾西南部小清河河口也少量出现。低含量区主要分布在辽东浅滩、渤中浅滩和辽东湾南部海域，滦河口至曹妃甸、黄河三角洲北部、莱州湾东部和辽东湾顶部等海域，其中部分海域出现小范围极低含量区。中含量区主要出现在辽东湾北部、渤海泥质区邻近周围海域和渤海海峡等区域。

从渤海的不同区域来看，辽东湾TOC含量总体处于较低水平，其顶部的大凌河、小凌河和辽河口周边海域，西北部的六股河河口以西至复州湾北部的辽东湾中、南部大部分区域TOC含量均较低，小于0.28%。其中，六股河河口周边、大辽河口以西海域为TOC极低含量区。辽河口外和辽东湾西南部区域出现斑块状相对高值区，约为0.45%，其余海域为相对低值区。

在渤海湾，TOC含量高值区出现在湾内中部偏东海域，局部出现极高值；低值区则主要位于黄河水下三角洲北部和曹妃甸近岸区域，其中零星出现极低含量区。渤海湾中北部和南部低值区外为TOC中含量区，其中近陆的中北部和南部大片海域为相对低值区，从渤海湾西部沿岸向东的大片海域为TOC相对高值区。

在莱州湾，TOC高值区位于小清河口外的沿岸区域，其中紧邻河口以南大片海域为极高含量区，同时该海域也是渤海TOC含量最高的区域。TOC低含量区仅零星分布在莱州湾东北和西北部海域，整体范围较小，其中极低含量区位于黄河口—小清河口连线以东海域。除小清河口外高值区和莱州湾西北部和东北部低值区外，莱州湾其他海域为中含量区，其中位于莱州湾西南从黄河口到莱州湾南岸大片海域，以及莱州湾东北部为相对高值区，莱州湾东部和北部大片海域为相对低值区。

渤海中部TOC含量在泥质区范围内较高，属于高值区，其东北部大片区域、西部和南部零星海域为TOC极高含量区。渤中浅滩、辽东浅滩、滦河河口等区域TOC含量普遍较低，大部分低于0.28%，为低含量区，其中极低含量区仅零星出现在渤中浅滩等海域。渤海中部海域泥质区高值区外的包围区域为相对高含量区，而中东部大片区域以及东北、西南等区域为相对低含量区。

渤海海峡主要为相对低含量区，在老铁山水道小范围出现TOC低值区，长岛到砣矶岛之间则出现相对高值。

3.2 黄海沉积有机碳分布特征

黄海TOC含量为0~2.03%，平均值为0.45% ± 0.30%（n=2092）（图3.2）。高含量区主要分布在山东半岛东部沿岸泥质区北部和南部、黄海中部泥质区、废黄河口泥质区、黄海东南部泥质区以及大连近岸和朝鲜半岛南部近岸等区域。其中，除废黄河口泥质区外，上述海域中心区或近岸区均为TOC极高含量区。低含量区则主要分布在沉积物粒度较粗的渤海海峡东侧区域、朝鲜半岛西侧大部分区域、除废黄河口外的江苏沿岸大部分区域，其中黄海东部沙脊和沙席、苏北辐射沙脊等海域为TOC极低含量区。中含量区主要分布于山东半岛东部沿岸泥质区北部东西两侧、山东半岛东侧和南侧、青岛近岸、废黄河口泥质区外围、黄海中西部，以及韩国西部沿海到黄海中部泥质区的大片海域。总体来说，黄海TOC含量空间分布差异较大。

从分区来看，北黄海TOC的含量分布呈现为一个高值中心和两个低值区域。在渤海海峡东侧，山东半岛和辽东半岛之间的北黄海中部为TOC高含量区。山东半岛东部沿岸泥质区范围内只在北黄海水深30~50m海区出现TOC极高含量区，而山东半岛东部沿岸泥质区其他区域TOC含量并不高（0.45%~0.62%）。西朝鲜湾大片海域为粗粒物质沉积区，TOC含量普遍较低（<0.28%），并以极低含量为主。TOC中含量区分布在山东半岛东部沿岸泥质区东、西边缘两侧的大片海域，其中近泥质区部分为中高含量区，近渤海海峡和朝鲜西部海域为中低含量区。

在南黄海区域，TOC含量呈现五个高值区，分别位于乳山南部的山东半岛东部沿岸泥质区、黄海中部泥质区、废黄河口泥质区、黄海东南部泥质区以及朝鲜半岛南端近岸泥质区。其中，乳山南部的山东半岛东部沿岸泥质区远海部分、黄海中部泥质区中北部、南部以及朝鲜海峡出现大范围极高含量区，35° N以北的黄海中部泥质区以及韩国南端洛东江和蟾津江三角洲TOC含量大于0.90%。TOC低值区广泛分布于连云港外海州湾、苏南外海以及江华湾等区域，其中TOC极低含量区位于上述区域的粗粒物质沉积区内。在江苏沿岸和朝鲜半岛黄海一侧近岸海域出现大片TOC中含量分布区。

3.3 东海沉积有机碳分布特征

东海沉积有机碳含量为0.02%~2.12%，平均值为0.52% ± 0.24%（n=2195）（图3.2）。高含量区主要分布在浙闽沿岸泥质区的宁波-台州外海和温州-福州近海部分、济州岛西南泥质区，冲绳海槽中部和北部、台湾海峡厦门近海、台湾海峡台湾一侧的桃园外海以及台湾岛西南和东北部等海域。其中TOC极高含量主要出现在东海内陆架的宁波-台州外海、温州和福州近海、厦门近海，济州岛西南泥质区，台湾岛东北、西南，以及冲绳海槽中北部。低含量区主要位于东海60m等深线以深到冲绳海槽的大片海域，其中以长江口外砂质区、东海外陆架砂质沉积区、台湾岛以北等海域为TOC含量极低区。中含量区主要位于东海外大陆架的北部和台湾海峡。东海TOC含量总体上呈现内陆架、冲绳海槽和济州岛西南泥质区高，而三者合围的外陆架及台湾海峡低的分布特征。

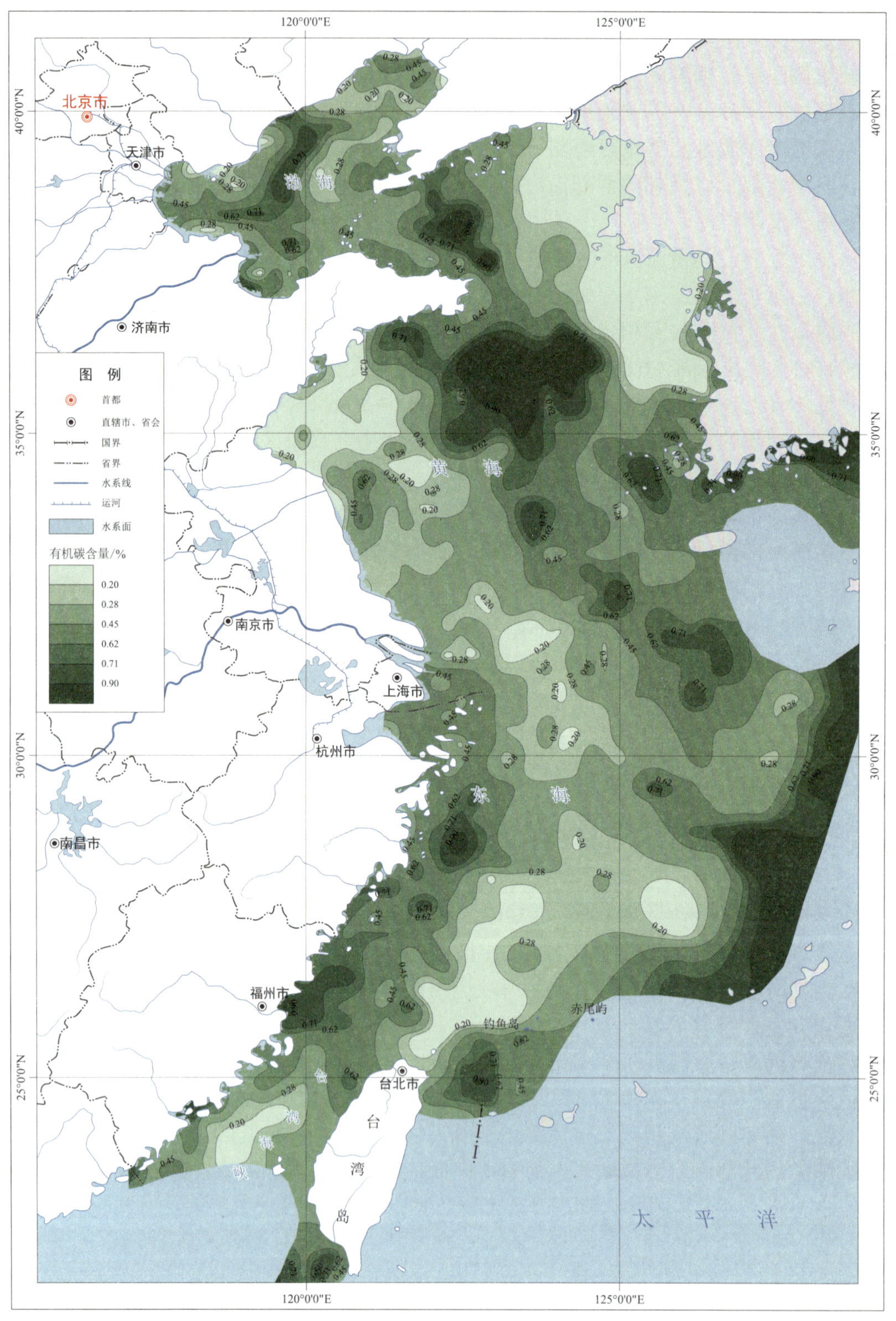

图3.2　渤海、黄海和东海沉积有机碳含量分布图

从分区来看，东海内陆架TOC含量普遍高于0.45%（中含量），在泥质区出现少量TOC极高含量区，包括韭山列岛—东矶列岛—台州列岛东侧、瓯江河口和闽江河口附近海域。另外，在九龙江和东溪河口附近，TOC含量出现极高值。TOC低值区主要分布在长江口外、浙江嵊泗列岛东侧、外陆架和台湾海峡中南部等区域。TOC极低含量区集中出现在紧邻长江口外潮流沙脊沉积区、外陆架以及台湾海峡中南部砂质沉积区内。东海外陆架西侧和台湾海峡北部TOC含量普遍低于0.45%，除零星的高值区斑块外，整体分布较均一。东海东北部的济州岛西南泥质区TOC含量较高（>0.62%），并且泥质区内出现斑块状TOC含量极高值。冲绳海槽TOC含量总体极高（>0.90%），在台湾东北部、冲绳海槽中部和北部的区域，TOC含量部分可高达1.00%以上，最高为2.12%。

总体上看，渤海、黄海和东海沉积物中TOC含量为0~2.12%，平均值为0.47% ± 0.26%（n=5796）。高含量区主要分布在渤海泥质区、北黄海中部、黄海中部泥质区、黄海东南部泥质区、韭山列岛—东矶列岛—台州列岛东侧、瓯江与闽江河口附近海域、济州岛西南泥质区、洛东江和蟾津江三角洲、台湾东北和西南部以及冲绳海槽中北部等区域，其中小清河口、北黄海中部、南黄海中北部、洛东江和蟾津江三角洲、闽江与瓯江三角洲、台湾岛东北和西南外海以及冲绳海槽TOC含量高达0.90%以上，属于极高含量区。低含量区主要分布在辽东湾南部、辽东浅滩、西朝鲜湾、江华湾、除废黄河口周边外的江苏沿岸、东海外陆架、台湾海峡等海区，其中黄海东部西朝鲜湾和江华湾附近海域、海州湾及邻近海域和东海外陆架TOC含量基本在0.20%以下。

4 沉积有机碳来源判识

海洋沉积有机碳可划分为陆源和海源两大类。陆架区域陆源有机碳（terristrial organic carbon，简称OC_{ter}）主要由河流输入，而海源有机碳（marine organic carbon，简称OC_{mar}）则由海洋生物活动产生，主要是海洋初级生产者经生物泵固定的有机碳，也包括动物和微生物的残体、排泄物和分解物等有机物质（Scheingross et al.，2021）。陆源有机碳主要包括新近维管束植物碎屑、土壤有机碳、岩石风化释放的化石有机碳以及黑碳等组分（Galy et al.，2007；石学法等，2016，2024）。其中，来自维管束植物碎屑这部分有机碳是由陆地植被初级生产者吸收大气CO_2固定而来，具有直接降低大气CO_2浓度的作用。C/N值（质量比）可以在一定程度上指示有机质的来源，通常陆源输入有机质C/N值大于15（Meyers，1997），而海源输入C/N值通常为5~7（Redfield，1963）。有机碳$\delta^{13}C$也是区分有机碳来源的重要指标之一，通常陆源C_3植物的$\delta^{13}C$为−22‰~−33‰，平均值−27‰；而C_4植物的$\delta^{13}C$为−9‰~−16‰，平均值−13‰（Blair and Alller，2012）。黄河流域以C_3植物为主，$\delta^{13}C$平均值为−26.7‰±4.18‰，长江流域C_3植物的$\delta^{13}C$与之相近（Sun et al.，2021；Yu et al.，2021；Zhao et al.，2021）。中国近海海源有机碳平均$\delta^{13}C$为−20.0‰±1.00‰（Wang et al.，2015）。根据渤海、黄海和东海沉积有机碳的$\delta^{13}C$值，利用二端元模型可获得陆源和海源相应贡献比例，计算公式如下：

$$f_{ter} + f_{mar} = 1$$

$$f_{ter} \cdot \delta^{13}C_{ter} + f_{mar} \cdot \delta^{13}C_{mar} = \delta^{13}C_{OC}$$

其中，f_{ter}、f_{mar}分别为陆、海源组分比例，$\delta^{13}C_{ter}$、$\delta^{13}C_{mar}$则分别为陆源和海源有机碳的同位素比值，$\delta^{13}C_{OC}$为样品中有机碳的同位素比值。

通过测定沉积有机碳$\Delta^{14}C$能得到有机碳的年龄和现代碳比值（Fm），进而获得现代生物有机碳比值（Fm_{bio}）、生物有机碳（OC_{bio}）含量和岩源有机碳（OC_{petro}）含量等重要参数，可用于指示沉积有机碳的活性并区分不同碳储库的比例和贡献（Bao et al.，2016；Hilton，2017）。OC_{bio}可以影响碳在海洋储库中的净规模和停留时间（Galy and Eglinton，2011；Hilton et al.，2012）。在地质时间尺度上，OC_{bio}在河流中的搬运及其在海洋沉积环境中的埋藏是大气CO_2升高的重要负反馈机制（Berner，1982）。OC_{bio}和OC_{petro}计算公式如下（Galy et al.，2008）：

$$Fm_{bio} \cdot OC_{bio} + Fm_{petro} \cdot OC_{petro} = Fm \cdot OC$$

$$OC_{bio} + OC_{petro} = OC$$

$$Fm=\frac{\Delta^{14}C/1000+1}{e^{-\lambda\ (t-1950)}}$$

其中，OC、OC_{bio}、OC_{petro}分别为总有机碳、生物有机碳和岩源有机碳含量，Fm为现代碳比值，λ为衰变常数，*t*为采样年代。

OC_{petro}的现代碳比值（Fm_{petro}）为0，那么$Fm·OC=Fm_{bio}（OC-OC_{petro}）$。由此得到Fm·OC~OC的线性回归曲线，斜率即为Fm_{bio}，截距与斜率之比为OC_{petro}。OC_{bio}为OC与OC_{petro}之差，陆源生物有机碳（$OC_{bio-ter}$）为OC_{ter}与OC_{petro}之差，海源生物有机碳（$OC_{bio-mar}$）为OC_{bio}与$OC_{bio-ter}$之差。

黑碳（black carbon，BC）是海洋沉积有机碳的重要组分，其含量可占SOC的15%~30%（Middelburg et al.，1999）。黑碳是生物质和化石燃料不完全燃烧产生的高度难熔残余物，是一种非纯净的碳质颗粒（Kuhlbusch，1998）。因此，黑碳可作为人为来源有机碳的重要指标。黑碳具有高度芳环化结构和微生物难降解特征，因此具有很强的惰性/稳定性（Hu et al.，2016b）。黑碳排放后，大部分（微米级的焦炭Char和木炭Charcoal）储存在原地土壤，而小部分（亚微米级的烟炱Soot）则进入大气，最终上述黑碳可能会通过大气沉降、河流携带等途径进入海洋，并沉积埋藏在海底沉积物中（Middelburg et al.，1999；Wang. X et al.，2016）。黑碳的惰性特征使其具有在沉积物中长时间保存的特性，因而对有机碳的稳定埋藏具有重要贡献和意义（Ramanathan and Carmichael，2008）。黑碳以“死碳”形式埋藏在海洋沉积物中，是全球碳循环中“丢失碳”的重要部分。从全球来看，黑碳主要埋藏在近海陆架，埋藏量约为18 Mt $C·a^{-1}$，而开放大洋仅为2Mt $C·a^{-1}$（Suman et al.，1997）。

4.1 C/N值

根据渤海、黄海和东海所有C/N值数据累积频率进行划分：累积频率≥75%，即C/N≥8.0为高值；累积频率≤25%，即C/N≤6.1为低值；介于二者之间为中值，即累积频率>25%且<75%，6.1<C/N<8.0。

渤海沉积物中C/N值为2.3~21.8，平均为7.5 ± 3.2（*n*=132，图4.1）。渤海C/N值分布与TOC有一定相似性，即在黄河口、海河等河口的外围邻近海域呈高值，而莱州湾南部、东部到渤海东部的大片区域均为较低值。相比TOC高值区的片状分布，C/N值高值区仅分布于河口及其周边海域。渤海沉积物C/N最高值（21.8）出现在黄河口，其他高值区包括黄河口周边、莱州湾西部、海河口外、滦河河口外和辽河口等区域。C/N低值区大部分位于黄河三角洲北部、渤中浅滩和辽东浅滩以及莱州湾南部到东北部的沿岸区域。

黄海C/N值为1.3~23.6，平均值7.6 ± 2.6（*n*=1140），整体空间变异性显著高于渤海（图4.1）。黄海C/N值和TOC含量分布大体一致，高值区在大连外海、山东半岛南侧、废黄河口泥质区、黄海中部泥质区北部和西南部呈块状分布，在山东半岛东部沿岸泥质区北部和海州湾、长江口北部江苏外海等区域呈零星状分布。C/N低值则主要分布在黄海东侧、海州湾外、苏北浅滩等砂质沉积区。

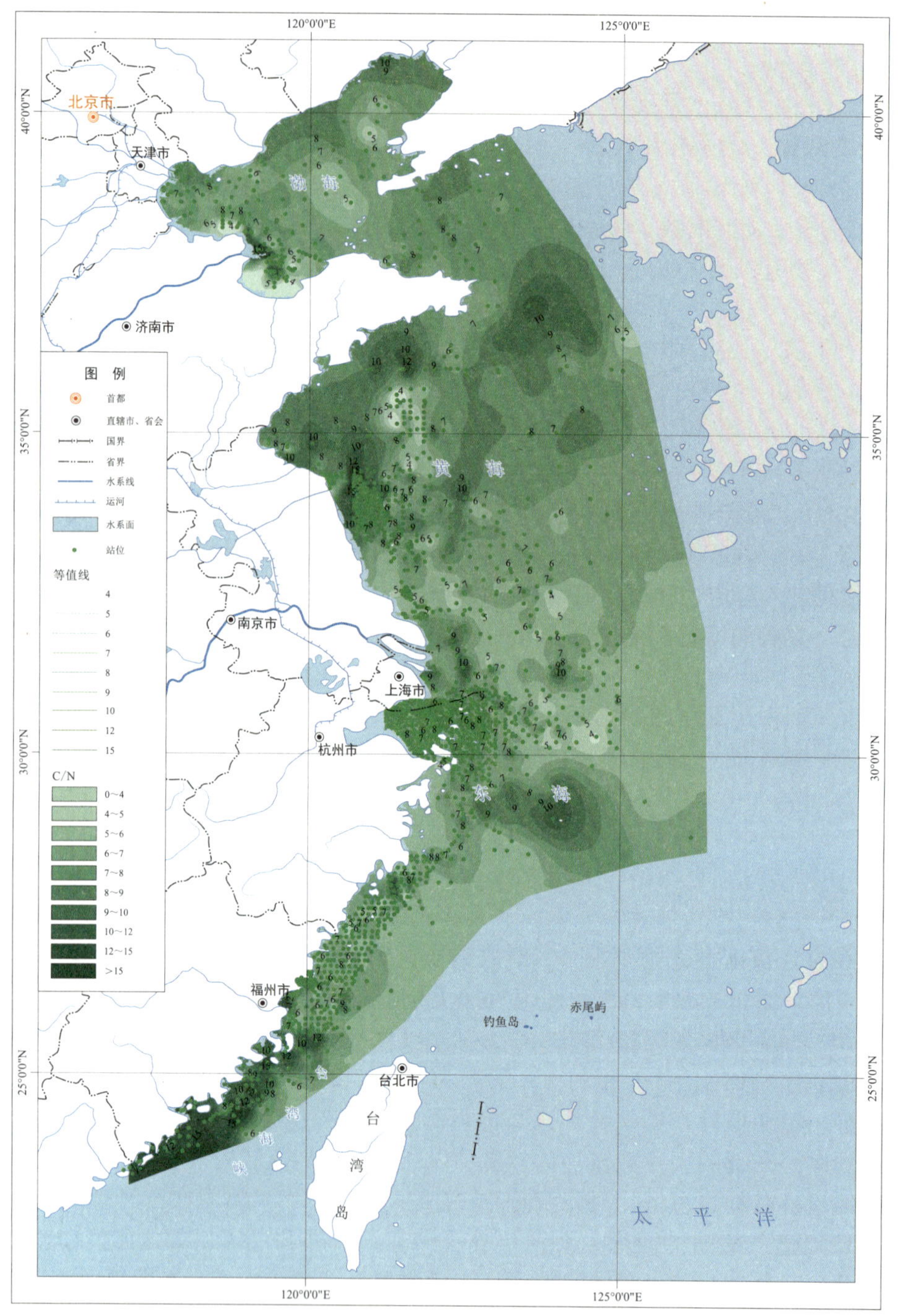

图4.1　渤海、黄海和东海沉积有机质C/N值分布图

东海沉积有机质C/N值为2.1~28.1，平均值为8.1 ± 3.3（n=648）（图4.1）。C/N值分布与TOC分布类似，在陆源输入显著的长江口、浙闽沿岸泥质区、福建沿岸的闽江和九龙江河口等区域，C/N值较高；而在砂质沉积区以及东海外陆架等区域，C/N值较低。高值区主要零星分布在长江口和内陆架泥质区、台湾海峡福建近岸以及外陆架北部，而低值区主要

位于东海外陆架大部分区域。在空间分布上，C/N值具有从长江口向外、从内陆架向外逐步降低的分布趋势。

整体上看，渤海、黄海和东海沉积物C/N值为1.3~28.1，平均值为7.8 ± 2.9（n=1920，图4.1）。C/N值分布与TOC具有一定的相似性，即在陆源影响显著的泥质区和河口等区域TOC含量和C/N值均较高，而在砂质区降低。然而，C/N值在黄海中部泥质区西南边缘具有团块状高值区（>9.3），但对应的TOC含量低于0.40%。由于近海沉积物中无机氮、沉积动力环境和微生物作用等都可能影响C/N值，这使得近海有机碳的C/N值对有机碳物源的指示作用存在一定局限（Hu et al.，2013；石学法等，2016，2024）。

4.2　稳定碳同位素比值（δ^{13}C）

根据渤海、黄海和东海沉积有机质δ^{13}C数据累积频率进行分布划分：累积频率≥75%，δ^{13}C≥−21.58‰为高值；累积频率≤25%，δ^{13}C≤−22.61‰为低值；介于二者之间为中值，即累积频率>25%且<75%，−22.61‰<δ^{13}C<−21.58‰。陆源有机碳组分比值数据按累积频率进行划分，累积频率≥75%，即陆源组分≥37.3%为高值；累积频率≤25%，陆源组分≤77.5%为低值；介于二者之间为中值，即25%<累积频率<75%，37.3%<陆源组分<77.5%。海源有机碳组分比值数据按累积频率进行划分，累积频率≥75%，即海源组分≥77.5%为高值；累积频率≤25%，海源组分≤7.3%为低值；介于二者之间为中值，即25%<累积频率<75%，37.3<海源组分<77.5%。

渤海沉积有机碳δ^{13}C为−25.80‰~−20.95‰（平均值为−22.35‰ ± 0.66‰，n=158），总体表现为空间分布不均匀性较高、值偏低，绝大部分低于−21.58‰（图4.2）。δ^{13}C相对高值区（δ^{13}C>−22‰，相对富集）主要位于辽东湾南部、渤海湾东部、莱州湾东南部到渤海中部靠近渤海海峡等区域。δ^{13}C低值区（δ^{13}C≤−22.61‰，相对亏损）则集中出现在黄河口周边、辽东湾顶部近岸、复州湾等区域。其中黄河口北侧等区域出现δ^{13}C极低值，低于−23.10%。渤海沉积有机碳陆源组分占比13.5%~82.9%，平均为33.5%。高值区主要分布在黄河、滦河、六股河、辽河等河口近岸以及渤海南部莱州湾北部海域（图4.3）。海源组分占比17.1%~86.5%，平均为66.5%（图4.4）。高值区零星分布于辽东湾南部和渤海湾湾口。总体看来，渤海沉积有机碳以海源贡献为主（平均为66.5%），主要分布在远离河流等陆源输入的渤海中部等区域，陆源组分则在黄河和滦河等河口周边海域占主导。

黄海沉积有机质δ^{13}C为−24.20‰~−20.00‰，平均值为−22.17‰ ± 0.70‰（n=233）（图4.2）。δ^{13}C的分布仅在北黄海与TOC和C/N值分布相似，在其他海域分布基本上不一致。高值区主要位于连云港—青岛外海、黄海中部泥质区西北和南部，北黄海朝鲜半岛一侧以及苏南外海等区域。其中海州湾内出现了δ^{13}C极高值区（>−20.70‰）。低值区主要分布在大连外海、山东半岛东部沿岸泥质区北侧，黄海中部泥质区和废黄河口及周边海域。黄海沉积有机碳陆源组分占比2.9%~60.0%，平均为31.2%，其高值区主要分布在大连外海、山东半岛东部沿岸泥质区北部、黄海中部泥质区西部和废黄河口等区域（图4.3）。海源组分占比40.0%~97.1%，平均为68.8%，其高值区主要位于海州湾、青岛外海、黄海东部、黄海中部泥质区中东部等

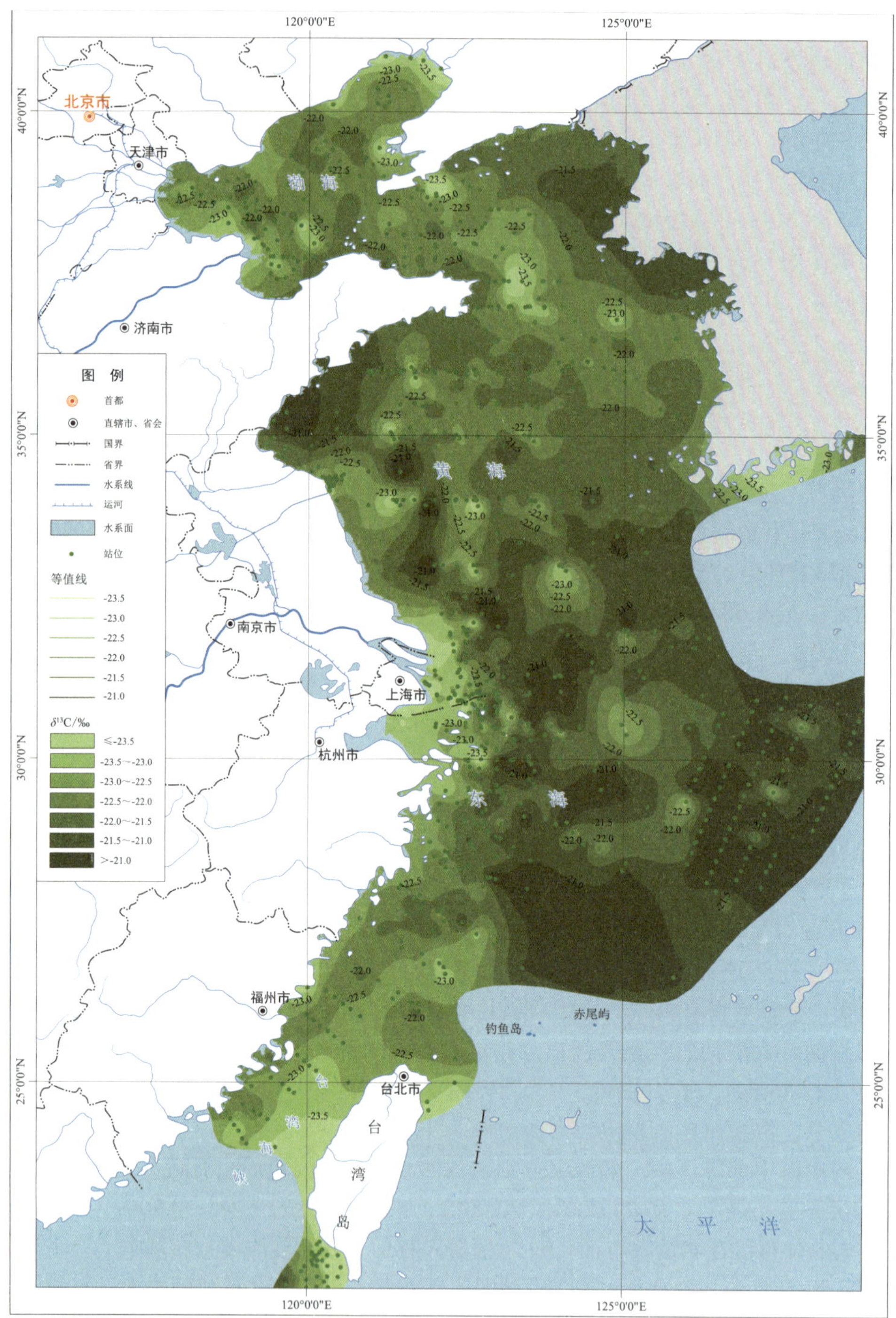

图4.2　渤海、黄海和东海沉积有机碳$\delta^{13}C$分布图

包括调查和收集的站位，收集站位数据引自Kao等，2006，2014；Zhu等，2008；Xing等，2011，2014；Hu等，2012，2016a；Li等，2014；Yao等，2015；Tao等，2016；Yoon等，2016；Zhang等，2017；Liao等，2018；Ma等，2018；Zhao等，2018，2021；Mei等，2019；Sun等，2020a，2021；Wu等，2020；Chen等，2021a，b；Guo等，2021；Qi等，2021；Wang等，2021；Yu等，2021；Zhang等，2021；王润梅，等2015；宋逸群等，2022

海域（图4.4）。总体上，黄海沉积有机碳海源贡献（平均为68.8%）占主导，主要分布在砂质区以及黄海中部泥质区，陆源有机碳贡献主要分布在黄河入海物质影响的山东半岛东部沿岸泥质区外侧、黄海中部泥质区西侧和废黄河口等区域。尽管$\delta^{13}C$指示黄海沉积有机质主要贡献源为海洋初级生产力，但北黄海黄河沉积物主流径上陆源有机质信号显著。黄海中部泥质区陆源有机碳的贡献比北黄海低，但是总体上要高于其他海域。

东海沉积有机碳$\delta^{13}C$为-25.25‰~-20.00‰，平均值为-22.05‰±1.02‰（n=597），空间非均一性显著高于渤海和黄海（图4.2）。整体上看，东海沉积有机质$\delta^{13}C$与TOC含量、C/N值分布具有一定相关性，即在长江输入主导的长江口和浙闽沿岸泥质区，TOC含量较高，C/N值较高，$\delta^{13}C$相对亏损，而在外陆架砂质区TOC含量较低，C/N值相对较低，$\delta^{13}C$相对富集。$\delta^{13}C$高值区主要位于外陆架砂质沉积区及其周边、冲绳海槽中部及北部等大片海域，呈斑块状分布。低值区主要分布于长江口外和浙闽沿岸泥质区南部、台湾海峡、台湾岛东北部等区域。东海沉积有机碳陆源组分占比1.4%~75.0%，平均为29.4%，其高值区主要分布在长江口、杭州湾、台湾海峡和台湾岛东北和西南等区域（图4.3）。海源组分占比25.0%~98.6%，平均为70.6%，其高值区主要位于外陆架的大部分区域（图4.4）。总体上说，东海有机质以海源贡献为主（平均为70.6%），主要分布在砂质区及内陆架远离河口区域，陆源贡献主要分布在河流影响显著的近端沉积区，在分布上从内陆架向外显著降低。

总体上，渤海、黄海和东海沉积有机碳$\delta^{13}C$值为-25.80‰~-20.00‰，平均值为-22.13‰±0.91‰（n=988，图4.2）。高值区主要分布在TOC含量、C/N值相对均较低的砂质区，包括北黄海朝鲜半岛一侧、连云港—青岛外海以及东海中、外陆架等区域；低值区主要位于TOC含量、C/N值相对较高的泥质区。但是，长江口外砂质区尽管TOC、C/N值都较低，但其$\delta^{13}C$值也较低。渤海、黄海和东海SOC主要为海源输入（平均为69.5%），陆源输入占主导（>50%）的区域主要分布在河口等陆源输入及其搬运路径上，包括黄河口周边、山东半岛东部沿岸泥质区、废黄河口、浙闽沿岸泥质区、台湾海峡以及台湾岛东北部等区域（图4.3，图4.4）。对比来看，渤海、黄海和东海SOC海源贡献分别为66.5%、68.8%和70.6%，其中东海最高，渤海和黄海相当，海源有机碳高值区通常位于远离陆源输入的海域，例如渤海中部、东海外陆架等。渤海、黄海和东海SOC陆源贡献分别为33.5%、31.2%和29.4%，其分布主要受大河输入的影响，空间分布非均一性较高。

应用C/N值判别物源时，常因陆源有机碳中N相对匮乏，导致陆源有机碳组分易被不同C/N值的混合曲线所低估，因此可采用N/C值替代C/N值进行物源判别（Perdue and Koprivnjak，2007）。渤海、黄海和东海沉积物N/C比值为0.04~0.33。综合TOC、N/C、$\delta^{13}C$组成特征来看（图4.5），渤海、黄海和东海SOC由C_3植物、土壤以及海洋浮游植物等多种物源混合而成。然而如图4.5（b）所示，大部分站位不在这些潜在端元的连线所在区域内，很难根据端元拟合确定这些来源的相对贡献，这可能与成岩作用对N/C和$\delta^{13}C$等原始组成的影响有关。尽管如此，N/C值和$\delta^{13}C$值均表明这些海域SOC来自海洋浮游生产力、土壤和陆源高等植物等多种物源的混合，其中土壤的贡献比陆源高等植物显著[图4.5(b)]。另外，黄河口、长江口及邻近海域$\delta^{13}C$分布特征与大河入海沉积物的扩散输运路径基本一致，说明它可以一定程度上作为指示河流入海物质在该海域扩散的特征指标。

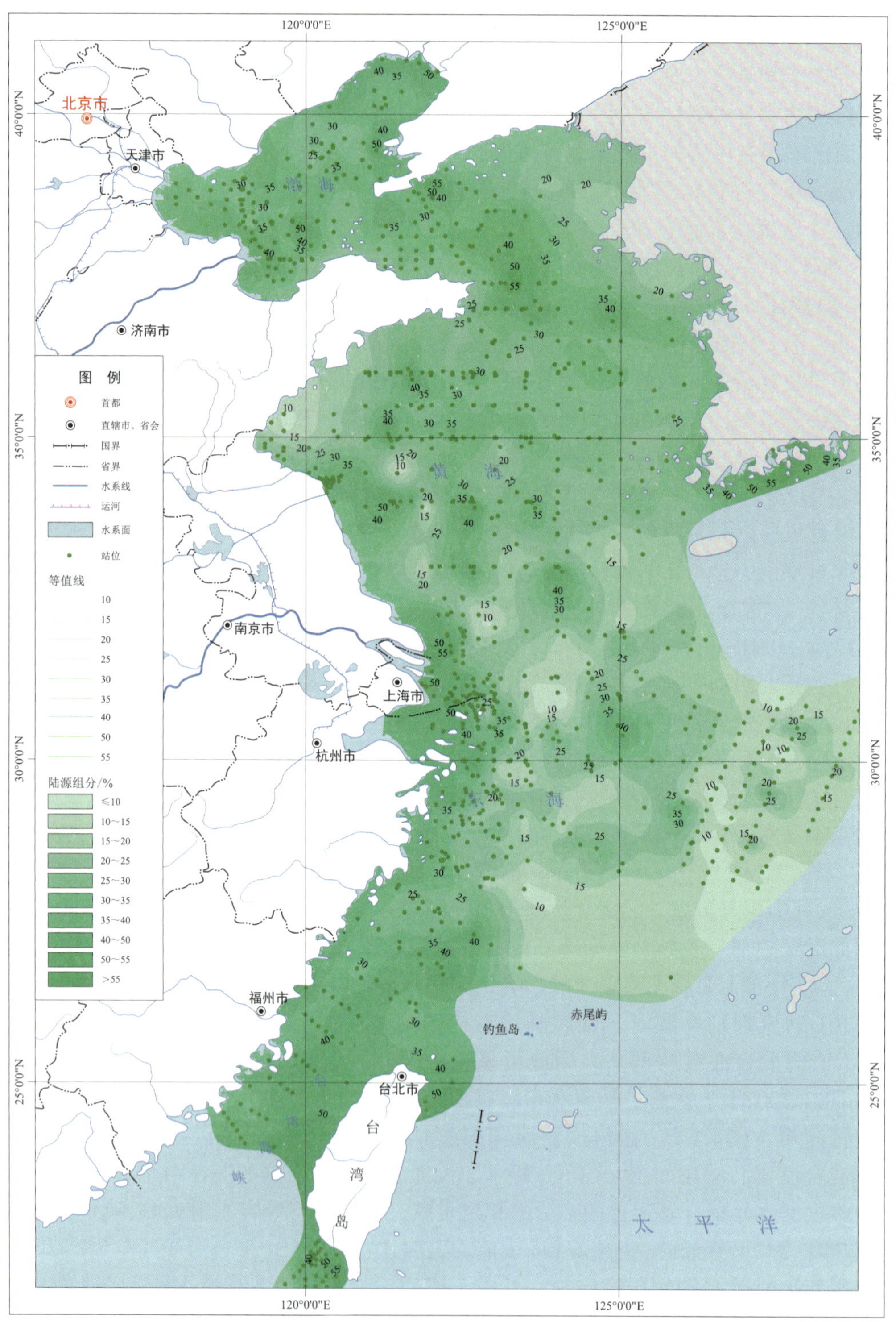

图4.3　渤海、黄海和东海沉积有机碳陆源组分（OC_{ter}）分布图

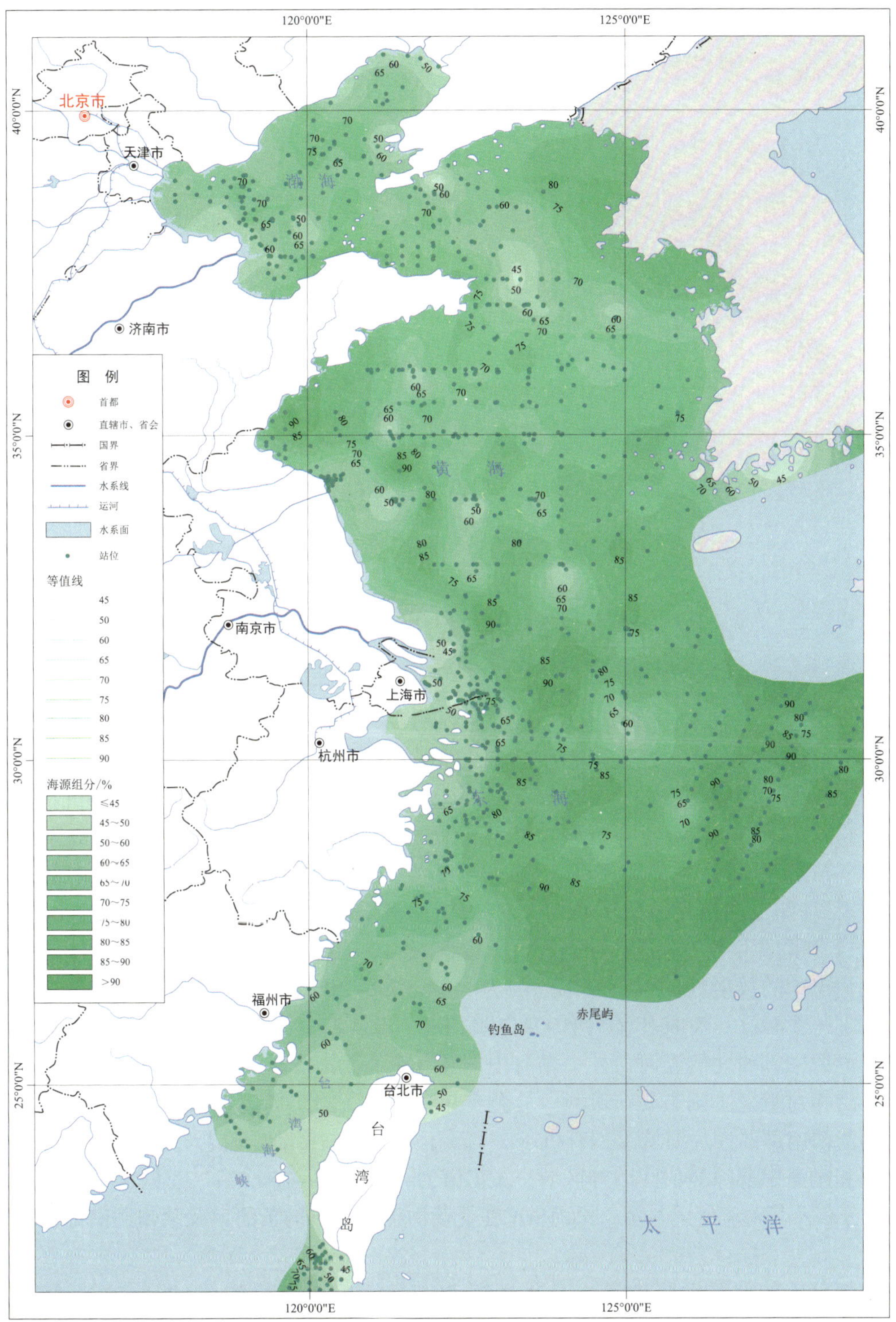

图4.4 渤海、黄海和东海沉积有机碳海源组分（OC_{mar}）分布图

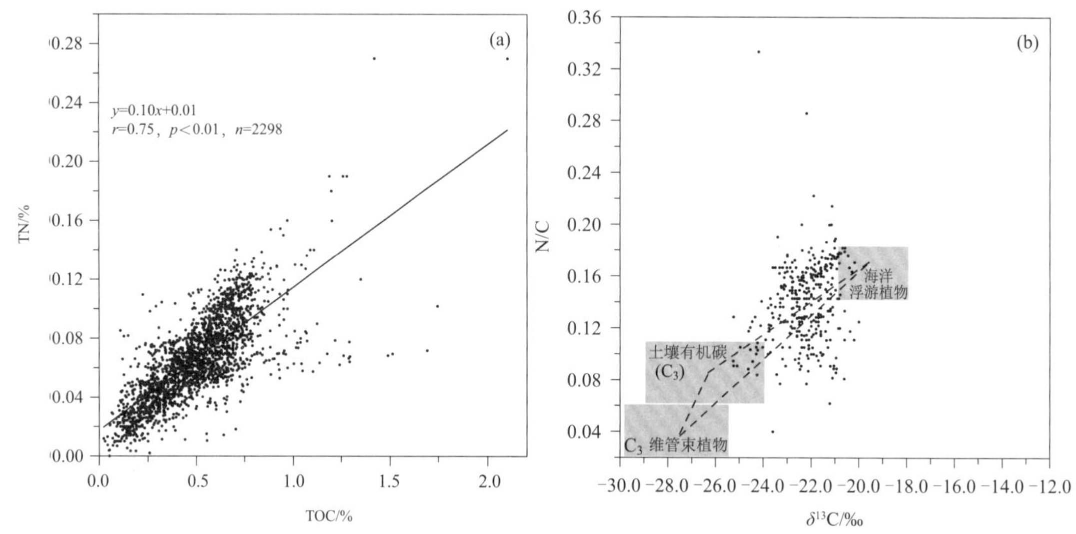

图4.5　渤海、黄海和东海沉积有机碳TN和TOC（a），N/C和$\delta^{13}C$（b）散点图

C_3维管束植物、土壤有机碳和海洋浮游植物端元值来自Hu等（2016a）

4.3　放射性碳同位素比值（$\Delta^{14}C$）

根据渤海、黄海和东海所有$\Delta^{14}C$数据累积频率进行分布划分：累积频率≥75%，即$\Delta^{14}C$≥−241.2‰为高值；累积频率≤25%，即$\Delta^{14}C$≤−345.9‰为低值；介于二者之间为中值，即25%<累积频率<75%，−345.9‰<$\Delta^{14}C$<−241.2‰。根据渤海、黄海和东海沉积环境，选取了Fm_{bio}和OC_{petro}均恒定与沉积物类型相似的渤海泥质区（M1）、山东半岛东部沿岸泥质区（M2）、黄海中部泥质区（M3）、废黄河口泥质区（M4）、黄海东南部泥质区（M5）、济州岛西南泥质区（M6）、浙闽沿岸泥质区（M7）以计算区域内岩源有机碳（OC_{petro}）和陆源生物有机碳（$OC_{bio-ter}$）等贡献。

渤海SOC的放射性同位素$\Delta^{14}C$范围为−404.3‰~−205.7‰，平均值−284.9‰ ± 42.6‰（n=60）（图4.6），对应年龄为4100~1789a B.P.（图4.7）。高值区（年龄相对较轻）主要分布在渤海中部西北侧滦河口外、渤海中部及其东侧渤海海峡附近，呈斑块状分布。低值区（年龄相对较老）则主要在黄河口北侧零星分布。黄河口周边包括渤海东南部、黄河口和莱州湾西南部的大片海域沉积有机碳$\Delta^{14}C$低于−300‰，年龄也较老（2800a B.P.）。辽东湾南部和渤海中部除高值区以外区域，$\Delta^{14}C$值为−300.0‰~−250.0‰。总的来说，渤海有机碳$\Delta^{14}C$分布及其对应年龄显示，渤海SOC在受黄河输入影响的黄河口及莱州湾南部区域年龄最老。

黄海SOC的放射性同位素$\Delta^{14}C$为−677.7‰~−137.1‰（平均值−266.5‰ ± 89.2‰，n=178）（图4.6），对应年龄为9035~1124a B.P.（图4.7）。高值区主要分布在大连外海至山东半岛东部沿岸泥质区东北部、青岛外海以及黄海中部泥质区北部等区域。低值区则主要分布在海州湾、废黄河口、长江口北侧等江苏沿岸大片海域。

东海沉积有机碳的放射性同位素$\Delta^{14}C$介于−871.1‰~−138.0‰之间，平均值为−360.9‰ ± 130.0‰（n=194）（图4.6），对应年龄为16417~1137a B.P.（图4.7）。高值区主要位于浙闽沿岸泥质区近岸和冲绳海槽中北部广大区域。低值区主要位于台湾海峡中南部、台湾东北部等区域。东海年龄最老的SOC位于台湾东北部海域，而长江口到浙闽沿岸泥质区的内陆架年龄相对较轻。

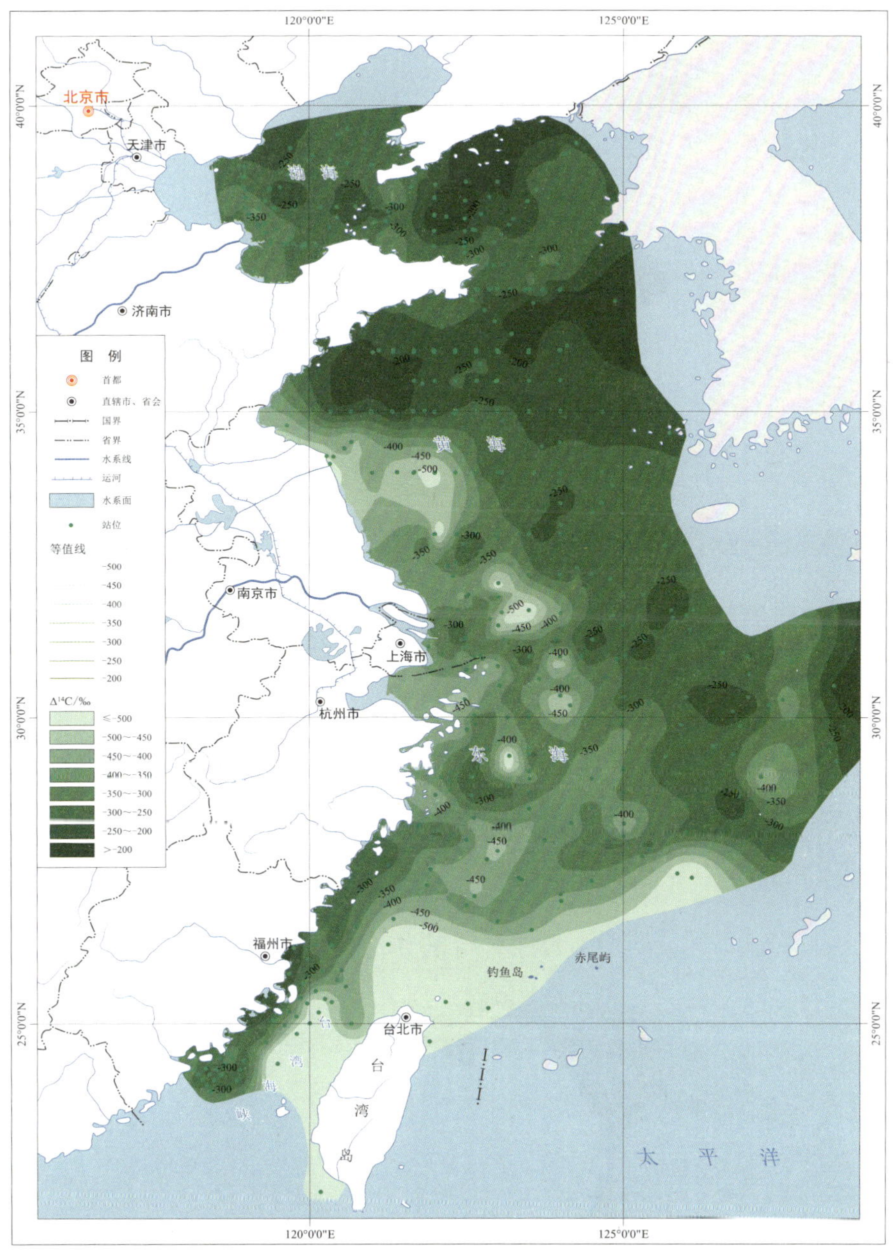

图4.6 渤海、黄海和东海沉积有机碳$\Delta^{14}C$分布图

包括调查和收集的站位，收集站位数据引自Kao等，2003，2014；Deng等，2006；Li等，2012；Wu等，2013；Bao等，2016，2018；Tao等，2016；Yoon等，2016；Yu等，2021

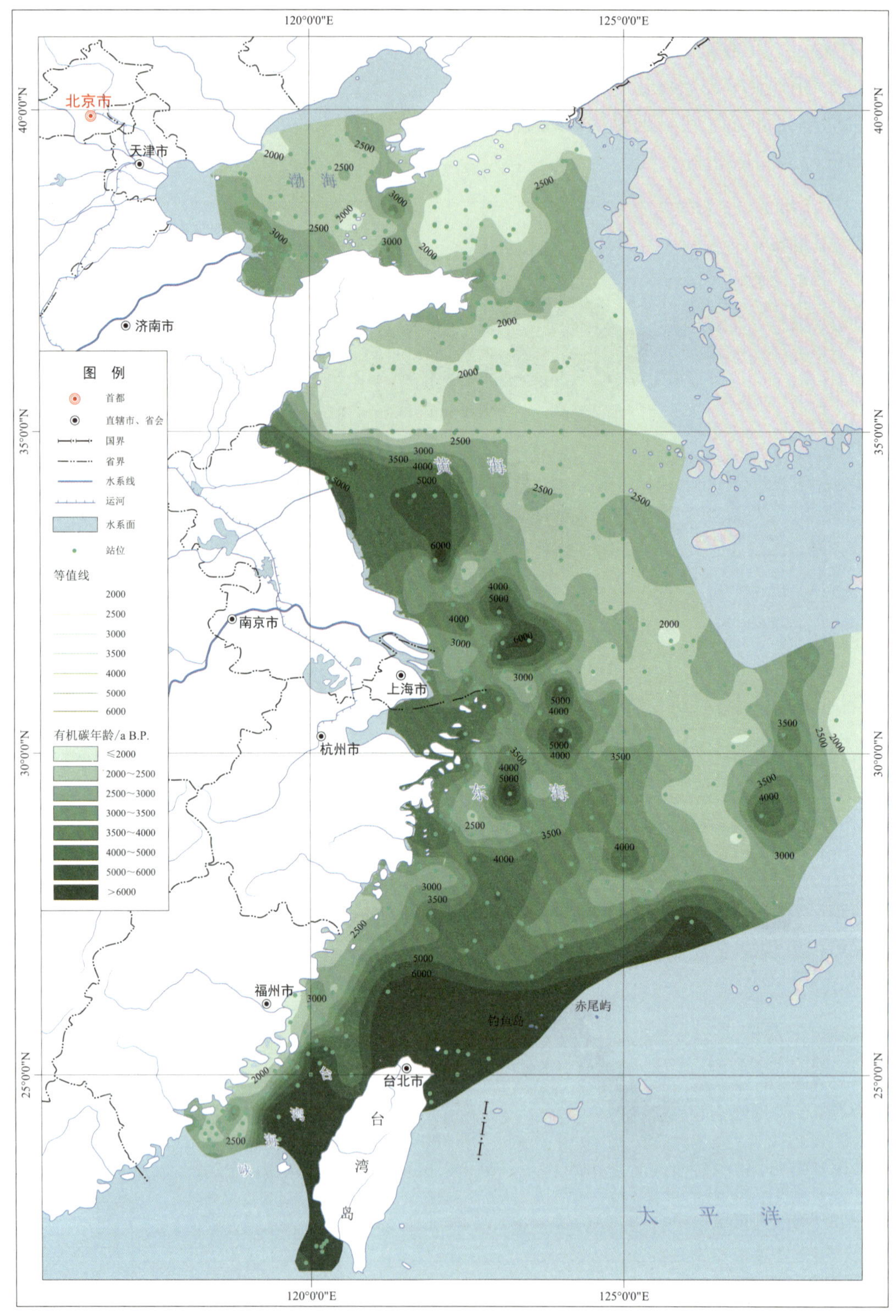

图4.7　渤海、黄海和东海沉积有机碳年龄分布图

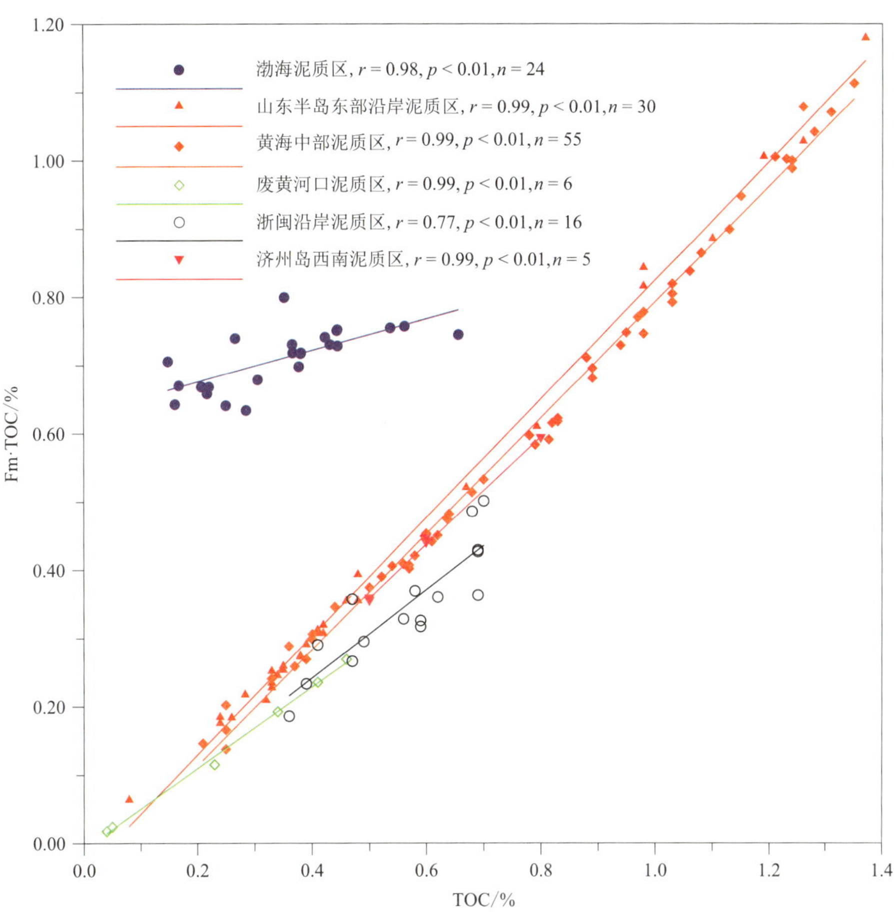

图4.8 渤海、黄海和东海沉积物中Fm·TOC和TOC相关性

表4.1 渤海、黄海和东海泥质区Fm_{bio}、OC_{petro}、OC_{bio}、$OC_{bio-ter}$和$OC_{bio-mar}$

泥质区	Fm_{bio}	OC_{petro}/%	OC_{bio}/%	$OC_{bio-ter}$/%	$OC_{bio-mar}$/%
渤海泥质区（M1）	0.79	0.045	0.44 ± 0.16	0.09 ± 0.05	0.35 ± 0.12
山东半岛东部沿岸泥质区（M2）	0.86	0.050	0.48 ± 0.34	0.12 ± 0.10	0.37 ± 0.23
黄海中部泥质区（M3）	0.85	0.065	0.71 ± 0.32	0.18 ± 0.10	0.53 ± 0.22
废黄河口泥质区（M4）	0.60	0.015	0.28 ± 0.15	0.08 ± 0.05	0.20 ± 0.10
济州岛西南泥质区（M6）	0.79	0.044	0.56 ± 0.11	0.13 ± 0.03	0.42 ± 0.08
浙闽沿岸泥质区（M7）	0.65	0.026	0.54 ± 0.11	0.14 ± 0.03	0.40 ± 0.08

注：黄海东南部泥质区（M5）数据暂缺

渤海和黄海沉积有机碳的Fm分别为0.60~0.80（平均值0.72）和0.33~0.87（平均值0.74），均显著高于东海（0.13~0.74，平均值0.59），但东海Fm空间非均一性要显著低于渤海和黄海。根据Fm·TOC和TOC的关系，计算得到的相关参数如图4.8和表4.1所示。Fm_{bio}最高值（0.86）出现在山东半岛东部沿岸泥质区，次高值（0.85）出现在黄海中部泥质区，主要原因是来自海洋初级生产的相对年轻的有机碳的输入，导致黄河主流径上的陈化陆源有机碳被稀释（Bao et al.，2016；Zhao et al.，2021）。Fm_{bio}最低值（0.60）出现在废黄河口泥质区，主要原因是该区域陆源有机碳主要来自1128~1855年黄河的输入，年龄较老，此外还与该区域现代陆源生物碳输入较低有关（Qi et al.，2021），次低值（0.65）出现在浙闽沿岸泥质区，与强烈动力环境影响下的有机碳因矿化作用而保存率较低有关（Yao et al.，2014）。

总体看来，渤海、黄海和东海沉积有机碳$\Delta^{14}C$值为−871.1‰~−137.1‰（平均值−311.5‰±114.9‰，n=432，图4.6），对应年龄为16417~1124a B.P.（图4.7）。高值区（年龄较轻）主要分布在陆源输入影响显著的泥质区，主要包括渤海泥质区、山东半岛东部沿岸泥质区东北部和黄海中部泥质区东北部，对应TOC含量和C/N值相对较高、$\delta^{13}C$值相对偏负。$\Delta^{14}C$值较高的区域还包括青岛外海、南黄海朝鲜半岛一侧和冲绳海槽北部砂质区，上述区域TOC含量很低，C/N值较小、$\delta^{13}C$值相对偏正。低值区（年龄较老）则主要分布在废黄河口外到南黄海西部的大片海域、长江口外东北部粗粒和细粒沉积过渡带以及台湾海峡中部，这些区域TOC含量和C/N值相对较低，但$\delta^{13}C$值相对偏正。此外，从台湾岛北部到冲绳海槽南部等区域$\Delta^{14}C$值也较低，但此区域TOC含量相对较高，而C/N值较低，$\delta^{13}C$值相对偏负。

4.4 黑　　碳

根据收集的渤海、黄海和东海所有黑碳数据累积频率进行分布划分：累积频率≥85%，即BC≥1.36mg·g^{-1}为极高含量；累积频率≥75%，即BC≥1.13mg·g^{-1}为高含量；累积频率为25%~75%，即BC为0.56~1.13mg·g^{-1}为中含量；累积频率≤25%，即0.56mg·g^{-1}为低含量；累积频率≤15%，即0.40mg·g^{-1}为极低含量。

渤海沉积物中BC含量为0.02~1.75mg·g^{-1}，平均值为0.69±0.40mg·g^{-1}（n=89）（图4.9）。高含量区主要分布在渤海泥质区和辽东湾西部近岸，最高含量出现在渤海中部。渤海湾曹妃甸和南部近岸、黄河口到莱州湾的沿岸海域、渤海中部东侧到渤海海峡的大片区域、辽东湾东南部等区域均为BC低含量区。其中渤海中部靠近辽东湾和渤海海峡的区域以及莱州湾大部为BC极低含量区。渤海湾中BC含量与河流输入密切相关，海河和永定新河等中小河流输入的黑碳被渤海的弱水体交换限制，从而促进了黑碳在沉积物中的吸附和埋藏（姜晓华等，2010）。渤海沉积物中黑碳以焦炭为主，焦炭/黑碳值平均为84%，焦炭与黑碳的空间分布较吻合，与细粒物质分布格局大体一致（图4.10）。烟炱分布特征与BC也基本一致，高值区均位于渤海泥质区（图4.11）。渤海BC/TOC值为0.01~0.34，平均值高达0.20，显示BC是渤海沉积有机碳的重要组分。渤海BC主要来源为大气沉降（51%）和河流输入

（47%），其中黄河占全部河流输入的82%，大气沉降为主的贡献格局主要是因为BC排放源集中在我国沿海，与高强度人类活动有关（Fang et al.，2015）。结合半挥发性有机污染物多环芳烃（polycyclic aromatic hydrocarbons，PAHs）的源解析模型正定矩阵因子分析模型（positive matrix factorization，PMF）分析结果，显示渤海沉积物中煤炭、汽油等化石燃料来源BC占比为80%，生物质燃烧仅占20%（Fang et al.，2016）。

黄海沉积物中BC含量范围为0.14~3.55mg·g^{-1}，平均值为0.99±0.65mg·g^{-1}（n=102）（图4.9），其中北黄海BC含量变化范围和平均值均较南黄海高。BC高含量区主要分布在山东半岛东部沿岸泥质区北部和黄海中部泥质区，而这两个泥质区的西侧为极高含量区。BC低含量区主要分布在渤海海峡以东的北黄海及其中西部、南黄海西侧海州湾及其他大部分沉积物相对较粗的区域。与渤海类似，黄海沉积物中BC以焦炭为主，焦炭/黑碳值平均为86%，焦炭与BC的空间分布基本一致，与细粒物质分布格局大体相同（图4.10）。烟炱分布特征与BC具有一定相似性，高值区均位于细粒沉积区（图4.11）。黄海BC/TOC值介于0.04~0.45，平均值高达0.21，比渤海略高。与渤海情况类似，我国沿海高强度人为排放源的聚集导致了黄海沉积物中的BC呈现以大气沉降为主，河流输入贡献次之的格局（Fang et al.，2015）。结合源解析模型PMF分析显示北黄海沉积物中煤炭、汽油等化石燃料来源BC占比为80%，生物质燃烧占20%；南黄海沉积物中煤炭、汽油等化石燃料来源BC占比为90%，生物质燃烧仅占10%（Fang et al.，2016）。

东海沉积物中BC含量为0.33~2.04mg·g^{-1}，平均值为1.00±0.33mg·g^{-1}（n=111）(图4.9）。东海近岸沉积物中BC分布主要与泥质区的分布密切相关，高含量区位于浙闽沿岸泥质区，含量随离岸距离增加逐渐降低，大部分外陆架BC含量低于0.56mg·g^{-1}。其中，温州以南的大片内陆架泥质区为BC的极高含量区。长江口是BC的一个相对低值区（<0.90mg·g^{-1}），与黄河口类似，为长江输入的大量陆源物质稀释所致。东海内陆架泥质区的BC主要以焦炭为主，焦炭/黑碳值为0.72，焦炭与黑碳的空间分布较为一致，与细粒物质分布格局相吻合（图4.10）。而烟炱的分布特征与BC截然不同，表现为在浙闽沿岸泥质区随离岸距离越远含量越高（图4.11）。焦炭和烟炱截然不同的分布特征可能与沉积环境密切相关，浙闽沿岸泥质区主要受大河输入、潮流、沿岸流和台风等因素的控制，长江输入的细粒物质主要由沿岸流携带沿陆架向南搬运。东海外陆架现代陆源沉积比较少。外陆架烟炱高含量区的分布反映了其大气沉降为主导的输入方式，这也与其物质颗粒本身的亚微米级尺寸密切相关。东海BC/TOC值为0.09~0.38，平均值高达0.23，比渤海和黄海略高。东海沉积物中BC的来源与黄海和渤海显著不同，其以长江为主导的河流输入为主（72%）。据估算，东海近岸河流输入BC约为0.615Mt·a^{-1}，而大气沉降输入黑碳仅为0.055Mt·a^{-1}，近岸BC埋藏为0.630Mt·a^{-1}，埋藏效率高达94%（Fang et al.，2019），主要原因是东海内陆架泥质区接收了96%的陆源沉积物（Deng et al.，2006）。

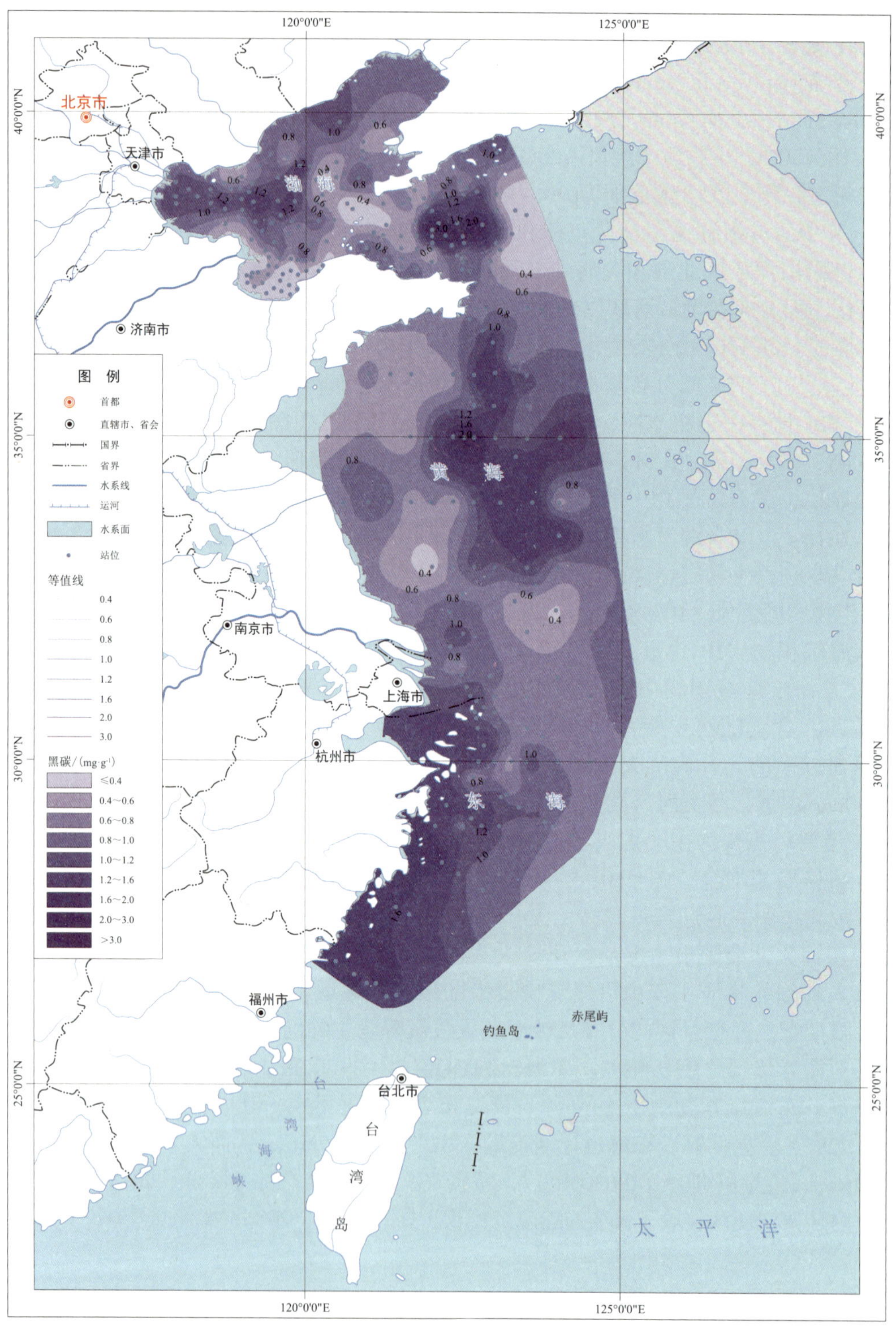

图4.9　渤海、黄海和东海沉积黑碳分布图

收集站位数据引自Fang等，2015，2019；Wang Y.等，2020

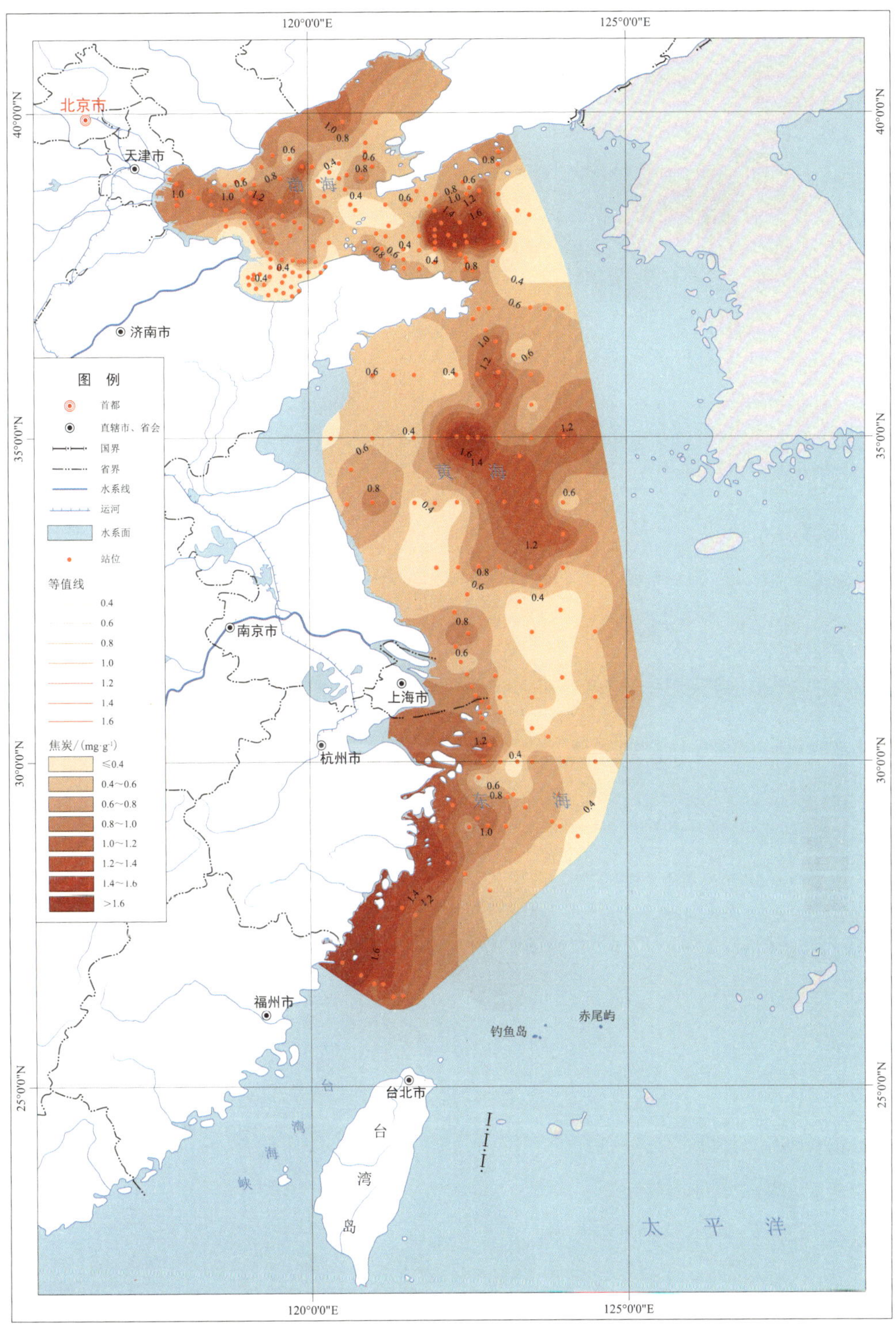

图4.10 渤海、黄海和东海沉积黑碳中焦炭组分分布图

收集站位数据引自Fang等，2015，2019

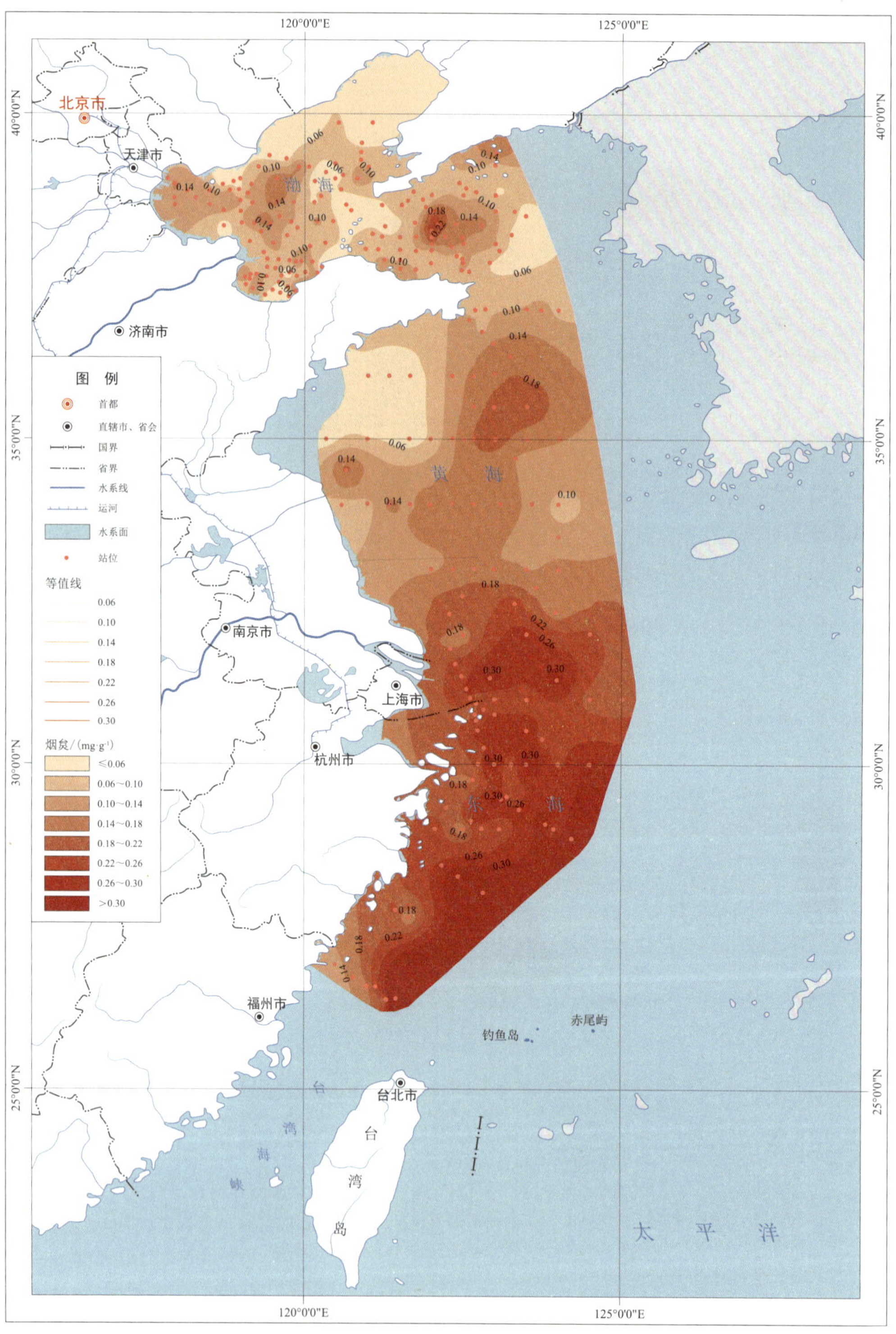

图4.11　渤海、黄海和东海沉积黑碳中烟炱组分分布图

收集站位数据引自Fang等，2015，2019

总之，渤海、黄海和东海沉积物BC为0.02~3.55mg·g^{-1}，平均值为0.90 ± 0.50（n=302）（图4.9），BC/TOC为0.01~0.45，平均值为0.21，是有机碳的重要组成部分。BC空间分布与TOC分布大体相同，高值区均位于细粒沉积区，指示陆源输入；不同的是，黑碳高含量区范围在渤海比渤海泥质区范围小，在东海比浙闽沿岸泥质区大，其中外陆架的高值区主要由烟炱组成，指示以大气沉降输入为主。

4.5 生物标志物

海洋浮游生物生产的有机碳δ^{13}C变化范围较大，陆地植被类型也存在一定差异，早期成岩降解作用可改变有机质初始的C/N和δ^{13}C，这些因素均降低了这两类指标对有机碳物源识别敏感性（Benner et al.，1987）。此外，近海沉积物无机氮吸附和人类活动（如石油污染、施肥）等因素也使得这类指标在物源识别时出现偏差（Müller，1977）。相比之下，生物标志物可更加准确地区分沉积有机碳物源。我国东部近海陆架已经开展了大量这方面的溯源研究，例如，基于对渤海和黄海表层沉积物脂类标志物（正构烷烃、脂肪醇和甾醇等）的分析，发现沉积物中不同脂类标志物随着离岸距离的远近具有不同的降解程度，河口地区陆源贡献更大，河流输入的陆源信号主要集中在近岸区（Lin et al.，2014）。南黄海沉积物中正构烷烃的组成多呈现双峰分布，前峰群短链烷烃主要来自浮游藻类和细菌，而长链烷烃则主要跟陆地高等植物叶蜡来源有关（赵美训等，2011）。长江口–东海内陆架是长江入海物质的主要堆积区，该区有机碳生物地球化学过程得到了广泛关注，已应用多种生物标志物对沉积有机碳的来源进行表征，主要包括正构烷烃、甾醇和烯酮、木质素、脂肪酸和四醚膜酯等（Yao et al.，2015；Tao et al.，2021）。上述研究均表明，陆架细颗粒沉积区是有机碳，特别是陆源有机碳的重要汇，有机碳的分布及归宿与区域沉积动力环境关系密切。结合多种生物标志物和多元地球化学分析估算得出长江口及邻近陆架沉积有机碳的来源主要为海洋初级生产力（35%）、土壤有机质（47%）和陆源高等植物（18%）（Yao et al.，2015）。Zhao等（2021）利用三端元混合模型计算得出渤海、黄海和东海沉积有机质以海源为主（63% ± 11%），高值区主要分布在渤海中部、南黄海和东海外陆架；土壤源有机碳（27% ± 7%）和维管束植物源有机碳（10% ± 4%）高值区主要分布在河口和近岸区域。

综上所述，基于渤海、黄海和东海沉积有机质C/N、δ^{13}C、Δ^{14}C、BC和多种生物标志物的研究，表明该区SOC来源包括陆源高等植物、土壤、海洋初级生产和人为来源等，其中以海洋自生来源为主，其高值区主要分布在渤海中部、南黄海和东海外陆架等区域；陆源有机碳高值区主要分布在河口和近岸区域，具有较高的C/N值和相对亏损的δ^{13}C值；以BC为代表的人为源有机碳主要通过大气沉降和大河输入进入海洋环境，集中分布在细粒沉积区，而东海外陆架砂质区烟炱高含量区则反映了大气输入的影响。整体上，陆架泥质区TOC和OC_{ter}含量要显著高于非泥质区。

5 沉积有机碳埋藏速率和收支

从现代沉积作用来看，渤海、黄海和东海的泥质区属于稳定沉积区域，而在非泥质沉积区，沉积速率很低，甚至出现侵蚀，沉积物难以长期停留和保存，所以泥质区的现代沉积通量基本代表了全海域的现代沉积通量（Qiao et al.，2017）。陆、海源有机碳埋藏速率（MAR_{OC-ter}和MAR_{OC-mar}）系陆、海源有机碳含量与沉积物埋藏速率（mass accumulation rate，MAR）的乘积；同样地，陆源生物有机碳（$MAR_{OC-bio-ter}$）和岩源有机碳埋藏速率（$MAR_{OC-petro}$）系各自含量与MAR的乘积。有机碳埋藏效率为埋藏通量与输入通量之百分比。

根据渤海、黄海和东海已有现代沉积速率数据累积频率进行了划分：累积频率≥85%，即SR≥13.7mm·a^{-1}为极高值；累积频率≥75%，SR≥8.2mm·a^{-1}为高值；累积频率为25%~75%，即SR为2.0~8.2mm·a^{-1}为中值；累积频率≤25%，SR≤2.0mm·a^{-1}为低值；累积频率≤15%，SR≤0.20mm·a^{-1}为极低值。各海区MAR_{OC}和MAR_{BC}数值差异较大，下文将按照分海区数据累积频率进行划分。

5.1 渤海有机碳埋藏速率和收支

5.1.1 有机碳埋藏速率和通量

近百年来渤海沉积速率为0.7~95.9mm·a^{-1}，平均值14.5 ± 21.8mm·a^{-1}（n=65）（图5.1），其高值区主要分布在渤海湾海河以南到黄河口的沿岸、莱州湾大部、辽东湾顶部和西南部，其中海河、黄河和辽河河口及其周边区域为沉积速率极高值区，最高值出现在黄河口。沉积速率低值区分布在渤海湾北侧、渤海中部以及辽东湾中部的大片区域。渤海泥质区沉积有机碳埋藏速率（MAR_{OC}）为0.2~989.7g C·m^{-2}·a^{-1}，平均值57.3 ± 87.8g C·m^{-2}·a^{-1}（图5.2）。该区MAR_{OC}高值区（>67.9g C·m^{-2}·a^{-1}）主要集中在海河口和黄河口及其周边区域，其中黄河口周边MAR_{OC}基本大于160.8g C·m^{-2}·a^{-1}，为极高值区。MAR_{OC}低值区主要分布于渤海中部与莱州湾和渤海湾交界海域，基本小于21.2g C·m^{-2}·a^{-1}。根据渤海泥质区MAR_{OC}和面积，以实测干密度数据计算得到渤海泥质区每年OC埋藏通量为1.30Mt C（表5.1），而按经验干密度计算得到埋藏通量为1.16Mt C，误差约为11%。

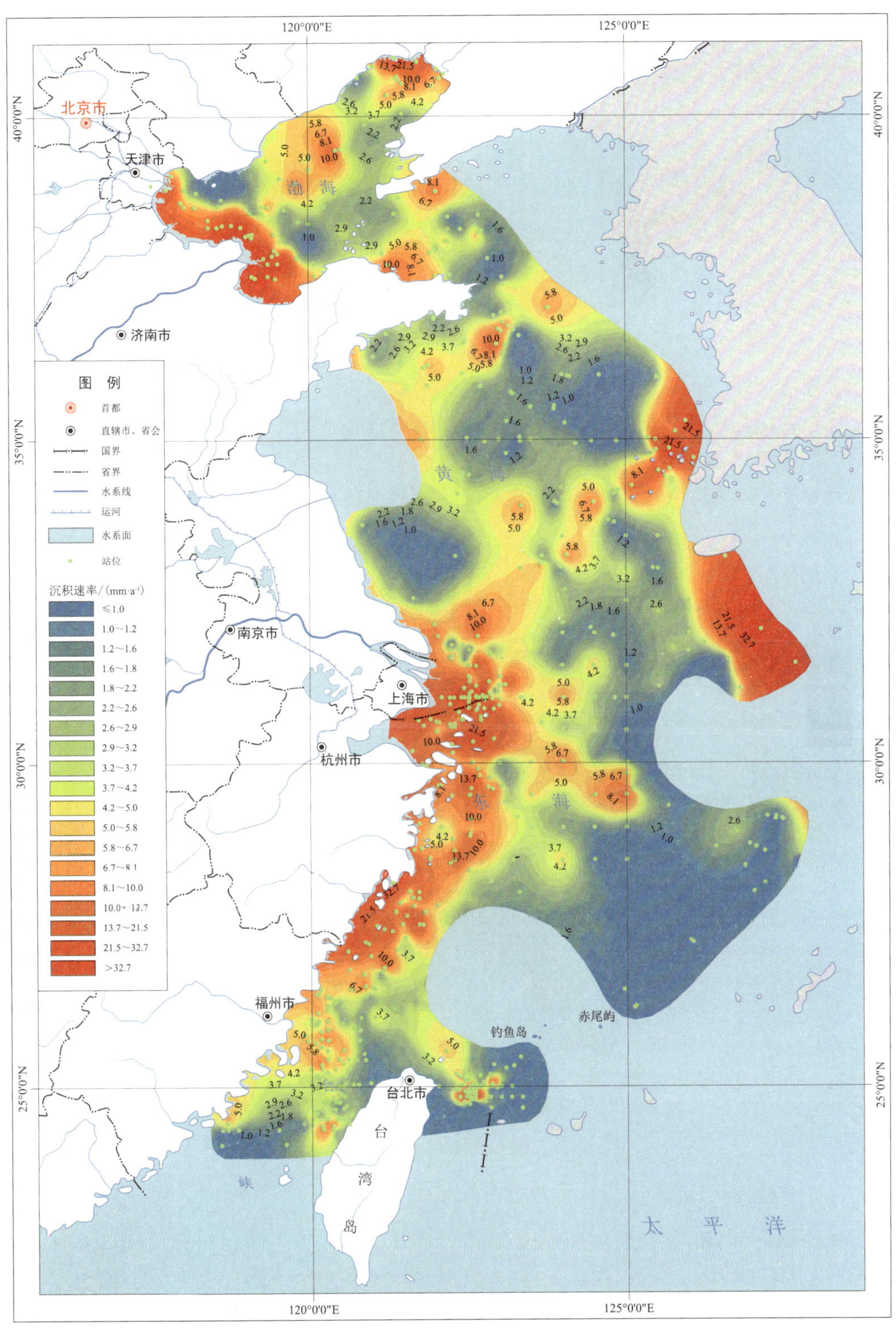

图5.1 渤海、黄海和东海沉积速率分布图（石学法等，2021）

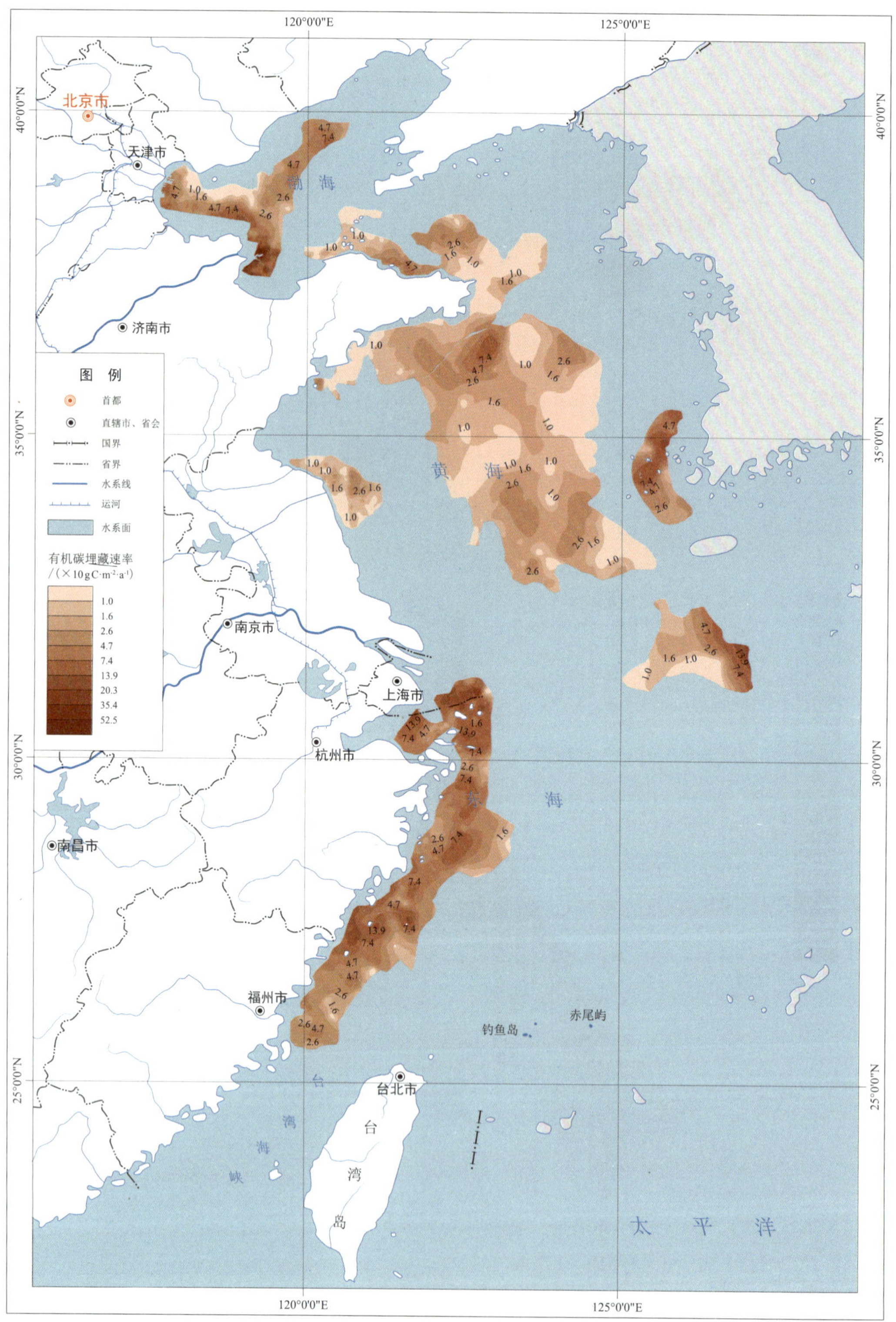

图5.2　渤海、黄海和东海泥质区有机碳埋藏速率分布图

表5.1　渤海、黄海和东海沉积有机碳埋藏通量和埋藏效率估算

海区	泥质区	面积/km^2	沉积速率/$(mm \cdot a^{-1})$	沉积物埋藏通量/$(Mt \cdot a^{-1})$	OC埋藏速率/$(g\ C \cdot m^{-2} \cdot a^{-1})$	埋藏通量/$(Mt\ C \cdot a^{-1})$						埋藏效率/%		
						OC	OC_{ter}	OC_{mar}	OC_{petro}	OC_{bio}	BC	OC_{ter}	OC_{mar}	OC
渤海	渤海泥质区	18856.2	11.4 ± 17.0	245.4	57.3 ± 87.8	1.30	0.45	0.85	0.11	1.08	0.14	94	40	50
黄海	山东半岛东部沿岸泥质区	34487.7	3.5 ± 1.9	115.4	16.4 ± 11.0	0.56	0.18	0.38	0.06	0.55	0.09	33	9	11
	黄海中部泥质区	89628.0	2.9 ± 1.7	243.3	16.36 ± 11.1	1.56	0.45	1.11	0.16	1.73	0.27			
	废黄河口泥质区	8855.5	4.4 ± 2.1	30.9	15.0 ± 8.5	0.11	0.04	0.07	0.005	0.09	0.02			
	黄海东南部泥质区	7447.8	9.1 ± 6.2	77.0	55.1 ± 33.7	0.48*	0.10	0.35	—	—	—			
东海	济州岛西南泥质区	16254.0	5.4 ± 4.1	83.4	33.1 ± 38.1	0.54	0.09	0.45	0.04	0.16	—	37	18	21
	浙闽沿岸泥质区	61674.5	10.5 ± 6.9	613.7	59.2 ± 38.6	3.65	1.26	2.39	0.47	3.31	0.86			
合计		237303.6				8.20	2.57	5.60	0.85	6.92	1.38	39	14	17

*OC与OC_{ter}和OC_{mar}埋藏通量数值差异系该泥质区SOC数据少，插值误差引起；OC与OC_{petro}和OC_{bio}埋藏通量差异系$\Delta^{14}C$数据与SOC数据量不等，插值误差引起。

渤海泥质区MAR_{OC-ter}基本与MAR_{OC}分布一致（图5.3），而MAR_{OC-mar}分布则有所不同（图5.4），主要受海洋初级生产的影响。渤海陆源和海源的有机碳输埋藏通量分别是0.45Mt $C \cdot a^{-1}$和0.85Mt $C \cdot a^{-1}$。渤海泥质区OC_{petro}为0.045%，OC_{bio}平均值为0.44% ± 0.16%，$OC_{bio-ter}$平均值为0.09% ± 0.05%，$OC_{bio-mar}$平均值为0.35% ± 0.12%（表4.1）。OC_{petro}和OC_{bio}埋藏通量分别为OC_{petro}和OC_{bio}与沉积物埋藏通量之乘积，由此计算得到渤海泥质区中OC_{petro}埋藏通量约0.11Mt $C \cdot a^{-1}$，生物有机碳OC_{bio}埋藏通量约1.08Mt $C \cdot a^{-1}$。其中$OC_{bio-ter}$埋藏通量约0.23Mt $C \cdot a^{-1}$，$OC_{bio-mar}$埋藏通量约0.85Mt $C \cdot a^{-1}$（表5.1）。

渤海泥质区黑碳埋藏速率（MAR_{BC}）为0.2~41.8g $C \cdot m^{-2} \cdot a^{-1}$，平均值为7.8 ± 6.3g $C \cdot m^{-2} \cdot a^{-1}$（图5.5）。高值区主要分布在黄河口及附近莱州湾区域以及海河口（>7.7g $C \cdot m^{-2} \cdot a^{-1}$），这与黑碳含量分布有所不同。$MAR_{BC}$低值区（<2.0g $C \cdot m^{-2} \cdot a^{-1}$）主要分布在渤海湾北部。整体上，$MAR_{BC}$沿渤海经济圈陆地一侧向海显著下降，显示BC主要来源于京津冀等区域。计算得到渤海泥质区沉积物BC埋藏通量为0.14Mt $C \cdot a^{-1}$，约占有机碳埋藏量的11%。

5.1.2　有机碳收支

黄河、海河和辽河等12条渤海最主要河流，其沉积物年输出通量多年平均为780.1$Mt \cdot a^{-1}$，POC年输出通量为0.60$Mt \cdot a^{-1}$（表1.1）。黄河有机碳入海通量约占渤海入海河流的三分之二，其剧烈波动将显著影响渤海河流物质输入总量。过去百年来黄河入海物质通量以1968年为界存在两个显著不同的阶段：1968年前主要由自然因素控制，水沙量输入量较高；1968至今筑坝活动和水土保持措施等人类活动主控，水沙输入量剧烈减少。采用分阶段平均校正得到黄河百年尺度上径流量为354.6 × $10^8 m^3 \cdot a^{-1}$，输沙量为1026.0$Mt \cdot a^{-1}$（Qiao et al.,

2017），由此计算得到渤海河流POC年输入通量为0.68Mt·a^{-1}。渤海通过渤海海峡与黄海进行物质交换，据区域百年尺度沉积物收支平衡计算，渤海每年向黄海输送的沉积物约占渤海河流入海通量的30%（Qiao et al.，2017），因此渤海陆源有机碳输入通量约为河流输入的70%，即0.48Mt·a^{-1}，以此计算渤海泥质区陆源有机碳的埋藏效率约为94%。该结果显示，沿岸、水下三角洲侵蚀和海底再悬浮可能是渤海陆源有机碳的潜在输入源。根据渤海平均初级生产力数值（112g C·m^{-2}·a^{-1}）（宋金明等，2008）和渤海泥质区面积（18.86×10^3km^2），计算得到的泥质区海源有机碳输出通量为2.11Mt C·a^{-1}。据此得出渤海泥质区海源有机碳埋藏埋藏效率为40%。进一步计算得出，渤海泥质区沉积有机碳埋藏效率约为50%。

5.2　黄海有机碳埋藏速率和收支

5.2.1　有机碳埋藏速率和通量

黄海沉积物沉积速率为0.00~42.9mm·a^{-1}，平均值为3.2±5.3mm·a^{-1}（n=122）（图5.1），黄海泥质区MAR_{OC}分布（图5.2）与沉积速率（图5.1）分布大体相似，但与有机碳含量分布稍有差别。高值区主要分布山东半岛北侧沿岸、大连外海、黄海中部泥质区北部、黄海东南部泥质区、长江口以北等区域，其中黄海东南部泥质区出现极高值，沉积速率>13.6mm·a^{-1}。低值区主要分布在山东半岛东北、南黄海中部以及苏南外海等区域。山东半岛东部沿岸泥质区有机碳埋藏速率为1.4~64.5g C·m^{-2}·a^{-1}，平均值16.4±11.0g C·m^{-2}·a^{-1}。高值区（>39.8g C·m^{-2}·a^{-1}）主要集中在山东半岛北侧沿岸，北黄海中部等靠近黄河物源供应的近端区域；低值区主要分布于渤海海峡、山东半岛东侧等海域，基本小于12.0g C·m^{-2}·a^{-1}。黄海中部泥质区沉积有机碳埋藏速率为1.4~74.5g C·m^{-2}·a^{-1}，平均值16.36±11.1g C·m^{-2}·a^{-1}。其MAR_{OC}高值区（>39.8g C·m^{-2}·a^{-1}）主要集中在该区西北部；低值区（<12.0g C·m^{-2}·a^{-1}）主要分布于该区中部和北部。废黄河口泥质区有机碳埋藏速率为2.4~51.5g C·m^{-2}·a^{-1}，平均值15.0±8.5g C·m^{-2}·a^{-1}。其MAR_{OC}中高值区（19.9~39.8g C·m^{-2}·a^{-1}）主要集中在该区东侧；低值区（<12.0g C·m^{-2}·a^{-1}）主要分布于南部靠陆一侧。黄海东南泥质区有机碳埋藏通量为8.0~2175.3g C·m^{-2}·a^{-1}，平均值55.1±33.7g C·m^{-2}·a^{-1}。该区MAR_{OC}均较高，高值区（>39.8g C·m^{-2}·a^{-1}）主要分布在该区中部和北部，其中在该区靠近韩国近岸边缘出现极高值区（>57.7g C·m^{-2}·a^{-1}）。MAR_{OC}低值区（<12.0g C·m^{-2}·a^{-1}）小范围出现在该区中东部。黄海各泥质区有机碳埋藏通量分别为山东半岛东部沿岸泥质区0.56Mt C·a^{-1}，黄海中部泥质区1.56Mt C·a^{-1}，废黄河口泥质区0.11Mt C·a^{-1}，黄海东南部泥质区0.48Mt C·a^{-1}，合计2.71Mt C·a^{-1}。

黄海陆源和海源有机碳埋藏速率分布（图5.3和图5.4）大体与总有机碳埋藏速率分布趋势一致（图5.2），但空间变异程度明显低于后者。黄海各泥质区陆源和海源有机碳埋藏通量总计分别为0.76Mt C·a^{-1}和1.91 Mt C·a^{-1}（山东半岛东部沿岸泥质区：0.18Mt C·a^{-1}和0.38Mt C·a^{-1}；黄海中部泥质区0.45Mt C·a^{-1}和1.11Mt C·a^{-1}；废黄河口泥质区：0.04Mt C·a^{-1}和0.07 Mt C·a^{-1}；黄海东南部泥质区：0.10Mt C·a^{-1}和0.35Mt C·a^{-1}）。

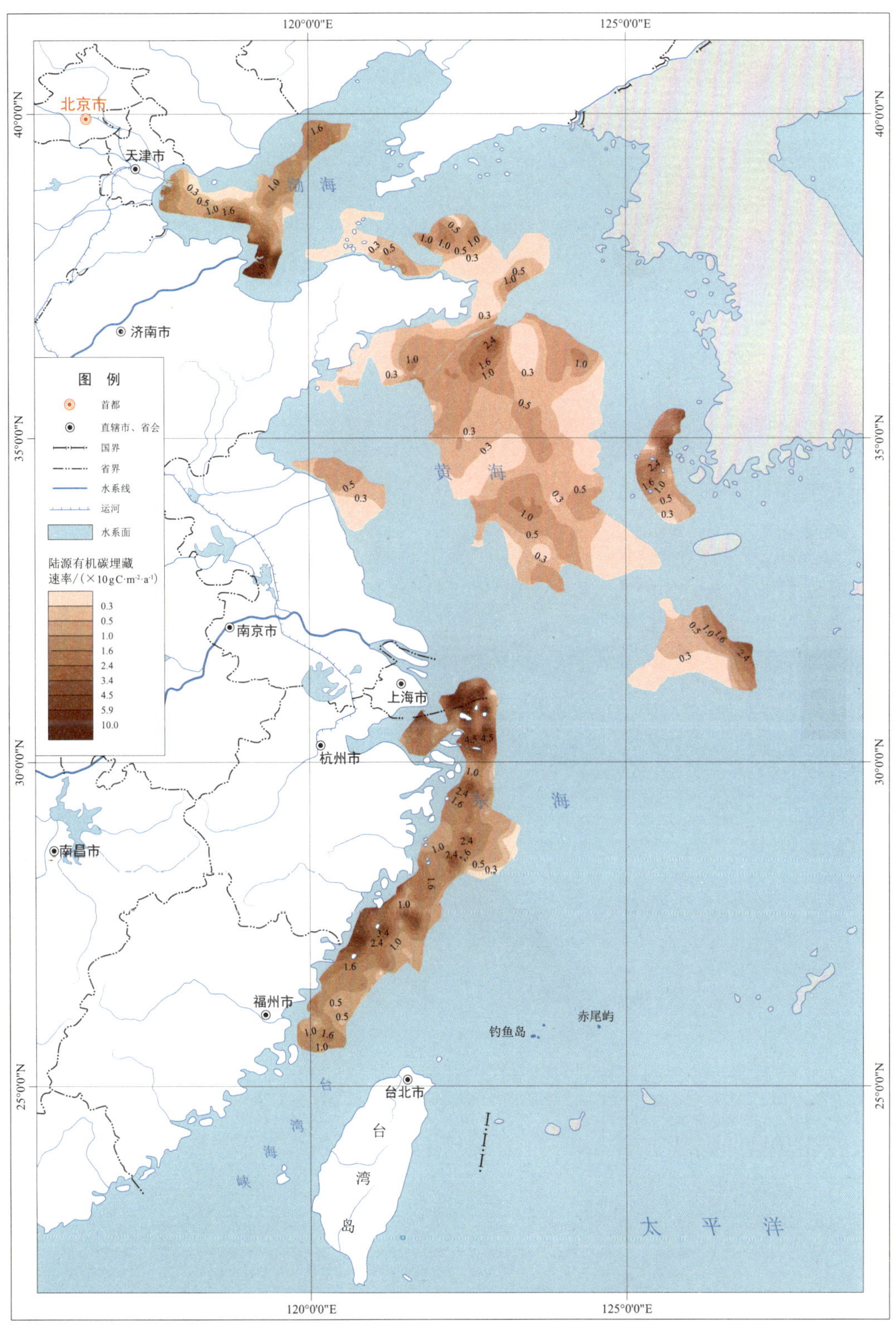

图5.3　渤海、黄海和东海泥质区陆源有机碳（OC_{ter}）埋藏速率分布图

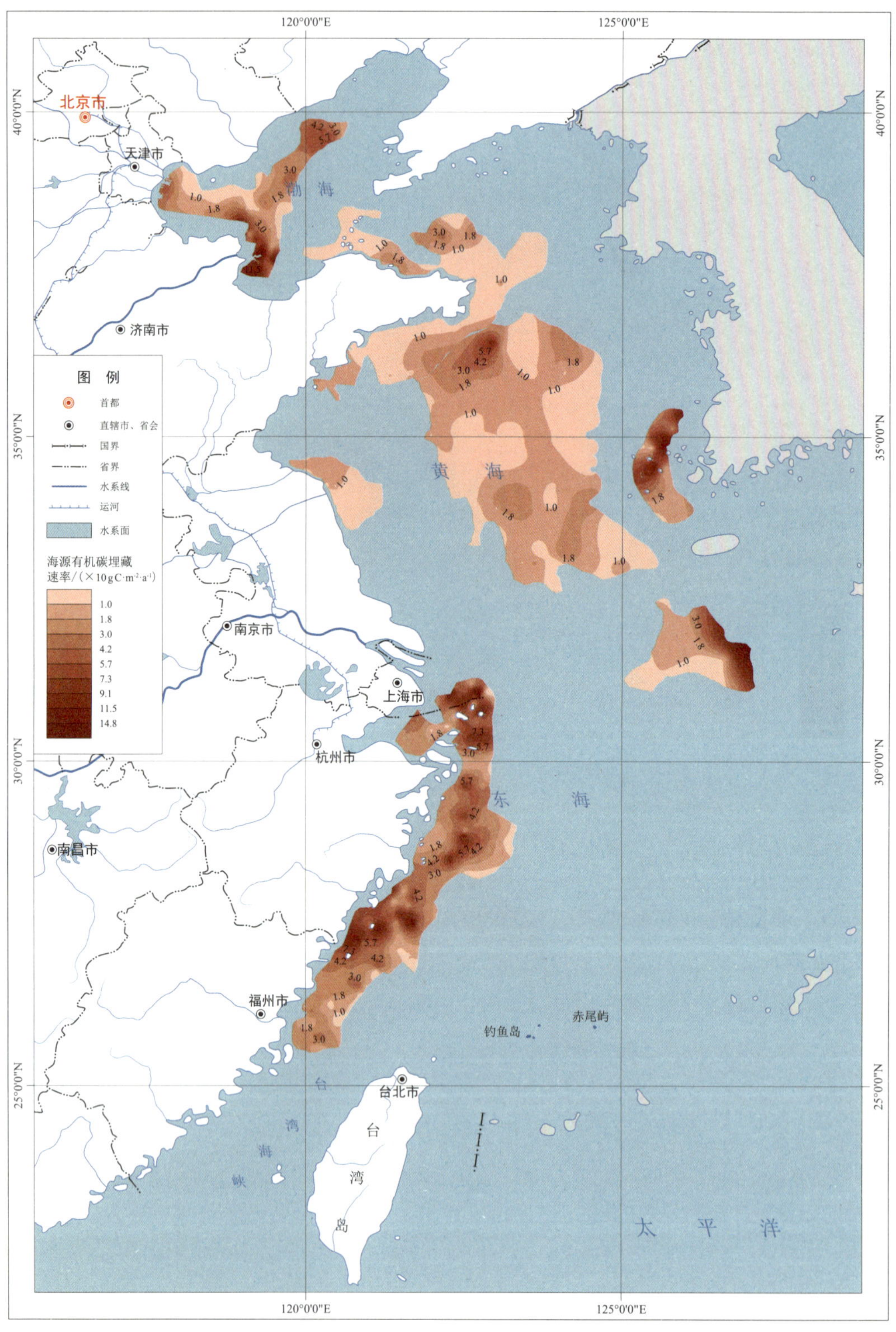

图5.4　渤海、黄海和东海泥质区海源有机碳（OC_{mar}）埋藏速率分布图

如表4.1所示，山东半岛东部沿岸泥质区OC_{petro}为0.050%，OC_{bio}为0.48% ± 0.34%，$OC_{bio-ter}$为0.12% ± 0.10%，$OC_{bio-mar}$为0.37% ± 0.23%，由此得到该泥质区中OC_{petro}埋藏通量为0.06Mt C·a^{-1}，$OC_{bio-ter}$埋藏通量为0.13Mt C·a^{-1}，$OC_{bio-mar}$埋藏通量为0.43Mt C·a^{-1}，OC_{bio}埋藏通量为0.55Mt C·a^{-1}。黄海中部泥质区OC_{petro}为0.065%，OC_{bio}为0.71% ± 0.32%，$OC_{bio-ter}$为0.18% ± 0.10%，$OC_{bio-mar}$为0.53% ± 0.22%，得到该泥质区中OC_{petro}埋藏通量为0.16Mt C·a^{-1}，$OC_{bio-ter}$埋藏通量为0.44Mt C·a^{-1}，$OC_{bio-mar}$埋藏通量为1.29Mt C·a^{-1}，OC_{bio}埋藏通量为1.73Mt C·a^{-1}。废黄河口泥质区OC_{petro}为0.015%，OC_{bio}为0.28% ± 0.15%，$OC_{bio-ter}$为0.08% ± 0.05%，$OC_{bio-mar}$为0.20% ± 0.10%，得到该泥质区中OC_{petro}埋藏通量为0.005Mt C·a^{-1}，$OC_{bio-ter}$埋藏通量为0.03Mt C·a^{-1}，$OC_{bio-mar}$埋藏通量为0.06Mt C·a^{-1}，OC_{bio}埋藏通量为0.09Mt C·a^{-1}。除黄海东南部泥质区外，黄海泥质区OC_{petro}埋藏通量为0.23Mt C·a^{-1}，$OC_{bio-ter}$埋藏通量为0.60Mt C·a^{-1}，$OC_{bio-mar}$埋藏通量为1.77Mt C·a^{-1}，OC_{bio}埋藏通量为2.37Mt C·a^{-1}。

黄海泥质区黑碳埋藏通量分布与其含量分布趋势基本一致，并呈现出南高北低的趋势，一定程度上揭示了黄河及京津冀黑碳输入对黄海的影响，并随着黄河沉积物在黄海主流径的距离逐步衰减。山东半岛东部沿岸泥质区黑碳埋藏速率为0.2~13.8g C·m^{-2}·a^{-1}，平均值为2.5 ± 2.2g C·m^{-2}·a^{-1}（图5.5），显著低于渤海（7.8 ± 6.3g C·m^{-2}·a^{-1}）。MAR_{BC}高值区（>7.7g C·m^{-2}·a^{-1}）主要分布在山东半岛北侧沿岸和北黄海中部，低值区（<2.0g C·m^{-2}·a^{-1}）主要位于渤海海峡以及山东半岛东侧和南侧的泥质区。黄海中部泥质区MAR_{BC}为0~17.0g C·m^{-2}·a^{-1}，平均值为3.0 ± 1.9g C·m^{-2}·a^{-1}（图5.5），其高值区（>7.7g C·m^{-2}·a^{-1}）主要分布在泥质区北侧，低值区（<2.0g C·m^{-2}·a^{-1}）则主要分布在泥质区中东部和东南部。废黄河口泥质区MAR_{BC}为1.1~4.5g C·m^{-2}·a^{-1}，平均值为3.0 ± 1.0g C·m^{-2}·a^{-1}（图5.5），其中高值区（3.6~7.7g C·m^{-2} · a^{-1}）主要分布在该泥质区中北侧，低值区（<2.0g C·m^{-2}·a^{-1}）则主要分布在泥质区南部。因黄海东南部泥质区无实测数据，其插值的黑碳埋藏速率仅供参考。据估算，除黄海东南泥质区外，黄海各泥质区沉积物中黑碳埋藏通量分别为：山东半岛东部沿岸泥质区0.09Mt C·a^{-1}，黄海中部泥质区0.27Mt C·a^{-1}，废黄河口泥质区0.02Mt C·a^{-1}，总计0.38Mt C·a^{-1}，约占沉积有机碳埋藏通量（除黄海东南部泥质区外2.23Mt C·a^{-1}）的17%（表5.1）。

5.2.2 有机碳收支

黄海沉积物主要来源为黄河的远距离搬运（~376.6Mt C·a^{-1}）和废黄河口水下三角洲的侵蚀（~23.7Mt C·a^{-1}）（Qiao et al.，2017），直接流入黄海的淮河、鸭绿江、汉江和Keum等河流沉积物入海通量仅约占黄海沉积物年输入通量的千分之二（0.9Mt C·a^{-1}）（表1.1）。利用黄河POC平均含量（0.48% ± 0.14%）（Wang et al.，2012），废黄河口表层沉积物TOC平均含量（0.40%）（Deng et al.，2006），以及黄海直接入海河流POC数据（0.46Mt C·a^{-1}）（表1.1），黄海泥质区面积以及黄海各泥质区陆源有机碳埋藏速率，计算出黄海泥质区陆源有机碳输出通量是2.36Mt C·a^{-1}，由此计算得到黄海陆源有机碳埋藏效率为33%。根据黄海平均初级生产力（159g C·m^{-2}·a^{-1}）（宋金明等，2008）、黄海泥质区面积（140.4 × 10^{3}km^2），计算得到的海源有机碳输出通量为22.32Mt C·a^{-1}，埋藏效率仅为9%。

综合来看，黄海泥质区沉积有机碳埋藏效率约为11%（表5.1）。

5.3　东海有机碳埋藏速率和收支

5.3.1　有机碳埋藏速率和通量

东海沉积有机碳埋藏通量具有显著的空间分异特征，反映了物源供应和沉积动力环境的制约作用。东海沉积速率为0~63.0mm·a^{-1}，平均值为8.1 ± 11.1mm·a^{-1}（n=378，图5.1），其高值区主要分布在浙闽沿岸泥质区、济州岛西南泥质区东部、台湾北部等海域；低值区主要分布在东海外大陆架、冲绳海槽大部等区域。济州岛西南泥质区沉积有机碳埋藏速率为0~205.4g C·m^{-2}·a^{-1}，平均值33.1 ± 38.1g C·m^{-2}·a^{-1}（图5.2）。该区MAR_{OC}高值区（>39.8g C·m^{-2}·a^{-1}）主要分布在该区东部，低值区（<12.0g C·m^{-2}·a^{-1}）分布在该区中西部。浙闽沿岸泥质区MAR_{OC}为6.1~388.5g C·m^{-2}·a^{-1}，平均值59.2 ± 38.6g C·m^{-2}·a^{-1}（图5.2）。MAR_{OC}高值区（>39.8g C·m^{-2}·a^{-1}）广泛分布在泥质区，呈斑块状，其中长江口、杭州湾外等处出现极高值，>57.7g C·m^{-2}·a^{-1}。MAR_{OC}低值区（<12.0g C·m^{-2}·a^{-1}）仅少量分布在泥质区向海一侧边缘。根据泥质区MAR_{OC}和面积，计算得到济州岛西南泥质区有机碳埋藏通量为0.54Mt C·a^{-1}，浙闽沿岸泥质区有机碳埋藏通量为3.65Mt C·a^{-1}，东海泥质区有机碳埋藏通量合计为4.19Mt C·a^{-1}（表5.1）。

东海MAR_{OC-ter}（图5.3）的空间分布基本与MAR_{OC}分布趋势（图5.2）一致。MAR_{OC-mar}分布特征（图5.4）则不同，表现为高值区面积的扩大，基本分布于长江口到台湾海峡以及到济州岛西南泥质区的大部分海域，而东海南部低值区与沉积有机碳分布趋势基本一致。东海泥质区陆源和海源有机碳埋藏通量分别总计为1.35Mt C·a^{-1}和2.84Mt C·a^{-1}（济州岛西南泥质区：0.09Mt C·a^{-1}和0.45Mt C·a^{-1}；浙闽沿岸泥质区1.26Mt C·a^{-1}和2.39Mt C·a^{-1}）。

从表4.1可见，济州岛西南泥质区OC_{petro}为0.044%，OC_{bio}为0.56% ± 0.11%，$OC_{bio-ter}$为0.13% ± 0.03%，$OC_{bio-mar}$为0.42% ± 0.08%，得到该泥质区中OC_{petro}埋藏通量为0.03Mt C·a^{-1}，$OC_{bio-ter}$埋藏通量为0.11Mt C·a^{-1}，$OC_{bio-mar}$埋藏通量为0.36Mt C·a^{-1}，OC_{bio}埋藏通量为0.47Mt C·a^{-1}。浙闽沿岸泥质区OC_{petro}为0.026%，OC_{bio}为0.54% ± 0.11%，$OC_{bio-ter}$为0.14% ± 0.03%，$OC_{bio-mar}$为0.40% ± 0.08%，得到该泥质区中OC_{petro}埋藏通量为0.16Mt C·a^{-1}，$OC_{bio-ter}$埋藏通量为0.86Mt C·a^{-1}，$OC_{bio-mar}$埋藏通量为2.45Mt C·a^{-1}，OC_{bio}埋藏通量为3.31Mt C·a^{-1}。总的来说，东海泥质区OC_{petro}埋藏通量为0.20Mt C·a^{-1}，$OC_{bio-ter}$埋藏通量为0.97Mt C·a^{-1}，$OC_{bio-mar}$埋藏通量为2.81Mt C·a^{-1}，OC_{bio}埋藏通量为3.78 Mt C·a^{-1}。

浙闽沿岸泥质区MAR_{BC}为0.3~35.2g C·m^{-2}·a^{-1}，平均值为7.9 ± 9.1g C·m^{-2}·a^{-1}（图5.5），与渤海相当（7.8 ± 6.3g C·m^{-2}·a^{-1}），显著高于黄海（2.5 ± 2.2g C·m^{-2}·a^{-1}）。济州岛西南泥质

区无实测数据，插值图仅供参考，不作讨论。东海MAR_{BC}空间变化比其含量变化更大，显示东海近岸沉积速率变化显著。据估算，浙闽沿岸泥质区黑碳埋藏通量为0.86Mt $C \cdot a^{-1}$，约占区内沉积有机碳埋藏通量的24%。

5.3.2　有机碳收支

如表1.1所示，长江、钱塘江、闽江以及台湾地区河流等13条流入东海的最主要河流，其沉积物年输出通量平均为482.3$Mt \cdot a^{-1}$，POC年输出通量为2.73$Mt \cdot a^{-1}$。此外，废黄河口水下三角洲侵蚀和沿岸侵蚀也是东海泥质区沉积物重要来源，达238$Mt \cdot a^{-1}$（Qiao et al.，2017），根据废黄河口TOC平均含量（0.40%）（Deng et al.，2006），计算得到的东海陆源有机碳输入通量为0.95Mt $C \cdot a^{-1}$。因此，东海陆源有机碳输入通量为3.68$Mt \cdot a^{-1}$，其埋藏效率约为37%。根据东海平均初级生产力（204g $C \cdot m^{-2} \cdot a^{-1}$）（宋金明等，2008）、东海泥质区面积（$77.9 \times 10^3 km^2$）以及东海各泥质区$MAR_{OC-mar}$和面积积分，计算得到东海泥质区海源有机碳输出通量为15.89Mt $C \cdot a^{-1}$，埋藏通量为2.84Mt $C \cdot a^{-1}$（济州岛西南泥质区0.45Mt $C \cdot a^{-1}$；浙闽沿岸泥质区2.36Mt $C \cdot a^{-1}$），埋藏效率仅为18%。综合来看，东海泥质区沉积有机碳埋藏效率约为21%（表5.1；石学法等，2024）。

总体来说，渤海、黄海和东海沉积速率为0.00~95.9$mm \cdot a^{-1}$（n=565）（图4.11），其高值区主要集中在黄河、长江等大河河口及其近岸区域。泥质区有机碳埋藏速率为0.00~99.0g $C \cdot m^{-2} \cdot a^{-1}$，平均值为32.9g $C \cdot m^{-2} \cdot a^{-1}$。有机碳埋藏速率分布具有显著的空间非均匀性，高值区分布在黄河口及其周边海域，次高值区主要分布在长江口及浙闽沿岸泥质区。此外海河口、辽河口、瓯江口以及山东半岛东部沿岸泥质区、黄海中部泥质区、黄海东南泥质区等局部海域有机碳埋藏速率也较高。有机碳埋藏速率和沉积速率、有机碳含量分布等密切相关。渤海、黄海和东海有机碳埋藏通量分别为1.30Mt $C \cdot a^{-1}$、2.71Mt $C \cdot a^{-1}$、4.19Mt $C \cdot a^{-1}$，总计约为8.20Mt $C \cdot a^{-1}$，有机碳埋藏效率分别为50%、11%和21%。

渤海、黄海和东海泥质区MAR_{OC-ter}与MAR_{OC}分布趋势基本一致，均表现为沿主要河口向外快速降低，而MAR_{OC-mar}通常与MAR_{OC-ter}不同，主要与海洋初级生产力分布和沉积环境有关。渤海、黄海和东海泥质区陆源有机碳埋藏通量分别为0.45Mt $C \cdot a^{-1}$、0.77Mt $C \cdot a^{-1}$和1.3Mt $C \cdot a^{-1}$，总计2.57Mt $C \cdot a^{-1}$。渤海、黄海和东海泥质区是陆源有机碳的主要沉积汇区，埋藏效率分别为94%、33%和37%。渤海、黄海和东海源有机碳埋藏通量分别为0.85Mt $C \cdot a^{-1}$、1.91Mt $C \cdot a^{-1}$和2.84Mt $C \cdot a^{-1}$，总计为5.60Mt $C \cdot a^{-1}$，埋藏效率分别为40%、9%和18%（图5.6）。

渤海、黄海和东海泥质区有机碳以海源为主，约占68%，总埋藏效率约为14%。除黄海东南部泥质区外，渤海、黄海和东海泥质区OC_{petro}组分埋藏通量分别为0.11Mt $C \cdot a^{-1}$、0.23 Mt $C \cdot a^{-1}$和0.51Mt $C \cdot a^{-1}$，总计为0.85Mt $C \cdot a^{-1}$，约占全球岩源有机碳埋藏通量的约2%（43Mt $C \cdot a^{-1}$；Galy et al.，2015）。OC_{bio}埋藏通量为1.08Mt $C \cdot a^{-1}$、2.37Mt $C \cdot a^{-1}$、3.47Mt $C \cdot a^{-1}$，总计6.92Mt $C \cdot a^{-1}$，这与我国九大水系流域硅酸盐风化强度相当（5.05~7.52Mt $C \cdot a^{-1}$；吴卫华等，2011）。除黄海东南部泥质区和济州岛西南泥质区外，渤海、黄海和东海泥质区黑碳埋藏通量总计为1.38Mt $C \cdot a^{-1}$（表5.1）。

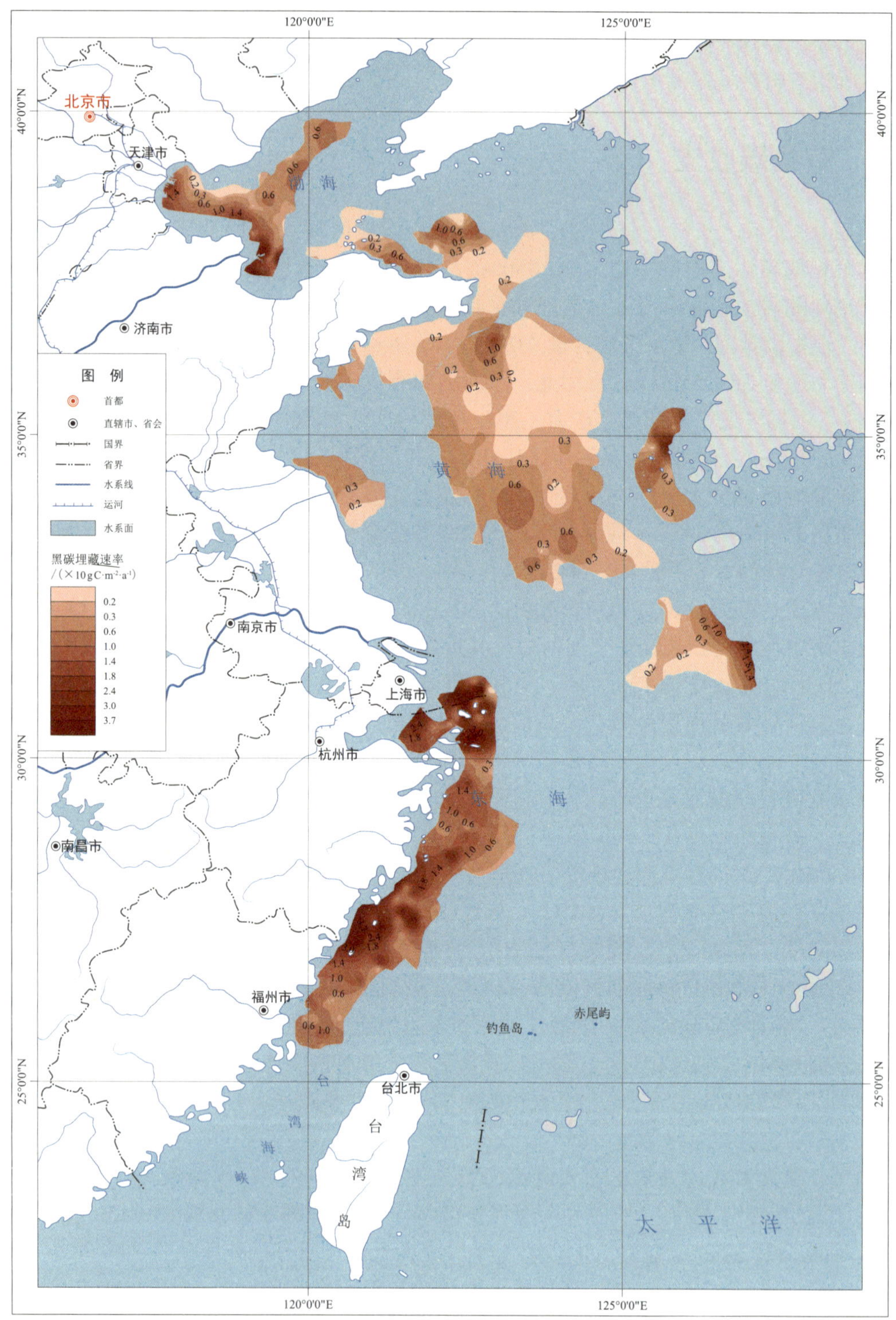

图5.5　渤海、黄海和东海泥质区黑碳埋藏速率分布图

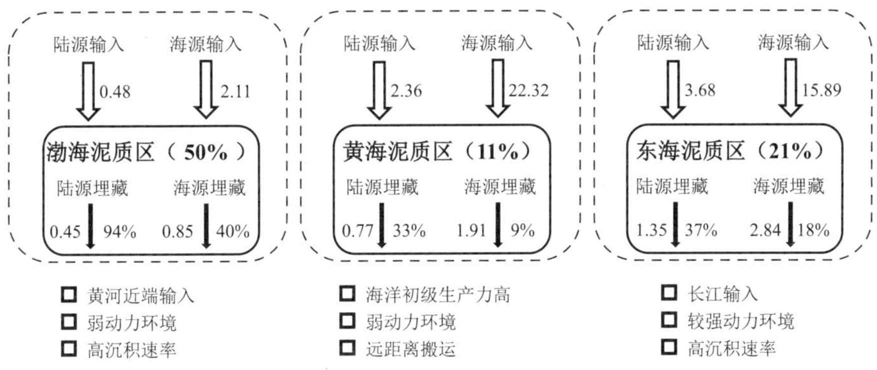

图5.6 渤海、黄海和东海泥质沉积区有机碳收支与埋藏环境示意图（单位Mt C·a^{-1}）

6 沉积有机碳分布的控制要素及输运–埋藏模式

6.1 沉积作用

海洋水动力条件既可控制矿物–有机质复合体在陆架的分散和分布，也可通过悬浮–沉降影响有机质在氧化环境中暴露时间，进而影响有机碳的埋藏（Bianchi et al.，2007；Hu et al.，2013；Bao et al.，2018）。颗粒物–有机碳复合体在河口–陆架环境中的运移过程具有选择性（Xing et al.，2016），受水动力条件影响，其分布特征主要取决于颗粒物的粒径、密度、矿物组成和比表面积等要素，即大部分细颗粒、低密度的颗粒物质可能会被波浪和沿岸流等输运到距离河口更远的海域，而粒径较粗、密度较高的颗粒物则会优先在河口附近沉积（Wakeham et al.，2009）。在这一过程中，受波浪和海流动力分选作用的影响，具有不同来源和活性、粒度、矿物及地球化学组成的物质会发生分选或分异（Bianchi et al.，2002），从而导致吸附于这些颗粒基质上不同类型和不同性质的有机碳组分也发生分异，即有机碳会在不同的粒级和矿物组成的颗粒物甚至不同相之间进行重新分配（Mayer et al.，1994），从而显著影响沉积有机碳在河口–陆架的地球化学行为和归宿。

渤海、黄海和东海TOC含量高值区分布趋势与细粒沉积区分布（图1.3）基本一致，呈现显著的粒度控制分布特征。研究区域内TOC含量与沉积物平均粒径和细粒组分（黏土和粉砂）显著正相关（r=0.44~0.53，p<0.01，n=3848）[图6.1（a）、（b）、（c）]，而与粗粒组分（砂）显著负相关（r=−0.52，p<0.01，n=3848）[图6.1（d）]，这解释了有机碳在泥质区含量相对较高，而在渤海中部、北黄海中东部、苏北浅滩和东海外陆架等砂质区普遍较低的分布格局。BC是渤海、黄海和东海SOC的重要组成部分。BC空间分布特征（图4.9）与TOC和OC_{ter}（图4.3）类似，也具有显著的粒度控制分布特征（p<0.01，图6.2）。这进一步印证了BC的高度亲颗粒特性促使其在细粒沉积物中被吸附和埋藏。

渤海、黄海和东海泥质区TOC含量平均值（0.57%±0.23%，n=2128）比非泥质区（0.41%±0.25%，n=3668）高39%；泥质区TOC含量中位值（0.57%）比非泥质区（0.37%）高54%[图6.3（a）]。从不同海区来看，渤海泥质区TOC含量平均值（0.55%±0.21%，n=461）比该区非泥质区（0.36%±0.20%，n=1048）高53%；泥质区TOC含量中位值（0.55%）比非泥质区（0.34%）高62%[图6.3（b）]。黄海泥质区TOC含量平均值（0.61%±0.21%，n=783）比该区非泥质区（0.35%±0.21%，n=1309）高74%；泥质区TOC

含量中位值（0.51%）比非泥质区（0.32%）高59%[图6.3（b）]。东海泥质区TOC含量平均值（0.59%±0.14%，n=884）比该区非泥质区（0.51%±0.30%，n=1311）高16%；泥质区TOC含量中位值（0.59%）比砂质区（0.46%）高26%[图6.3（b）]。研究区内TOC含量与粉砂组分和黏土组分显著正相关（0.48vs.0.44，$p<0.01$），也在一定程度上反映了吸附在细粒组分上的有机碳比粗粒组分多，因而山东半岛东部沿岸泥质区、黄海中部泥质区等细粒沉积区TOC含量均相对较高。

渤海泥质区是由黄河入海物质向西和向北运移进入渤海湾和渤海中部堆积形成的（刘建国等，2007）。现代黄河入海沉积物除大部分沉积在渤海中部外，还有部分被沿岸流搬运到黄海（Alexander et al.，1991；Qiao et al.，2017）。山东半岛东部沿岸泥质区沉积物主要来自长距离输入的黄河物质，也受沿岸侵蚀和周边中小河流输入的影响（Liu et al.，2001）。黄海中部泥质区主要受气旋型涡旋影响形成，沉积物主要来自黄河、废黄河口沉积物侵蚀等（Shi et al.，2002；Wang et al.，2014）。黄海泥质区沉积物绝大部分为远距离陆源输入，并在沿岸流与潮流等作用下不断地搬运、沉积、再悬浮（Liu et al.，2009；Yang and Liu，2007）。大部分进入黄海的陆源有机碳经过长距离的搬运、沉积、再悬浮等过程，矿化严重（Hu et al.，2016a）。黄海中部泥质区弱动力环境和水体分层使得进入此区域的细粒沉积物得以滞留并得到较好的保存（Shi et al.，2002；Dong et al.，2011；Guo et al.，2021)。废黄河口泥质区沉积物主要为老黄河三角洲及侵蚀物质，黄海东南部泥质区则受到朝鲜半岛物源等影响（Qiao et al.，2017）。有机碳主要吸附在细粒矿物表面，并随海流搬运至黄海的远端泥质区，鉴于现代黄海泥质区无大河直接输入，沉积水动力环境及其影响下形成的泥质沉积可能是制约黄海沉积有机碳搬运和埋藏的重要因素（Hu et al.，2016a）。有机碳稳定同位素的分布特征与黄河入海沉积物的扩散路径具有较好的一致性，揭示了大河输入和陆架沉积水动力环境对本区陆源沉积有机碳选择性输运的控制作用（Hu et al.，2013）。

东海沉积有机碳与平均粒径密切相关，其高值区主要位于长江口和内陆架泥质区，显示水动力及沉积物粒度分布是该区域TOC分布的重要影响因素。长江沉积物和有机碳进入东海后首先在长江口短暂沉积，并在沿岸流的影响下随后向南搬运并最终在台湾暖流顶托下在内陆架蓄积（Liu et al.，2007，2018，2021）。浙闽沿岸泥质区中的沉积物受到强潮、浪、沿岸流和冬季风暴潮和上升流的影响不断地再悬浮、再搬运和再沉降，有机质矿化作用强烈（Yao et al.，2014；Sun et al.，2020a），但在台湾暖流顶托下，长江输入的绝大部分有机碳仍在该区域内沉积和埋藏（Bao et al.，2018；Wu et al.，2020）。通过对长江口及邻近陆架区的沉积物不同密度和不同粒级的有机碳组成研究，发现陆源有机碳主要富集在密度小的颗粒物上，海源有机碳则优先富集在密度大的颗粒物上，富含木质素的新鲜植物碎屑主要与粗颗粒相吸附，并优先堆积在河口附近，而贫木质素、降解程度较高的土壤有机碳则主要赋存在细颗粒物上，可输运到离河口较远的位置（Wang et al.，2015）。因此，东海的水动力分选过程对陆源有机碳和海洋源有机碳在河口外的输运和分散过程中发挥重要作用。总体看来，渤海和黄海大部水深较浅、沉积环境相对稳定、有利于有机碳的保存，而东海陆架宽广并受到强动力环境的影响，沉积物再悬浮和再搬运作用强烈，沉积环境动态且多变，则加剧了有机碳的矿化（DeMaster et al.，1985；Su and Huh，2002；Bao et al., 2018; Wu et al., 2020; Guo et al., 2021; Zhao et al., 2021）。因此，东海泥质区陆源有机碳埋藏效率（37%）显著低于渤海泥质区（94%）。

渤海泥质区直接受黄河等输入的影响，水浅且沉积环境较稳定，OC_{ter}埋藏效率较高。黄海泥质沉积区远离直接的陆源输入，尽管沉积环境稳定，但是SOC经过长距离搬运，OC_{ter}埋藏效率较低。东海在长江和其他区域河流的直接输入下，尤其长江口和内陆架受强动力环境影响，沉积环境空间非均一性较高，沉积有机碳矿化强烈，有机碳埋藏效率相对较低（图5.6）。综上所述，渤海、黄海和东海的泥质沉积区是我国东部近海沉积物有机碳的主要埋藏地区，水动力条件是控制沉积有机碳分布的主要因素。

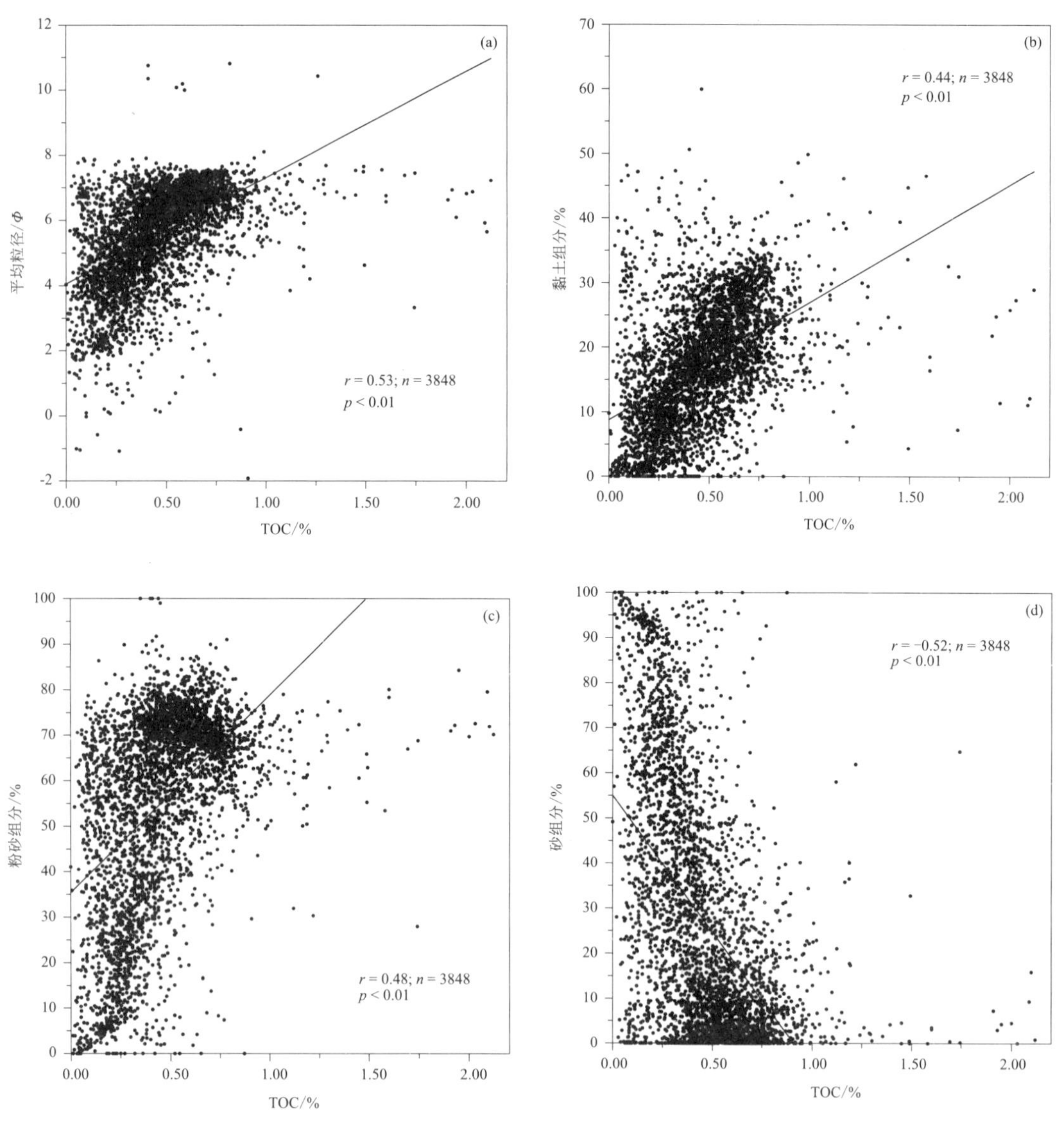

图6.1　渤海、黄海和东海沉积有机碳与沉积物平均粒径（a）、黏土组分（b）、粉砂组分（c）、砂组分（d）相关关系

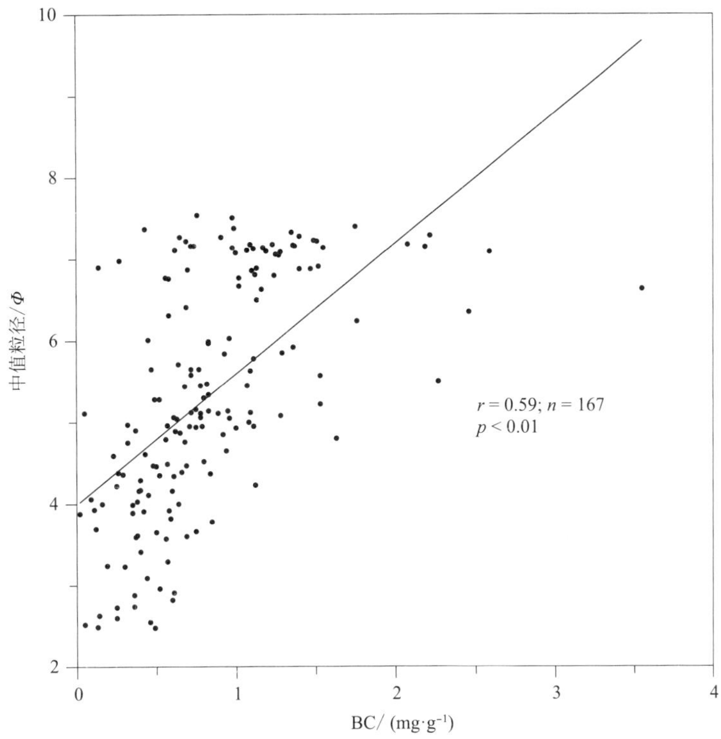

图6.2　渤海和黄海黑碳与沉积物中值粒径的相关关系

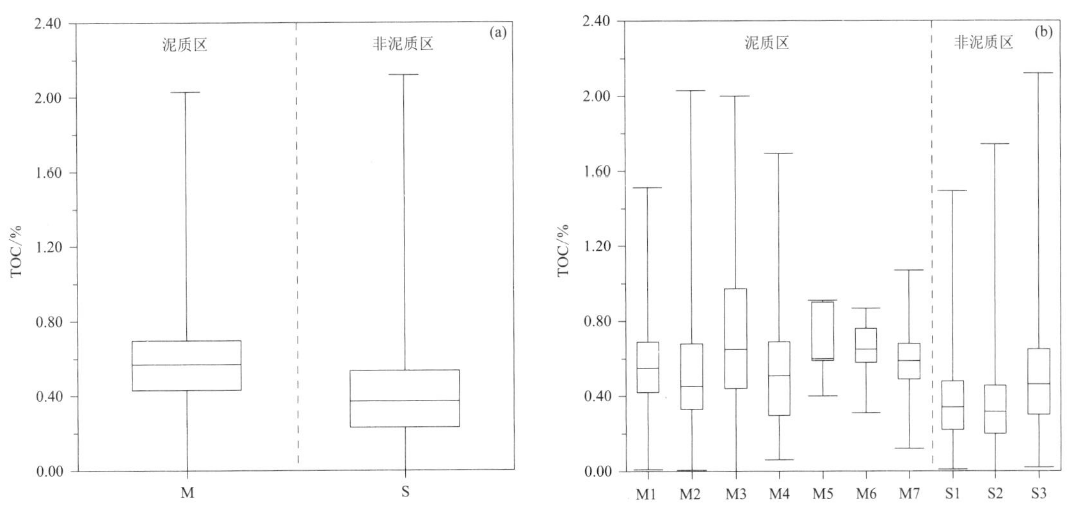

图6.3　渤海、黄海和东海泥质区和非泥质区沉积有机碳含量对比（a）、泥质区和非泥质区分区沉积有机碳含量对比（b）

M. 泥质区，n=2128；S. 非泥质区，n=3668；M1. 渤海泥质区，n=461；M2. 山东半岛东部沿岸泥质区，n=400；M3. 黄海中部泥质区，n=218；M4. 废黄河口泥质区，n=156；M5. 黄海东南部泥质区，n=9；M6. 济州岛西南泥质区，n=19；M7. 浙闽沿岸泥质区，n=865；S1. 渤海泥质区以外区域，n=1048；S2. 黄海泥质区以外区域，n=1309；S3. 东海泥质区以外区域，n=1311

6.2 搬 运 过 程

水动力分选可对颗粒物所吸附的OC进行选择性运输，粗粉砂具非黏结性，易再悬浮和再分配分散，与之结合的有机碳便可能被长时间搬运，易被选择性降解，导致其OC含量较低，年龄较老；而黏土黏结性强，分散性能力弱，OC年龄因而较轻（Ausín et al.，2021）。

黄河和长江入海POC年龄显著不同，前者入海有机碳显著偏老（4000~8000 a B.P.），表明黄河OC入海前已经高度降解，具有难降解特性；而长江POC年龄相对较轻，约为800~1060 a B.P.（Wang et al.，2012）。黄河口周边SOC年龄均较老（>2500 a B.P.，图4.7），但在黄河沉积物扩散路径上，渤海泥质区、山东半岛东部沿岸泥质区和黄海中部泥质区部分区域沉积物中有机碳的含量显著高于黄河周边，并伴随着海源组分的升高（$\delta^{13}C$、$\Delta^{14}C$、Fm_{bio}值的升高）（图4.2，图4.6，表4.1），这可能是海洋初级生产产生的年轻有机碳组分稀释了黄河输入的老化有机碳，导致渤海和黄海泥质区中的SOC年龄整体相对较轻（图4.7）。另外，黄河沉积物在渤海和黄海的扩散路径上，平均粒径有增加趋势，尤其是山东半岛东部沿岸泥质区近岸粉砂含量明显增加（>75%，石学法等，2012），其OC含量较低，年龄与黄河沉积相近（图4.7），可能反映出沉积物粉砂粒级组分携带的OC年龄相对较老。

东海近岸泥质区强烈的再悬浮作用导致SOC的氧化和老化。如图4.7所示，浙闽沿岸泥质区SOC含量显著高于长江口，但OC年龄却比长江口轻，这可能与浙闽沿岸泥质区大部分海域黏土组分要高于长江口有关（25%~50%）（石学法等，2012）。与黄海类似，长江沉积物向浙闽沿岸泥质区和济州岛西南泥质区搬运过程中也出现了TOC含量（图3.2）、海源有机碳组分（图4.4）、$\Delta^{14}C$值（图4.6）的升高，同时有机碳年龄变轻（图4.7），这与新鲜海源有机碳的生产和埋藏有关。总体上，渤海、黄海和东海沉积物在长距离运输过程中伴随着不同粒径沉积物的分选，不仅发生了陆源有机碳老化，还伴随着新鲜海源有机碳的输入。持续不断的新鲜海源有机碳供应是我国东部陆架沉积有机碳中海源贡献占主导的主要原因。

6.3 有机碳-矿物相互作用

细粒矿物是与OC结合的主要矿物，其大部分为层状硅酸盐和Fe氧化物，具有高表面积且常携带高电荷（Keil and Mayer，2014；胡利民等，2023）。OC通过吸附在这些细粒矿物表面而获得长期物理保护，其中吸附在细粒、具有较大表面积矿物的有机质抗降解能力更强（Keil et al.，1994；Mayer，1994；Shields et al.，2016，2019；Blattmann et al.，2018，2019）。因此沉积物中的矿物组成对OC的埋藏和保存具有重要调控作用。蒙皂石是黏土矿物中比较细小的矿物，易随水搬运，不仅外表面可以吸附有机碳，其可膨胀的层间域为OC提供了充足的保存空间（Kennedy and Wagner，2011），是促进OC埋藏保存最重要的黏土矿物之一。但有研究表明蒙皂石吸附的土壤源OC在沉积过程中会被OC_{mar}取代，而OC_{petro}则与云母、绿泥石等矿物紧密结合，在海洋环境中易保存（Blattmann et al.，2019）。这揭示了OC_{ter}在近海沉积物中的保存主要受控于矿物表面积特性，即层状硅酸盐矿物结构的特点。下面以渤海为例，讨论沉积有机碳与矿物的相互作用。

黄河入海沉积物中黏土矿物组成具有高伊利石含量（约60%）、低蒙皂石含量（约15%），伊利石含量/蒙皂石含量小于6的特点（范德江等，2001；Qiao et al.，2011；Zhao et al.，2021；石学法，2012）。作为粒径较小的矿物，吸附于蒙皂石的土壤源有机碳易长距离输运。渤海沉积物中蒙皂石平均含量为0~16%，平均值为7% ± 4%（n=409）。蒙皂石是黄河沉积物的特征黏土矿物，在黄河三角洲含量最高，蒙皂石分布特征与TOC和陆源有机碳组分（图4.3）分布类似。鉴于土壤源有机碳是渤海OC_{ter}最主要的来源之一（Hu et al.，2016a），且渤海沉积物中蒙皂石组分与TOC含量显著正相关（p<0.01）（图6.4a），一定程度上说明该海域陆源有机碳可吸附于蒙皂石。绿泥石多产生于物理风化作用强烈环境，岩源有机碳能与绿泥石等矿物紧密结合，在海洋环境中易保存。渤海绿泥石含量4%~29%，平均含量为12% ± 3%（n=409），高值区主要分布在黄河三角洲及其周边的莱州湾和渤海湾南部，其中黄河三角洲绿泥石含量高达15%，而渤海泥质区含量约为7%~15%。渤海绿泥石分布特征与TOC和OC_{ter}组分（图4.3）分布大体相同，且绿泥石组分也与TOC含量显著正相关（p< 0.01）（图6.4c），这也说明绿泥石吸附的有机质有利于保存，含量较高。综上可见，渤海SOC中陆源组分一定程度上受黏土矿物含量的影响，主要是受黄河输入的特征性矿物蒙皂石和绿泥石的影响。渤海相对稳定的沉积环境以及黏土矿物的吸附性保护，促进了陆源有机碳在该区域的埋藏和保存。

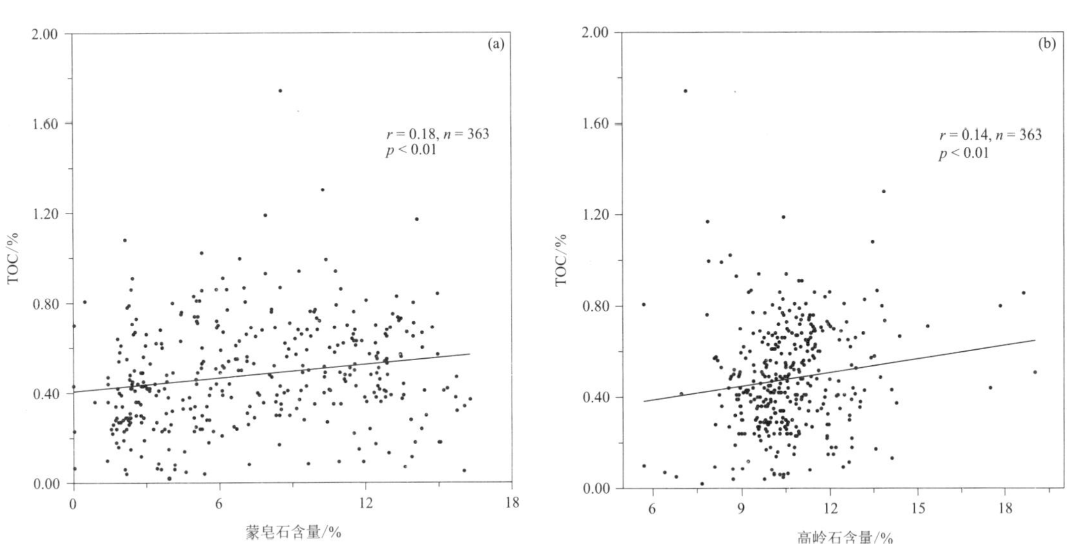

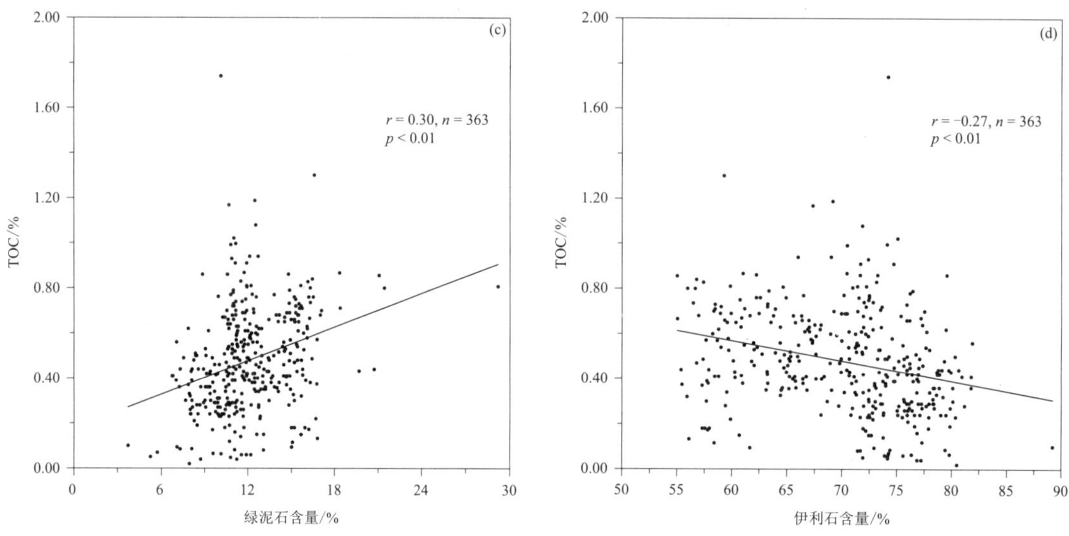

图6.4　渤海沉积有机碳与黏土矿物蒙皂石（a）、高岭石（b）、绿泥石（c）、伊利石（d）的相关关系

6.4　人类活动

筑坝等人类活动会显著降低河流入海沉积物通量（Wang. S et al.，2016），这一方面直接降低了OC_{ter}埋藏通量，另一方面也间接促进三角洲和近岸的侵蚀，导致沉积物再悬浮，促进OC矿化，从而降低OC的保存和埋藏（Syvitski et al.，2005；Gao et al.，2019）。自1960年以来，在中国东部入海的两条世界性大河长江和黄河在人类筑坝活动等影响下，入海沉积物逐渐减少，深刻改变了陆架OC搬运过程和埋藏格局（Li et al.，2015；Sun et al.，2020b；Wang et al.，2020；Lu et al.，2022）。自2003年三峡水库和1999年小浪底水库蓄水以来，长江和黄河输沙量快速下降，其年平均输沙量分别仅为1950~2010年长年平均的33%和14%（图6.5）。据估算，筑坝后长江入海OC_{ter}通量下降了15%（Sun et al.，2020b）；相对黄河、长江长年输沙通量的均值，筑坝后渤海、黄海和东海OC_{ter}埋藏通量下降则多达66%（Zhao et al.，2021）。筑坝活动还导致河流入海OC的来源和组成发生改变，例如小浪底大坝蓄水后，下游河床沉积物成为入海有机质的主要供应源，其年龄比黄土高原段黄河POC年轻约2400年（Lu et al.，2022）。因此，筑坝活动不仅显著改变了我国东部陆架OC埋藏的分布格局和通量，还影响到近海沉积碳汇埋藏潜力。此外，近海生态系统受排污等人类活动的影响，可引发水体富营养化，进而促进水体缺氧的形成，降低有机碳的矿化速率，从而提高SOC的保存率（Bauer et al.，2013；Bianchi et al.，2016）。下面通过分析渤海泥质区3根沉积岩心（B239、M3和M7，图2.1，图6.6）百年来沉积有机碳时空变化特征，揭示潜在的人类活动的影响。

（1）筑坝与改道的影响

河道变更及泥沙输入的急剧变化将显著改变OC_{ter}的输入和埋藏。位于黄河口北侧的

BH239柱（图2.1，图6.6）在百年尺度上沉积特征主要受1976年黄河人为改道的影响（Qiao et al.，2011）。BH239柱TOC含量范围为0.40%~1.78%，由表层向下快速增加，在1990年左右达到最高值，随后逐步下降，并在1976年以前基本稳定。C/N值变化范围为7.1~22.5，变化趋势与TOC垂向分布高度一致，表明该区域TOC含量与有机质物源变化密切相关。

1953~1976年黄河入海口位于黄河三角洲北侧（神仙沟和刁口河道时期），陆源泥沙大量输入到该区域时，直接影响BH239柱沉积，C/N值（>9.9）也指示该柱OC在这一时期具有显著的陆源贡献。然而，TOC含量在这一时期保持稳定，可能原因包括：①黄河泥沙直接输入产生高悬浮体浓度水体，导致海洋生产力下降，海源有机碳贡献减少（例如Shi and Wang，2012）；②黄河新鲜泥沙的直接输入产生稀释效应（例如Hu et al.，2011）；③黄河上游筑坝活动引起入海沉积物通量下降，间接促进了水下三角洲侵蚀，弥补了该柱OC供应（例如Sun et al.，2020b）。1976年以后，黄河口河道南移（清水沟河道时期），这一时期BH239柱中TOC含量和C/N值变化呈现出快速的增加趋势，并均在1990年左右达到峰值，可能的原因是黄河入海的沉积物因筑坝和改道减少，导致水下三角洲沉积物侵蚀加剧，促进BH239柱中OC_{ter}组分贡献显著增加。1990年后，BH239柱中TOC和C/N值均呈现快速下降，伴随着沉积物粒度变粗，可能与黄河入海口南移后OC_{ter}输入降低有关。总之，渤海泥质区SOC显著受黄河下游人工改道等因素影响。

（2）人为营养盐输入的影响

自1950年以来，受沿岸人为活动的影响，我国东部近海N、P等营养盐含量快速增加，富营养化面积不断扩大，海水富营养化快速发展（例如孙培艳，2007；于春艳等，2013）。M3和M7柱（Xu et al.，2018）分别位于渤海泥质区中部和北部的OC_{mar}相对高值区（图4.4），距沿岸陆源输入较远。如图6.6所示，M3柱中TOC含量变化范围为0.49%~0.58%，整体上呈从表层向下缓慢降低的趋势，变化较小。C/N值变化范围为4.0~7.5，从表层向下逐步升高。M7柱中TOC含量变化范围为0.32%~0.72%，整体上呈从表层向下缓慢降低的趋势，变化相对较大。C/N值变化范围为4.2~8.2，从表层向下也逐步减小。尽管M3和M7柱中C/N值变化趋势相反，但TOC和海洋初级生产力生物标志物——甾醇（例如甲藻甾醇）含量在1980年后出现显著的增加趋势，指示区域内浮游植物生产力明显增加（Xu et al.，2018）。渤海中、北部海洋初级生产力的增加现象与同时期渤海海水中N、P营养盐快速增加具有明显的同步性（孙培艳，2007）。因此，M3和M7柱中1990年以来，富营养化现象的加剧与甾醇含量显著上升揭示了沉积有机碳受到沿岸人为营养盐输入的影响。

综上所述，渤海、黄海和东海OC_{ter}的分布主要受控于大河输运和复杂的水动力环境，矿物对OC的吸附和保护对SOC的埋藏和保存具有重要作用，黄河、长江等大河输入的大部分POC均吸附在细粒沉积物中，在沿岸流的作用下，这部分陆源输入的POC主要沉积在泥质沉积区。海洋初级生产产生的OC_{mar}是除河口之外地区TOC的主要组成部分，其分布和埋藏主要受控于营养供应和水动力环境等。因此，水动力条件、沉积过程以及OC的组成和类型是我国东部近海陆架SOC分布、埋藏和保存的主要控制因素。当然，季节性的水动力环境、海洋初级生产力以及现代河流改道等人类活动对我国东部近海陆架SOC分布和埋藏产生的深刻影响，需要进一步研究。

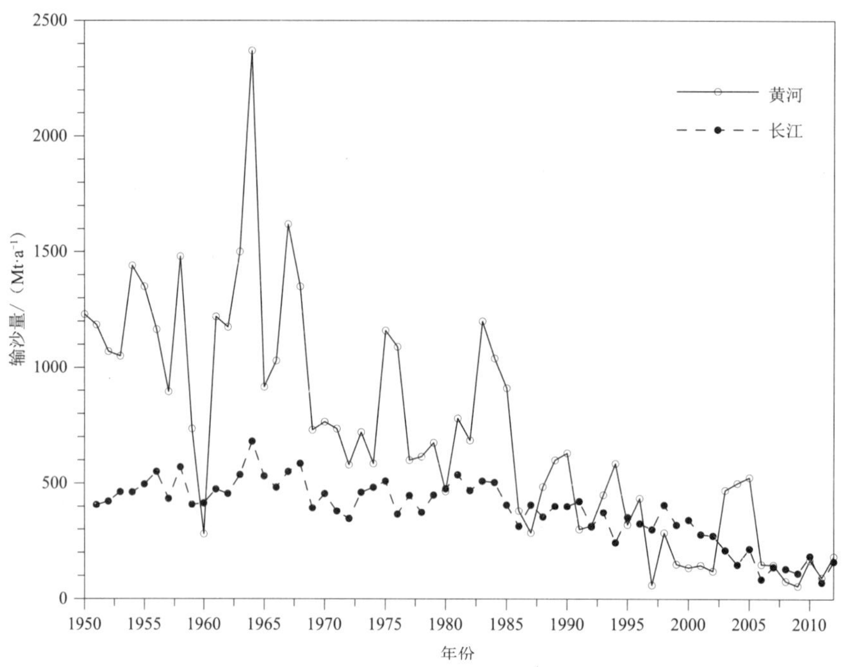

图6.5　长江、黄河入海泥沙通量变化（1950~2012年，数据源自大通和利津水文站）

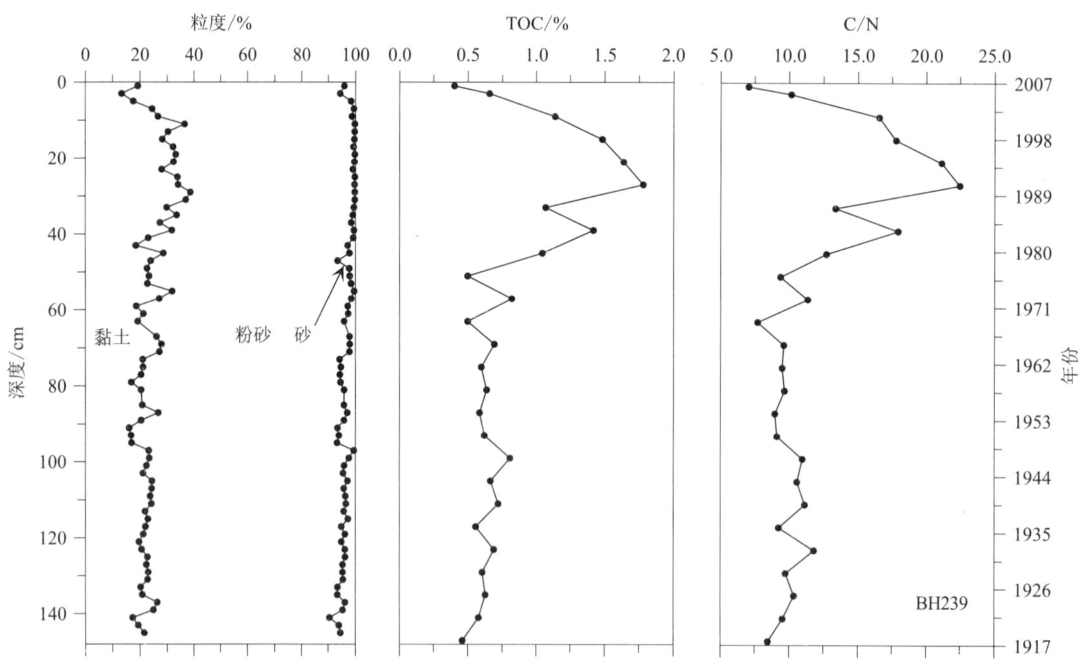

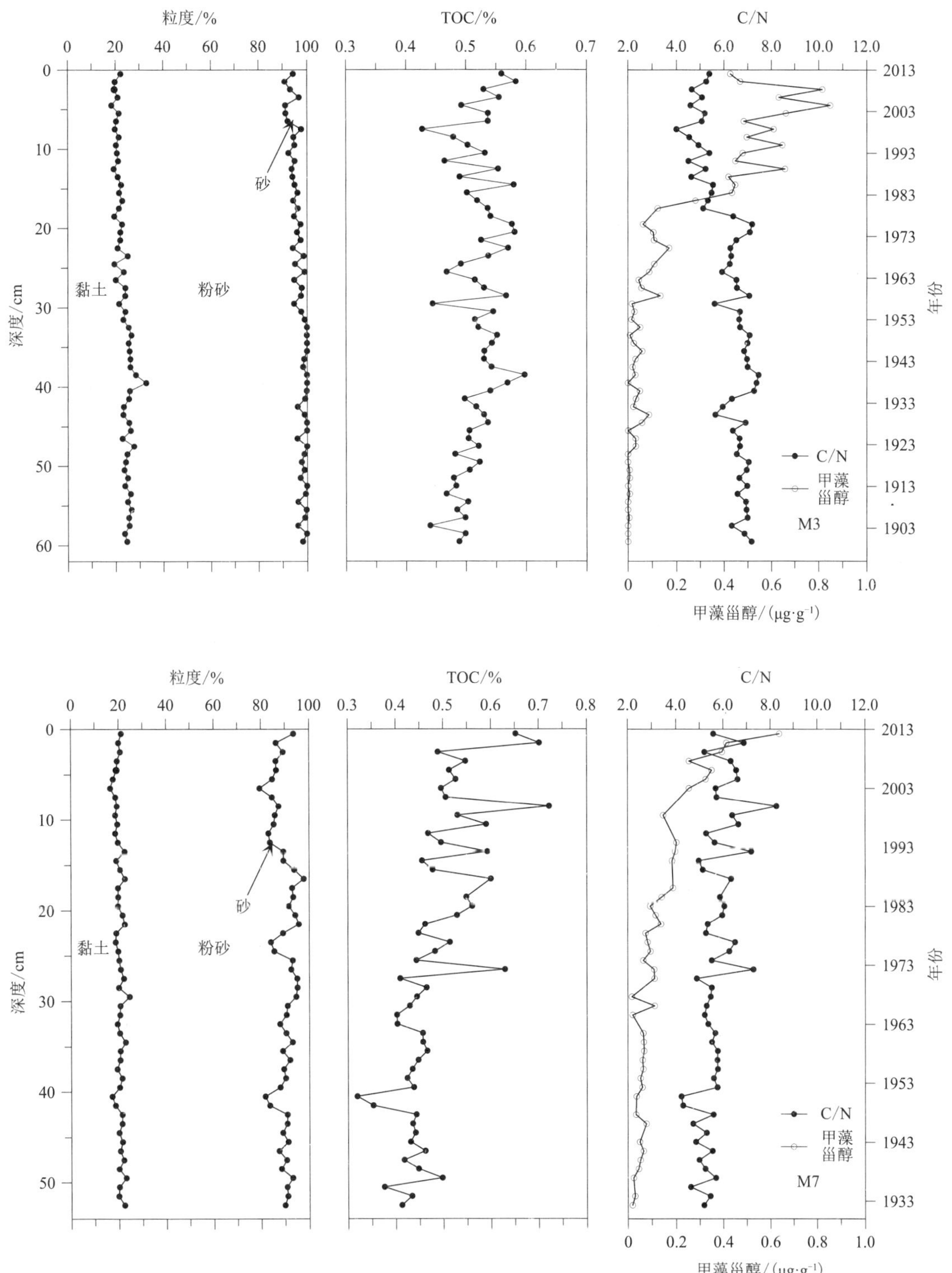

图6.6 渤海泥质区BH239、M3和M7柱百年来沉积有机质垂向变化（站位位置见图2.1）

6.5　沉积有机碳输运-埋藏模式

大陆边缘虽仅占全球海洋面积8%，但全球海洋约90%的有机碳埋藏都发生在河口、沿岸水下三角洲和陆架沉积区，这里是重要的海洋和陆地来源有机碳的埋藏中心，影响着全球碳的收支平衡（Berner，1982；Hedges and Keil，1995；Atwood et al.，2020）。中国东部大陆边缘每年可以接收大量来自长江和黄河的颗粒物、有机碳和营养盐，在沉积水动力作用的影响下形成了多个泥质区（Qiao et al.，2017），且不同泥质区的有机碳来源和沉积环境差异显著（Hu et al.，2009，2012，2013），导致其有机碳的输运埋藏模式也存在明显差异（Hu et al.，2016a；Bao et al.，2016；Zhao et al.，2021）。

渤海、黄海和东海沉积有机碳的高含量区主要分布在渤海泥质区、北黄海中部、黄海中部泥质区、黄海东南部泥质区、东海内陆架近岸海域、济州岛西南泥质区、台湾东北部以及冲绳海槽中北部等（图6.7）。有机碳的来源以海洋自生源为主，其高值区主要分布在渤海中部、南黄海和东海中、外陆架等区域；陆源有机碳高值区主要分布在河口和近岸区域，河口等局部区域具有显著的陆源输入信号；人类活动来源的黑碳通过大气沉降和河流输入方式入海后，集中分布在细粒沉积区。整体上看，陆架泥质区总有机碳和陆源有机碳含量要显著高于非泥质区。从现代沉积作用来看，渤海、黄海和东海的泥质区属于较稳定的沉积环境，沉积有机碳的空间分布格局与细颗粒沉积物的输运过程也具有较好的一致性（图6.7）；渤海和黄海大部水深较浅、沉积环境相对稳定，有利于有机碳保存；而东海陆架宽广并受到强动力环境的影响，沉积物再悬浮和再搬运作用强烈，沉积环境动态且多变，则加剧了有机碳的迁移和转化，进一步研究则发现输运过程中发生的再悬浮-再沉积循环可引起部分活性有机碳的选择性输运降解（Hu et al.，2013；Bao et al.，2018），因此水动力条件是控制东部边缘海沉积有机碳分布和埋藏的重要因素。

结合不同泥质区的有机碳埋藏速率和面积，可估算中国东部大陆边缘泥质区沉积有机碳的总埋藏通量约为8.20Mt $C\cdot a^{-1}$（图6.7），约占全球海洋沉积有机碳总埋藏通量的5.3%（全球~157Mt $C\cdot a^{-1}$；Berner，1982）。其中，海源有机碳埋藏通量约为5.60Mt $C\cdot a^{-1}$（约68%），陆源有机碳埋藏通量约2.57Mt $C\cdot a^{-1}$（约32%）。基于^{14}C数据结果可进一步估算得到生物有机碳（OC_{bio}）的埋藏通量约为6.92Mt $C\cdot a^{-1}$，这与中国大陆主要河流的硅酸盐风化所吸收的CO_2通量相近（吴卫华等，2011）。从沉积有机碳埋藏效率的角度看，渤海泥质区有机碳的埋藏效率（约50%）高于黄海（约11%）和东海（约21%），这与其水深较浅、较高的沉积速率、高惰性陆源有机碳比例（导致更高的碳埋藏效率，达94%）（表5.1）和稳定的沉积环境有关。从不同来源有机碳的埋藏效率来看，陆源有机碳的埋藏效率都显著高于海源有机碳，其中渤海泥质区陆源有机碳的埋藏效率（约94%）高于海源有机碳（约40%），黄海泥质区陆源有机碳的埋藏效率（约33%）显著高于海源有机碳（约9%）（表5.1）。渤、黄海泥质区陆源有机碳的高埋藏效率可能是因为受黄河大量输入的陈化有机碳的影响，这些碳尽管经历了长距离的输运，但仍难以分解（Tao et al.，2016），而反复的沉积-再悬浮过程和冷涡环流则强化了沉积物的长距离-选择性输运过程，使更多的海源有机碳在跨越陆架的输运和沉降过程中发生降解。而对于东海泥质区沉积有机碳，频繁的物理扰动（如再悬浮-搬运-沉积过程）加速了有机碳的降解（Yao et al.，2015），使海源和陆源有机碳都具有较低的埋藏效率（分别为18%和37%）（表5.1）。此外，对比研究流域建坝前后不同来源有机碳的埋藏通量，发现建坝后陆源有机碳、生源有机碳和成岩有机碳的埋藏通量分别下降了约66%、64%和68%，表明大坝建设显著降低了有机碳在中国东部大陆边缘的埋藏（Zhao et al.，2021）。未来在流域建坝的背景下，入海泥沙将继续减少，导致有机碳埋藏量进一步减少，或可能改变东部陆架海作为有机碳储库的能力。

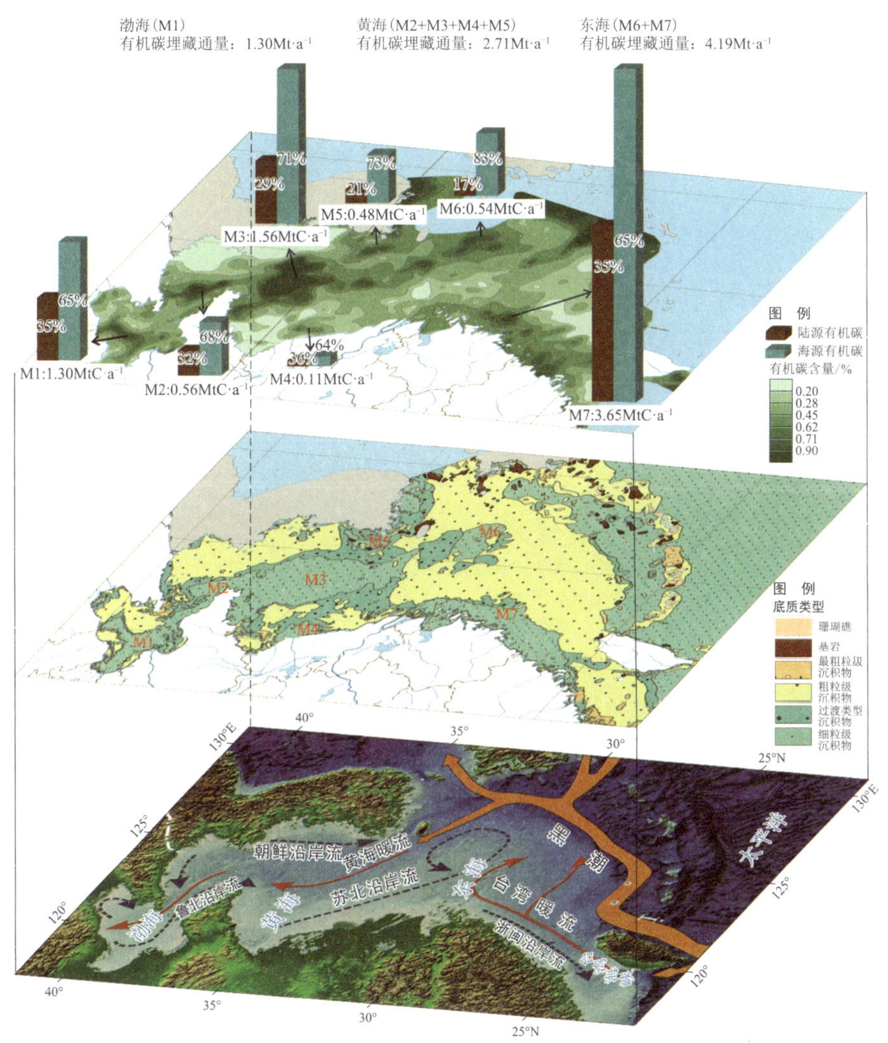

图6.7　东部陆架海沉积有机碳埋藏分布模式图

综上所述，近海的快速沉积有助于有机碳的埋藏，这与沉积物的长距离输运形成对比，后者将能够促进有机碳的再矿化并降低其埋藏效率。而且，不同河流和海洋水动力环境的差异（如水动力分选和再悬浮过程）显著影响着沉积物的输运扩散，也会导致有机碳的沉积埋藏模式具有区域性的差异（图6.7），并最终影响沉积碳汇特征。从全球范围来看，较高陆源有机碳的埋藏效率通常对应具有高沉积速率或相对封闭的体系。渤海泥质区的高沉积速率和/或相对稳定的沉积环境有助于使该区陆源有机碳的埋藏效率整体处于较高的水平，成为重要的陆源有机碳储库；相比之下，东海泥质区陆源有机碳埋藏效率则明显偏低。

7 结　论

本图件是基于渤海、黄海和东海大量沉积物有机碳及相关实测数据资料编制的，详细展示了我国东部近海沉积有机碳的含量、来源、埋藏速率及其分布变异规律，估算了有机碳埋藏通量，分析了筑坝活动等人类活动影响下沉积有机碳埋藏的演化记录，揭示了不同水动力环境和沉积过程对沉积有机碳搬运、埋藏和保存的影响。通过本次编图工作，获得主要认识如下：

（1）渤海、黄海和东海沉积有机碳含量为0~2.12%，平均值为0.47% ± 0.26%（n=5796）。TOC含量与沉积物细粒组分显著相关（$p<0.01$），高值区主要位于泥质区，包括黄河河口及其毗邻的莱州湾西部、渤海湾大部以及渤海湾中部西侧及辽东湾西南部，山东半岛北部泥质区、黄海中部泥质区、废黄河口及其周边以及黄海东南部泥质区西北部，以及长江口及其毗邻的浙闽沿岸泥质区、济州岛西南泥质区和台湾东北部山地河流影响的冲绳海槽南部等区域；TOC低值区主要分布在非泥质区，包括辽东湾、渤海海峡、黄海北部、长江口东北部、南黄海西南部以及东海外陆架等区域，其中以东海外陆架砂质沉积区和东海南部的沉积有机碳含量最低。泥质区TOC含量平均值（0.57% ± 0.23%，n=2128）比非泥质区（0.41% ± 0.25%，n=3668）高39%。

（2）渤海、黄海和东海沉积物C/N值为1.3~28.1，平均值为7.8 ± 2.9（n=1920）。C/N值分布规律与TOC类似，即在陆源影响显著的河口、近岸和泥质区较高，在砂质区较低。沉积有机碳δ^{13}C值为−25.80‰~−20.00‰，平均值为−22.13‰ ± 0.91‰（n=988）。沉积有机碳δ^{13}C值分布规律与TOC和C/N值相反，高值区主要分布在砂质沉积区，低值区主要分布在河口和泥质区。沉积有机碳Δ^{14}C值为−871‰~−137‰（平均值−311‰ ± 115‰，n=432），对应年龄为16417~1124a B.P.。沉积有机碳Δ^{14}C分布的区域性差异较大，高值区主要分布在渤海泥质区、大连外海至山东半岛东部沿岸泥质区东北部、黄海中部泥质区东北部、青岛外海、南黄海朝鲜半岛一侧和冲绳海槽北部砂质区，低值区主要分布在废黄河口外到南黄海西部、长江口外东北部、台湾海峡中部和台湾东北部。

（3）渤海、黄海和东海沉积有机碳来源包括陆源高等植物、土壤、海洋初级生产、岩石风化侵蚀和人为活动等。按陆源和海源划分，渤海、黄海和东海沉积有机碳海源贡献占主导，平均为69.5%，高值区主要分布于远离陆源输入的渤海中部和东海外陆架等。陆源有机碳高值区主要位于河口及附近陆架区，空间分布非均一性较高。按沉积有机碳年龄划分，渤海、黄海和东海沉积有机碳中生物有机碳组分占主导，Fm_{bio}平均值为0.76，生物有机碳含量平均值为0.50%，其中陆源高等植物输入占生物源有机碳的25%。岩源有机碳组分均表现为受大河的影响，其中以渤海泥质区（0.045%）、山东半岛东部沿岸泥质区（0.050%）和黄海中部泥质区（0.065%）的岩源有机碳平均含量最高。

（4）渤海、黄海和东海泥质区有机碳埋藏速率0~99.0g $C\cdot m^{-2}\cdot a^{-1}$，平均值为32.9g $C\cdot m^{-2}\cdot a^{-1}$。渤海、黄海和东海泥质区有机碳埋藏通量分别为1.30Mt $C\cdot a^{-1}$、2.71Mt $C\cdot a^{-1}$、4.19Mt $C\cdot a^{-1}$，总计约为8.20Mt $C\cdot a^{-1}$（其中生物源有机碳埋藏通量占85%以上），约占全球海洋沉积有机碳总埋藏通量的5.3%。渤海因离陆源输入最近，水浅且沉积速率高，具有相对较高的埋藏效率（50%）。黄海和东海则因沉积物经历长距离输运和较强水动力环境而有机碳埋藏效率显著降低，分别为11%和21%。

（5）渤海、黄海和东海陆源有机碳的分布和埋藏主要受控于大河的输运过程和复杂水动力环境，矿物对有机碳的吸附和保护对沉积有机碳的埋藏和保存具有重要作用。黄河、长江等大河输入大部分颗粒有机碳均吸附在细粒沉积物中，沉积在泥质沉积区。渤海和黄海水深较浅、高惰性陆源有机碳输入和稳定的沉积环境更有利于有机碳保存；东海陆架宽广并受到较强动力环境的影响，沉积物再悬浮和再搬运作用强烈，沉积环境多变，加剧了有机碳的迁移和转化，导致陆源有机碳的保存效率不高。筑坝和河流改道等人类活动显著改变了近端泥质区有机碳的埋藏，对我国东部近海陆架沉积有机碳分布和埋藏产生了深刻影响。

参 考 文 献

鲍红艳. 2013. 溶解态和颗粒态陆源有机质在典型河流和河口的来源、迁移和转化. 上海: 华东师范大学博士学位论文.

陈绍勇. 1992. 湄洲湾沉积物有机碳、铁和锰的化学成岩过程. 热带海洋，(03): 24–28.

陈义兰，吴永亭，刘晓瑜，周兴华，雷宁. 2013. 渤海海底地形特征. 海洋科学进展，31: 75–82.

蔡德陵，蔡爱智. 1993. 黄河口区有机碳同位素地球化学研究. 中国科学(B辑 化学 生命科学地学)，(10): 1105–1113.

蔡德陵，Tan F.C.，Edmond J.M.. 1992. 长江口区有机碳同位素地球化学. 地球化学，(03):305–312.

程志纯. 1980. 现代沉积中有机质特征的研究. 石油实验地质，(01): 37–42.

崔秀荣. 1983. 我国渤海—东海表层沉积物中吸附气态烃的特征. 海洋地质与第四纪地质，3(01): 47–54.

丁仲礼，张涛等. 2022. 碳中和：逻辑体系与技术需求. 北京: 科学出版社.

丁仲礼，段晓男，葛全胜，张志强. 2009. 国际温室气体减排方案评估及中国长期排放权讨论. 中国科学(D辑:地球科学)，2009，39(12):1659–1671.

范德江，杨作升，毛登，郭志刚. 2001. 长江与黄河沉积物中黏土矿物及地化成分的组成. 海洋地质与第四纪地质，21(4): 7–12.

郭志刚，杨作升，张东奇，范德江，雷坤. 2002. 冬、夏季东海北部悬浮体分布及海流对悬浮体输运的阻隔作用. 海洋学报，24 (05): 71–80.

郝锵. 2010.中国近海叶绿素和初级生产力的时空分布特征和环境调控机制研究. 青岛: 中国海洋大学博士论文.

胡利民，季钰涵，赵彬，刘喜停，杜佳宗，梁彦韬，姚鹏. 2023. 铁对海洋沉积有机碳保存的影响及其碳汇意义. 中国科学(地球科学)，53(09): 1967–1981.

姜晓华，陈颖军，唐建辉，黄国培，刘东艳，李军，张干. 2010. 渤海湾海岸带表层沉积物中黑碳的分布特征. 生态环境学报，19(7): 1617–1621.

焦念志，李超，王晓雪. 2016. 海洋碳汇对气候变化的响应与反馈. 地球科学进展，31(7): 668–681.

焦念志，梁彦韬，张永雨，刘纪化，张瑶，张锐，赵美训，戴民汉，翟惟东，高坤山，宋金明，袁东亮，李超，林光辉，黄小平，严宏强，胡利民，张增虎，王龙，曹纯洁，罗亚威，骆庭伟，王南南，党宏月，王东晓，张偲. 2018. 中国海及邻近区域碳库与通量综合分析. 中国科学:地球科学，48: 1393–1421.

李国胜，王芳，梁强，李继龙. 2003. 东海初级生产力遥感反演及其时空演化机制. 地理学报，58 (04): 483–493.

林美华. 1989. 黄海海底地貌分区及地貌类型. 海洋科学，(06): 7–15.

刘建国，李安春，陈木宏，徐方建. 2007. 全新世渤海泥质沉积物地球化学特征. 地球化学，36(6): 559–568.

刘军，于志刚，臧家业，孙涛，赵晨英，冉祥滨. 2015. 黄渤海有机碳的分布特征及收支评估研究. 地球科学进展，30(05): 564–578.

刘茜，郭香会，尹志强，等. 2018. 中国邻近边缘海碳通量研究现状与展望. 中国科学：地球科学，48(11): 1422–1443.

刘晓瑜，董立峰，陈义兰，周兴华. 2013. 渤海海底地貌特征和控制因素浅析. 海洋科学进展，31(01): 105–115.

刘振夏，夏东兴. 2004. 中国近海潮流沉积沙体. 北京: 海洋出版社: 1–193.

刘忠臣，陈义兰，丁继胜，等. 2003. 东海海底地形分区特征和成因研究. 海洋科学进展，21 (02): 160–173.

卢冰，郑士龙，唐运千，陈建芳. 1995. 南海中部柱状沉积样中的氨基酸. 东海海洋，13 (01): 44–52.

栾作峰，1984. 东海DC–2孔沉积物中有机质的特征. 海洋科学，(01): 9–12.

栾作峰，1985. 南黄海北部沉积物的有机地球化学特征. 海洋与湖沼，16(01): 93–100.

秦蕴珊，赵一阳，赵松龄. 1985. 渤海地质. 北京: 科学出版社.

秦蕴珊，赵一阳，陈丽蓉，赵松龄. 1987. 东海地质. 北京: 科学出版社.

秦蕴珊，赵一阳，赵丽蓉. 1989. 黄海地质. 北京: 科学出版社.

施光春. 1985. 现代沉积物有机碳同位素组成. 东海海洋，3(04): 75–76.

施光春. 1993. 长江口悬浮颗粒有机碳的稳定同位素. 海洋通报，12 (01):49–53.

石学法. 2012. 中国近海海洋–海洋底质. 北京: 海洋出版社.

石学法，胡利民，乔淑卿，等. 2016. 中国东部陆架海沉积有机碳研究进展:来源、输运与埋藏. 海洋科学进展，34(03): 313–327.

石学法，刘焱光，乔淑卿，等. 2021. 渤海、黄海和东海沉积物类型图. 北京: 科学出版社.

石学法，吴斌，乔淑卿，等. 2024. 中国东部近海沉积有机碳的分布、埋藏及碳汇效应. 中国科学: 地球科学，54, DOI: 10.1360/SSTe–2024–0056.

宋金明，李学刚，袁华茂，等. 2008. 中国近海生物固碳强度与潜力. 生态学报，28(2): 551–558.

宋逸群，王传远，靳文静，等. 2022. 渤海辽东湾海域表层沉积物有机质特征、来源及环境评价分析. 生态科学，41(2): 84–90.

苏纪兰，黄大吉. 1995. 黄海冷水团的环流结构. 海洋与湖沼，1–7.

苏纪兰，袁业立. 2005. 中国近海水文. 北京: 海洋出版社.

孙培艳. 2007. 渤海富营养化变化特征及生态效应分析.青岛: 中国海洋大学博士论文.

檀赛春，石广玉. 2006. 中国近海初级生产力的遥感研究及其时空演化. 地理学报，61(11): 1189–1199.

唐运千，郑士龙，龚敏，等. 1993. 南海和冲绳海槽沉积物的生物标记化合物. 热带海洋，12 (01): 57–63.

汪品先. 2002. 气候演变中的冰和碳. 地学前缘，9(1): 85–88.

王辉武，于非，吕连港，等. 2009. 冬季黄海暖流区的空间变化和年际变化特征. 海洋科学进展，27(2): 140–148.

王润梅，唐建辉，黄国培，等. 2015. 环渤海地区河流河口及海洋表层沉积物有机质特征和来源. 海洋与湖沼，46(3): 497–507.

王益友，张国栋，朱静昌，等. 1991. 长江口及其邻近陆架区沉积物的早期成岩作用. 沉积学报，9(1): 54–62.

吴卫华，郑洪波，杨杰东，等. 2011. 中国河流流域化学风化和全球碳循环. 第四纪研究，31(3): 397–407.

熊林芳，刘季花，白亚之，石学法，邹建军. 2010. 南黄海与东海北部春季悬浮体颗粒有机碳分布. 海洋地质与第四纪地质，30(03): 7–14.

熊学军. 2012. 中国近海海洋: 物理海洋与海洋气象. 北京: 海洋出版社.

许东禹，刘锡清，张训华，等. 1997. 中国近海地质. 北京: 地质出版社.

许金树，李亮歌. 1985. 东山湾表层沉积物中几种化学成分的分布特征. 台湾海峡，4(01): 29–37.

于春艳，梁斌，鲍晨光，等. 2013. 渤海富营养化现状及趋势研究. 海洋环境科学，32: 175–177.

于非，臧家业，郭炳火，胡筱敏. 2002. 黑潮水入侵东海陆架及陆架环流的若干现象. 海洋科学进展，20(03): 21–28.

曾定勇，倪晓波，黄大吉. 2012. 冬季浙闽沿岸流与台湾暖流在浙南海域的时空变化. 中国科学: 地球科学，42(07): 1123–1134.

赵美训，张玉琢，邢磊，等. 2011. 南黄海表层沉积物中正构烷烃的组成特征、分布及其对沉积有机质来源的指示意义. 中国海洋大学学报(自然科学版)，41: 90–96.

赵全基. 1993. 南黄海近岸沉积物的某些地球化学特征. 海洋科学，(01): 62–65.

赵一阳，鄢明才. 1994. 中国浅海沉积物地球化学. 北京: 科学出版社.

中国海湾志编纂委员会. 1998. 中国海湾志. 第14分册，重要河口. 北京: 海洋出版社.

中华人民共和国水利部. 2011. 中国河流泥沙公报2010. 北京: 中国水利水电出版社.

朱桂海，布鲁克斯，1986. 碳同位素质谱法探讨现代海洋有机沉积物来源. 东海海洋，(02): 53–59.

朱桂海，布鲁克斯，肯尼克特. 1988. 长江口邻近陆架区沉积物来源的有机地球化学探讨. 海洋学报，(04): 460–469.

Alexander CR，DeMaster D，Nittrouer C 1991. Sediment accumulation in a modern epicontinental–shelf setting: the Yellow Sea. Marine Geology，98: 51–72.

Aller，R.C.，Mackin J.E，Ullman W.J，et al. 1985. Early chemical diagenesis，sediment–water solute exchange，and storage of reactive organic matter near the mouth of the Changjiang，East China Sea. Continental Shelf Research，4: 227–251.

Amano A Itaki T. 2016. Variations in sedimentary environments in the forearc and backarc regions of the Ryukyu Arc since 25ka based on CNS analysis of sediment cores. Quaternary International，397: 360–372.

Atwood TB，Connolly RM，Almahasheer H，et al. 2017. Global patterns in mangrove soil carbon stocks and losses. Nature Climate Change，7: 523–528.

Atwood，T.B.，Witt，A.，Mayorga，J.，Hammill，E.，Sala，E. 2020. Global Patterns in Marine Sediment Carbon Stocks. Frontiers in Marine Science，7.

Ausín，B.，Bruni，E.，Haghipour，N.，Welte，C.，Bernasconi，S.M.，Eglinton，T.I. 2021. Controls on the abundance，provenance and age of organic carbon buried in continental margin sediments. Earth and Planetary Science Letters，558: 116759.

Bao，R.，McIntyre，C.，Zhao，M.，Zhu，C.，Kao，S.–J.，Eglinton，T.I. 2016. Widespread dispersal and aging of organic carbon in shallow marginal seas. Geology，44: 791–794.

Bao，R.，van der Voort，T.S.，Zhao，M.，Guo，X.，Montluçon，D.B.，McIntyre，C.，Eglinton，T.I. 2018. Influence of Hydrodynamic Processes on the Fate of Sedimentary Organic Matter on Continental Margins. Global Biogeochemical Cycles，32: 1420–1432.

Bao，R.，Zhao，M.，McNichol，A.，Galy，V.，McIntyre，C.，Haghipour，N.，Eglinton，T.I. 2019. Temporal constraints on lateral organic matter transport along a coastal mud belt. Organic Geochemistry，128: 86–93.

Bauer，J.E.，Cai，W.–J.，Raymond，P.A.，Bianchi，T.S.，Hopkinson，C.S.，Regnier，P.A.G. 2013. The changing carbon cycle of the coastal ocean. Nature，504: 61–70.

Belicka，L.L.，Harvey，H.R. 2009. The sequestration of terrestrial organic carbon in Arctic Ocean sediments: A comparison of methods and implications for regional carbon budgets. Geochimica et Cosmochimica Acta，73: 6231–6248.

Benner，R.，Fogel，M.L.，Sprague，E.K.，Hodson，R.E. 1987. Depletion of 13C in lignin and its implications for stable carbon isotope studies. Nature，329: 708–710.

Berner，R.A. 1982. Burial of organic carbon and pyrite sulfur in the modern ocean; its geochemical and environmental significance. American Journal of Science，282: 451–473.

Berner，R.A. 2003. The long–term carbon cycle，fossil fuels and atmospheric composition. Nature，426: 323–326.

Bianchi，T.S.，Mitra，S.，McKee，B.A. 2002. Sources of terrestrially–derived organic carbon in lower Mississippi

River and Louisiana shelf sediments: implications for differential sedimentation and transport at the coastal margin. Marine Chemistry, 77: 211–223.

Bianchi, T.S., Galler, J.J., Allison, M.A. 2007. Hydrodynamic sorting and transport of terrestrially derived organic carbon in sediments of the Mississippi and Atchafalaya Rivers. Estuarine, Coastal and Shelf Science, 73: 211–222.

Bianchi, T.S., Schreiner, K.M., Smith, R.W., Burdige, D.J., Woodard, S., Conley, D.J. 2016. Redox Effects on Organic Matter Storage in Coastal Sediments During the Holocene: A Biomarker/Proxy Perspective. Annual Review of Earth and Planetary Sciences, 44: 295–319.

Bianchi, T.S., Cui, X., Blair, N.E., Burdige, D.J., Eglinton, T.I., Galy, V. 2018. Centers of organic carbon burial and oxidation at the land-ocean interface. Organic Geochemistry, 115: 138–155.

Blair, N.E., Aller, R.C. 2012. The Fate of Terrestrial Organic Carbon in the Marine Environment. Annual Review of Marine Science, 4: 401–423.

Blattmann, T.M., Zhang, Y., Zhao, Y., Wen, K., Lin, S., Li, J., Wacker, L., Haghipour, N., Plötze, M., Liu, Z., Eglinton, T.I. 2018. Contrasting Fates of Petrogenic and Biospheric Carbon in the South China Sea. Geophysical Research Letters, 45: 9077–9086.

Blattmann, T.M., Liu, Z., Zhang, Y., Zhao, Y., Haghipour, N., Montluçon, D.B., Plötze, M., Eglinton, T.I. 2019. Mineralogical control on the fate of continentally derived organic matter in the ocean. Science, 366: 742–745.

Bosman, S.H., Schwing, P.T., Larson, R.A., Wildermann, N.E., Brooks, G.R., Romero, I.C., Sanchez-Cabeza, J.-A., Ruiz-Fernández, A.C., Machain-Castillo, M.L., Gracia, A. 2020. The southern Gulf of Mexico: a baseline radiocarbon isoscape of surface sediments and isotopic excursions at depth. PLoS ONE, 15: e0231678.

Burdige, D.J. 2007. Preservation of Organic Matter in Marine Sediments: Controls, Mechanisms, and an Imbalance in Sediment Organic Carbon Budgets? Chemical Reviews, 107: 467–485.

Cao, Y., Xing, L., Zhang, T., Liao, W.-H. 2017. Multi-proxy evidence for decreased terrestrial contribution to sedimentary organic matter in coastal areas of the East China Sea during the past 100years. Science of the Total Environment, 599–600: 1895–1902.

Cartapanis, O., Bianchi, D., Jaccard, S.L., Galbraith, E.D. 2016. Global pulses of organic carbon burial in deep-sea sediments during glacial maxima. Nature Communications, 7: 10796.

Cha, H.-J., Choi, M.S., Lee, C.-B., Shin, D.-H. 2007. Geochemistry of surface sediments in the southwestern East/Japan Sea. Journal of Asian Earth Sciences, 29: 685–697.

Chang, F., Li, T., Xiong, Z., Xu, Z. 2015. Evidence for sea level and monsoonally driven variations in terrigenous input to the northern East China Sea during the last 24.3 ka. Paleoceanography, 30: 642–658.

Chang, F., Li, T., Zhuang, L., Yan, J. 2010. Environmental anomalies in the northeastern East China Sea during the last 3000 years: implications for El Niño activity in the Holocene. Chinese Journal of Oceanology and Limnology, 28: 190–200.

Chen, Y., Hu, C., Yang, G.-P., Gao, X.-C., Zhou, L.-M. 2021a. Variation and Reactivity of Organic Matter in the Surface Sediments of the Changjiang Estuary and Its Adjacent East China Sea. Journal of Geophysical Research: Biogeosciences, 126: e2020JG005765.

Chen, Y., Hu, C., Yang, G.-P., Gao, X.-C. 2021b. Source, distribution and degradation of sedimentary organic matter in the South Yellow Sea and East China Sea. Estuarine, Coastal and Shelf Science, 255: 107372.

Dai, M., Su, J., Zhao, Y., Hofmann, E.E., Cao, Z., Cai, W.-J., Gan, J., Lacroix, F., Laruelle, G.G., Meng, F., Müller, J.D., Regnier, P.A.G., Wang, G., Wang, Z. 2022. Carbon Fluxes in the

Coastal Ocean: Synthesis, Boundary Processes and Future Trends. Annual Review of Earth and Planetary Sciences, 50: 593 - 626.

DeMaster, D.J., McKee, B.A., Nittrouer, C.A., Jiangchu, Q., Guodong, C. 1985. Rates of sediment accumulation and particle reworking based on radiochemical measurements from continental shelf deposits in the East China Sea. Continental shelf research, 4: 143–158.

Deng, B., Zhang, J., Wu, Y. 2006. Recent sediment accumulation and carbon burial in the East China Sea. Global Biogeochemical Cycles, 20.

Dong, L.X., Guan, W.B., Chen, Q., Li, X.H., Liu, X.H., Zeng, X.M. 2011. Sediment transport in the Yellow Sea and East China Sea. Estuarine, Coastal and Shelf Science, 93: 248–258.

Dunne, J.P., Sarmiento, J.L., Gnanadesikan, A. 2007. A synthesis of global particle export from the surface ocean and cycling through the ocean interior and on the seafloor. Global Biogeochemical Cycles, 21(4): GB4006.

Fang, Y., Chen, Y., Tian, C., Lin, T., Hu, L., Huang, G., Tang, J., Li, J., Zhang, G. 2015. Flux and budget of BC in the continental shelf seas adjacent to Chinese high BC emission source regions. Global Biogeochemical Cycles, 29: 957–972.

Fang, Y., Chen, Y., Tian, C., Lin, T., Hu, L., Li, J., Zhang, G. 2016. Application of PMF receptor model merging with PAHs signatures for source apportionment of black carbon in the continental shelf surface sediments of the Bohai and Yellow Seas, China. Journal of Geophysical Research: Oceans, 121: 1346–1359.

Fang, Y., Chen, Y., Hu, L., Tian, C., Luo, Y., Li, J., Zhang, G., Zheng, M., Lin, T. 2019. Large-river dominated black carbon flux and budget: a case study of the estuarine–inner shelf of East China Sea, China. Science of the Total Environment, 651: 2489–2496.

Fennel, K., Alin, S., Barbero, L., Evans, W., Bourgeois, T., Cooley, S., Dunne, J., Feely, R.A., Hernandez–Ayon, J.M., Hu, X., Lohrenz, S., Muller–Karger, F., Najjar, R., Robbins, L., Shadwick, E., Siedlecki, S., Steiner, N., Sutton, A., Turk, D., Vlahos, P., Wang, Z.A. 2019. Carbon cycling in the North American coastal ocean: a synthesis. Biogeosciences, 16: 1281–1304.

Fourqurean, J.W., Duarte, C.M., Kennedy, H., Marb à , N., Holmer, M., Mateo, M.A., Apostolaki, E.T., Kendrick, G.A., Krause–Jensen, D., McGlathery, K.J., Serrano, O. 2012. Seagrass ecosystems as a globally significant carbon stock. Nature Geoscience, 5: 505–509.

Galy, V., Eglinton, T. 2011. Protracted storage of biospheric carbon in the Ganges - Brahmaputra basin. Nature Geoscience, 4: 843–847.

Galy, V., France–Lanord, C., Beyssac, O., Faure, P., Kudrass, H., Palhol, F. 2007. Efficient organic carbon burial in the Bengal fan sustained by the Himalayan erosional system. Nature, 450: 407–410.

Galy, V., Beyssac, O., France–Lanord, C., Eglinton, T. 2008. Recycling of Graphite During Himalayan Erosion: A Geological Stabilization of Carbon in the Crust. Science, 322: 943–945.

Galy, V., Peucker–Ehrenbrink, B., Eglinton, T. 2015. Global carbon export from the terrestrial biosphere controlled by erosion. Nature, 521: 204–207.

Gao, J.H., Shi, Y., Sheng, H., Kettner, A.J., Yang, Y., Jia, J.J., Wang, Y.P., Li, J., Chen, Y., Zou, X., Gao, S. 2019. Rapid response of the Changjiang (Yangtze) River and East China Sea source-to-sink conveying system to human induced catchment perturbations. Marine Geology, 414: 1–17.

Goñi, M.A., Yunker, M.B., Macdonald, R.W., Eglinton, T.I. 2005. The supply and preservation of ancient and modern components of organic carbon in the Canadian Beaufort Shelf of the Arctic Ocean. Marine Chemistry, 93: 53–73.

Guo, J., Yuan, H., Song, J., Li, X., Duan, L., Li, N., Wang, Y. 2021. Evaluation of sedimentary organic carbon reactivity and burial in the eastern China marginal seas. Journal of Geophysical Research: Oceans, 126:

e2021JC017207.

Hamilton, S.E., Friess, D.A. 2018. Global carbon stocks and potential emissions due to mangrove deforestation from 2000 to 2012. Nature Climate Change, 8: 240–244.

Hedges, J.I., Keil, R.G. 1995. Sedimentary organic matter preservation: an assessment and speculative synthesis. Marine Chemistry, 49: 81–115.

Hedges, J.I., Keil, R.G., Benner, R. 1997. What happens to terrestrial organic matter in the ocean? Organic Geochemistry. 27: 195–212.

Hengl, T., de Jesus, J.M., MacMillan, R.A., Batjes, N.H., Heuvelink, G.B., Ribeiro, E., Samuel-Rosa, A., Kempen, B., Leenaars, J.G., Walsh, M.G. 2014. Soil Grids 1km—global soil information based on automated mapping. PLoS ONE, 9: e105992.

Hengl, T., Mendes de Jesus, J., Heuvelink, G.B., Ruiperez Gonzalez, M., Kilibarda, M., Blagotić, A., Shangguan, W., Wright, M.N., Geng, X., Bauer-Marschallinger, B. 2017. Soil Grids 250m: Global gridded soil information based on machine learning. PLoS ONE, 12: e0169748.

Hilton, R.G. 2017. Climate regulates the erosional carbon export from the terrestrial biosphere. Geomorphology, 277: 118–132.

Hilton, R.G., Galy, A., Hovius, N., Kao, S.-J., Horng, M.-J., Chen, H. 2012. Climatic and geomorphic controls on the erosion of terrestrial biomass from subtropical mountain forest. Global Biogeochemical Cycles, 26: GB3014.

Hu, L., Guo, Z., Feng, J., Yang, Z., Fang, M. 2009. Distributions and sources of bulk organic matter and aliphatic hydrocarbons in surface sediments of the Bohai Sea, China. Marine Chemistry, 113: 197–211.

Hu, L., Lin, T., Shi, X., Yang, Z., Wang, H., Zhang, G., Guo, Z. 2011. The role of shelf mud depositional process and large river inputs on the fate of organochlorine pesticides in sediments of the Yellow and East China seas. Geophysical Research Letters, 38.

Hu, L., Shi, X., Yu, Z., Lin, T., Wang, H., Ma, D., Guo, Z., Yang, Z. 2012. Distribution of sedimentary organic matter in estuarine - inner shelf regions of the East China Sea: Implications for hydrodynamic forces and anthropogenic impact. Marine Chemistry, 142 - 144: 29–40.

Hu, L., Shi, X., Guo, Z., Wang, H., Yang, Z. 2013. Sources, dispersal and preservation of sedimentary organic matter in the Yellow Sea: The importance of depositional hydrodynamic forcing. Marine Geology, 335: 52–63.

Hu, L., Shi, X., Bai, Y., Qiao, S., Li, L., Yu, Y., Yang, G., Ma, D., Guo, Z. 2016a. Recent organic carbon sequestration in the shelf sediments of the Bohai Sea and Yellow Sea, China. Journal of Marine Systems, 155: 50–58.

Hu, L., Shi, X., Bai, Y., Fang, Y., Chen, Y., Qiao, S., Liu, S., Yang, G., Kornkanitnan, N., Khokiattiwong, S. 2016b. Distribution, input pathway and mass inventory of black carbon in sediments of the Gulf of Thailand, SE Asia. Estuarine, Coastal and Shelf Science, 170: 10–19.

Huh, C.-A., Su, C.-C. 1999. Sedimentation dynamics in the East China Sea elucidated from ^{210}Pb, 137Cs and 239, 240 Pu. Marine Geology, 160: 183–196.

Huh, C.-A., Lin, H.-L., Lin, S., Huang, Y.-W. 2009. Modern accumulation rates and a budget of sediment off the Gaoping (Kaoping) River, SW Taiwan: a tidal and flood dominated depositional environment around a submarine canyon. Journal of Marine Systems, 76: 405–416.

Huh, C.-A., Chen, W., Hsu, F.-H., Su, C.-C., Chiu, J.-K., Lin, S., Liu, C.-S., Huang, B.-J. 2011. Modern (< 100 years) sedimentation in the Taiwan Strait: rates and source-to-sink pathways elucidated from radionuclides and particle size distribution. Continental Shelf Research, 31: 47–63.

Inthorn, M., Wagner, T., Scheeder, G., Zabel, M. 2006. Lateral transport controls distribution, quality, and burial of organic matter along continental slopes in high-productivity areas. Geology, 34: 205–208.

Jahnke, R.A. 1996. The global ocean flux of particulate organic carbon: areal distribution and magnitude. Global Biogeochemical Cycles, 10: 71–88.

Jeng, W.-L., Lin, S., Kao, S.-J. 2003. Distribution of terrigenous lipids in marine sediments off northeastern Taiwan. Deep Sea Research Part II: Topical Studies in Oceanography, 50: 1179–1201.

Jia, J., Gao, J., Cai, T., Li, Y., Yang, Y., Wang, Y.P., Xia, X., Li, J., Wang, A., Gao, S. 2018. Sediment accumulation and retention of the Changjiang (Yangtze River) subaqueous delta and its distal muds over the last century. Marine Geology, 401: 2–16.

Kang, M.G., Choi, Y.C. 2003. The Characteristics of suspended particulate matter and surface sediment of C, N in the Northern East China Sea ill summer. Journal of the Korean Society for Marine Environment & Energy, 6: 13–23. (in Korean with English abstract)

Kao, S., Milliman, J. 2008. Water and sediment discharge from small mountainous rivers, Taiwan: the roles of lithology, episodic events, and human activities. The Journal of Geology, 116: 431 - 448.

Kao, S.J., Lin, F.J., Liu, K.K. 2003. Organic carbon and nitrogen contents and their isotopic compositions in surficial sediments from the East China Sea shelf and the southern Okinawa Trough. Deep Sea Research Part II: Topical Studies in Oceanography, 50: 1203–1217.

Kao, S.-J., Shiah, F.-K., Wang, C.-H., Liu, K.-K. 2006. Efficient trapping of organic carbon in sediments on the continental margin with high fluvial sediment input off southwestern Taiwan. Continental Shelf Research, 26: 2520–2537.

Kao, S.J., Hilton, R.G., Selvaraj, K., Dai, M., Zehetner, F., Huang, J.C., Hsu, S.C., Sparkes, R., Liu, J.T., Lee, T.Y., Yang, J.Y.T., Galy, A., Xu, X., Hovius, N. 2014. Preservation of terrestrial organic carbon in marine sediments offshore Taiwan: mountain building and atmospheric carbon dioxide sequestration. Earth Surface Dynamics, 2: 127–139.

Keil, R. 2017. Anthropogenic forcing of carbonate and organic carbon preservation in marine sediments. Annual Review of Marine Science, 9: 151–172.

Keil, R. G., Mayer, L. M. 2014. Mineral matrices and organic matter. Treatise on Geochemistry, 76: 337 - 359.

Keil, R.G., Tsamakis, E., Fuh, C.B., Giddings, J.C., Hedges, J.I. 1994. Mineralogical and textural controls on the organic composition of coastal marine sediments: hydrodynamic separation using SPLITT-fractionation. Geochimica et Cosmochimica Acta, 58: 879–893.

Kennedy, M.J., Wagner, T. 2011. Clay mineral continental amplifier for marine carbon sequestration in a greenhouse ocean. Proceedings of the National Academy of Sciences, 108: 9776–9781.

Kennedy, H., Beggins, J., Duarte, C.M., Fourqurean, J.W., Holmer, M., Marbà, N., Middelburg, J.J. 2010. Seagrass sediments as a global carbon sink: isotopic constraints. Global Biogeochemical Cycles, 24.

Kim, S. - H., Lee, J. S., Kim, K. - T., Kim, S. - L., Yu, O.H., Lim, D., Kim, S. H. 2020. Low benthic mineralization and nutrient fluxes in the continental shelf sediment of the northern East China. Journal of Sea Research, 164: 101934.

Kong, G.S., Park, S.C. 2007. Paleoenvironmental changes and depositional history of the Korea (Tsushima) Strait since the LGM. Journal of Asian Earth Sciences, 29: 84–104.

Kuhlbusch, T.A.J. 1998. Black Carbon and the Carbon Cycle. Science, 280: 1903–1904.

Lamb, A.L., Wilson, G.P., Leng, M.J. 2006. A review of coastal palaeoclimate and relative sea-level reconstructions using $\delta^{13}C$ and C/N ratios in organic material. Earth-Science Reviews, 75: 29–57.

LaRowe, D.E., Arndt, S., Bradley, J.A., Estes, E.R., Hoarfrost, A., Lang, S.Q., Lloyd, K.G., Mahmoudi, N., Orsi, W.D., Shah Walter, S.R., Steen, A.D., Zhao, R. 2020. The fate of organic carbon in marine sediments – New insights from recent data and analysis. Earth-Science Reviews, 204: 103146.

Lee, T.R., Wood, W.T., Phrampus, B.J. 2019. A Machine Learning (kNN) Approach to Predicting Global Seafloor Total Organic Carbon. Global Biogeochemical Cycles, 33: 37–46.

Legge, O., Johnson, M., Hicks, N., Jickells, T., Diesing, M., Aldridge, J., Andrews, J., Artioli, Y., Bakker, D.C.E., Burrows, M.T., Carr, N., Cripps, G., Felgate, S.L., Fernand, L., Greenwood, N., Hartman, S., Kröger, S., Lessin, G., Mahaffey, C., Mayor, D.J., Parker, R., Queirós, A.M., Shutler, J.D., Silva, T., Stahl, H., Tinker, J., Underwood, G.J.C., Van Der Molen, J., Wakelin, S., Weston, K., Williamson, P. 2020. Carbon on the Northwest European Shelf: Contemporary Budget and Future Influences. Frontiers in Marine Science, 7.

Leithold, E.L., Blair, N.E., Wegmann, K.W. 2016. Source-to-sink sedimentary systems and global carbon burial: A river runs through it. Earth-Science Reviews, 153: 30–42.

Levin, L.A., Sibuet, M. 2012. Understanding Continental Margin Biodiversity: A New Imperative. Annual Review of Marine Science, 4: 79–112.

Li, D., Yao, P., Bianchi, T.S., Zhang, T., Zhao, B., Pan, H., Wang, J., Yu, Z. 2014. Organic carbon cycling in sediments of the Changjiang Estuary and adjacent shelf: Implication for the influence of Three Gorges Dam. Journal of Marine Systems, 139: 409–419.

Li, G., Wang, X.T., Yang, Z., Mao, C., West, A.J., Ji, J. 2015. Dam-triggered organic carbon sequestration makes the Changjiang (Yangtze) river basin (China) a significant carbon sink. Journal of Geophysical Research: Biogeosciences, 120: 39–53.

Li, X., Bianchi, T.S., Allison, M.A., Chapman, P., Mitra, S., Zhang, Z., Yang, G., Yu, Z. 2012. Composition, abundance and age of total organic carbon in surface sediments from the inner shelf of the East China Sea. Marine Chemistry, 145–147: 37–52.

Liao, W., Hu, J., Peng, P.a. 2018. Burial of Organic Carbon in the Taiwan Strait. Journal of Geophysical Research: Oceans, 123: 6639–6652.

Lim, J., Lee, J.-Y., Kim, J.-C., Hong, S.-S., Yang, D.-Y. 2015. Holocene environmental change at the southern coast of Korea based on organic carbon isotope (δ^{13}C) and C/S ratios. Quaternary International, 384: 160–168.

Lin, S., Huang, K.-M., Chen, S.-K. 2000. Organic carbon deposition and its control on iron sulfide formation of the southern East China Sea continental shelf sediments. Continental Shelf Research, 20: 619–635.

Lin, T., Wang, L., Chen, Y., Tian, C., Pan, X., Tang, J., Li, J. 2014. Sources and preservation of sedimentary organic matter in the Southern Bohai Sea and the Yellow Sea: evidence from lipid biomarkers. Marine Pollution Bulletin, 86: 210–218.

Liu, D., Bai, Y., He, X., Chen, C.-T.A., Huang, T.-H., Pan, D., Chen, X., Wang, D., Zhang, L. 2020. Changes in riverine organic carbon input to the ocean from mainland China over the past 60 years. Environment International, 134: 105258.

Liu, J., Xue, Z., Ross, K., Wang, H., Yang, Z., Li, A., Gao, S. 2009. Fate of sediments delivered to the sea by Asian large rivers: long-distance transport and formation of remote alongshore clinothems. The Sedimentary Record, 7: 4–9.

Liu, J.P., Milliman, J.D., Gao, S. 2001. The Shandong mud wedge and post-glacial sediment accumulation in the Yellow Sea. Geo-Marine Letters, 21: 212–218.

Liu, J.P., Xu, K.H., Li, A.C., Milliman, J.D., Velozzi, D.M., Xiao, S.B., Yang, Z.S. 2007. Flux and fate of Yangtze River sediment delivered to the East China Sea. Geomorphology, 85: 208–224.

Liu, J.T., Hsu, R.T., Yang, R.J., Wang, Y.P., Wu, H., Du, X., Li, A., Chien, S.C., Lee, J., Yang, S., Zhu, J., Su, C.-C., Chang, Y., Huh, C.-A. 2018. A comprehensive sediment dynamics study of a major mud belt system on the inner shelf along an energetic coast. Scientific Reports, 8: 4229.

Liu, J.T., Lee, J., Yang, R.J., Du, X., Li, A., Lin, Y.-S., Su, C.-C., Tao, S. 2021. Coupling between physical processes and biogeochemistry of suspended particles over the inner shelf mud in the East China Sea. Marine Geology, 442: 106657.

Lu, T., Wang, H., Wu, X., Bi, N., Hu, L., Bianchi, T.S. 2022. Transport of particulate organic carbon in the lower Yellow River (Huanghe) as modulated by dam operation. Global and Planetary Change, 103948.

Ma, W.-W., Zhu, M.-X., Yang, G.-P., Li, T. 2018. Iron geochemistry and organic carbon preservation by iron (oxyhydr)oxides in surface sediments of the East China Sea and the south Yellow Sea. Journal of Marine Systems, 178: 62–74.

Macreadie, P.I., Ollivier, Q.R., Kelleway, J.J., Serrano, O., Carnell, P.E., Ewers Lewis, C.J., Atwood, T.B., Sanderman, J., Baldock, J., Connolly, R.M., Duarte, C.M., Lavery, P.S., Steven, A., Lovelock, C.E. 2017. Carbon sequestration by Australian tidal marshes. Scientific Reports , 7: 44071.

Martens, J., Romankevich, E., Semiletov, I., Wild, B., van Dongen, B., Vonk, J., Tesi, T., Shakhova, N., Dudarev, O.V., Kosmach, D., Vetrov, A., Lobkovsky, L., Belyaev, N., Macdonald, R.W., Pieńkowski, A.J., Eglinton, T.I., Haghipour, N., Dahle, S., Carroll, M.L., Åström, E.K.L., Grebmeier, J.M., Cooper, L.W., Possnert, G., Gustafsson, Ö. 2021. CASCADE – The Circum-Arctic Sediment CArbon DatabasE. Earth System Science Data, 13: 2561–2572.

Matsuzaki, K.M., Itaki, T., Tada, R. 2019. Paleoceanographic changes in the Northern East China Sea during the last 400 kyr as inferred from radiolarian assemblages (IODP Site U1429). Progress in Earth and Planetary Science, 6: 22.

Mayer, L.M. 1994. Surface area control of organic carbon accumulation in continental shelf sediments. Geochimica et Cosmochimica Acta , 58: 1271–1284.

Mei, X., Li, X., Wang, Z., Zhang, C., Zhang, Y. 2019. Cross shelf transport of terrigenous organic matter in surface sediments from outer shelf to Okinawa Trough in East China Sea. Journal of Marine Systems, 199: 103221.

Meyers, P.A. 1997. Organic geochemical proxies of paleoceanographic, paleolimnlologic, and paleoclimatic processes. Organic Geochemistry, 27: 213–250.

Middelburg, J.J., Nieuwenhuize, J., van Breugel, P. 1999. Black carbon in marine sediments. Marine Chemistry, 65: 245–252.

Müller, P.J. 1977. CN ratios in Pacific deep-sea sediments: Effect of inorganic ammonium and organic nitrogen compounds sorbed by clays. Geochimica et Cosmochimica Acta, 41: 765–776.

Najjar, R.G., Herrmann, M., Alexander, R., Boyer, E.W., Burdige, D.J., Butman, D., Cai, W.-J., Canuel, E.A., Chen, R.F., Friedrichs, M.A.M., Feagin, R.A., Griffith, P.C., Hinson, A.L., Holmquist, J.R., Hu, X., Kemp, W.M., Kroeger, K.D., Mannino, A., McCallister, S.L., McGillis, W.R., Mulholland, M.R., Pilskaln, C.H., Salisbury, J., Signorini, S.R., St-Laurent, P., Tian, H., Tzortziou, M., Vlahos, P., Wang, Z.A., Zimmerman, R.C. 2018. Carbon Budget of Tidal Wetlands, Estuaries, and Shelf Waters of Eastern North America. Global Biogeochemical Cycles, 32: 389–416.

Osland, M.J., Gabler, C.A., Grace, J.B., Day, R.H., McCoy, M.L., McLeod, J.L., From, A.S., Enwright, N.M., Feher, L.C., Stagg, C.L., Hartley, S.B. 2018. Climate and plant controls on soil organic matter in coastal wetlands. Global Change Biology, 24: 5361–5379.

Park, S.C., Yoo, D.G., Lee, K.W., Lee, H.H. 1999. Accumulation of recent muds associated with coastal circulations, southeastern Korea Sea (Korea Strait). Continental Shelf Research, 19: 589–608.

Perdue, E.M., Koprivnjak, J.–F. 2007. Using the C/N ratio to estimate terrigenous inputs of organic matter to aquatic environments. Estuarine, Coastal and Shelf Science, 73: 65–72.

Qi, L., Wu, Y., Chen, S., Wang, X. 2021. Evaluation of Abandoned Huanghe Delta as an Important Carbon Source for the Chinese Marginal Seas in Recent Decades. Journal of Geophysical Research: Oceans, 126: e2020JC017125.

Qiao, S., Shi, X., Saito, Y., Li, X., Yu, Y., Bai, Y., Liu, Y., Wang, K., Yang, G. 2011. Sedimentary records of natural and artificial Huanghe (Yellow River) channel shifts during the Holocene in the southern Bohai Sea. Continental Shelf Research, 31: 1336–1342.

Qiao, S., Shi, X., Wang, G., Zhou, L., Hu, B., Hu, L., Yang, G., Liu, Y., Yao, Z., Liu, S. 2017. Sediment accumulation and budget in the Bohai Sea, Yellow Sea and East China Sea. Marine Geology, 390: 270–281.

Ramanathan, V., Carmichael, G. 2008. Global and regional climate changes due to black carbon. Nature Geoscience, 1: 221–227.

Ran, L., Lu, X.X., Sun, H., Han, J., Li, R., Zhang, J. 2013. Spatial and seasonal variability of organic carbon transport in the Yellow River, China. Journal of Hydrology, 498: 76–88.

Redfield, A.C., Ketchum, B.H., Richards, F.A. 1963. The influence of organisms on the composition of sea water. In: Hill, M.N. (Ed.), The Sea. New York: Wiley, pp. 26 – 77.

Rowe, G.T., Boland, G.S., Phoel, W.C., Anderson, R.F., Biscaye, P.E. 1994. Deep–sea floor respiration as an indication of lateral input of biogenic detritus from continental margins. Deep Sea Research Part II: Topical Studies in Oceanography, 41: 657–668.

Sanderman, J., Hengl, T., Fiske, G., Solvik, K., Adame, M.F., Benson, L., Bukoski, J.J., Carnell, P., Cifuentes–Jara, M., Donato, D., Duncan, C., Eid, E.M., Ermgassen, P.z., Lewis, C.J.E., Macreadie, P.I., Glass, L., Gress, S., Jardine, S.L., Jones, T.G., Nsombo, E.N., Rahman, M.M., Sanders, C.J., Spalding, M., Landis, E. 2018. A global map of mangrove forest soil carbon at 30 m spatial resolution. Environmental Research Letters, 13: 055002.

Scheingross, J.S., Repasch, M.N., Hovius, N., Sachse, D., Lupker, M., Fuchs, M., Halevy, I., Gröcke, D.R., Golombek, N.Y., Haghipour, N., Eglinton, T.I., Orfeo, O., Schleicher, A.M. 2021. The fate of fluvially–deposited organic carbon during transient floodplain storage. Earth and Planetary Science Letters, 561: 116822.

Seiter, K., Hensen, C., Schröter, J., Zabel, M. 2004. Organic carbon content in surface sediments—defining regional provinces. Deep Sea Research Part I: Oceanographic Research Papers, 51: 2001–2026.

Shi, W., Wang, M. 2012. Satellite views of the Bohai Sea, Yellow Sea, and East China Sea. Progress in Oceanography, 104: 30–45.

Shi, X., Chen, C., Liu, Y., Ren, H., Wang, H. 2002. Trend analysis of sediment grain size and sedimentary process in the central South Yellow Sea. Chinese Science Bulletin, 47: 1202–1207.

Shi, X., Shen, S., Yi, H., Chen, Z., Meng, Y. 2003. Modern sedimentary environments and dynamic depositional systems in the southern Yellow Sea. Chinese Science Bulletin, 48(S1): 1–7.

Shields, M.R., Bianchi, T.S., G é linas, Y., Allison, M.A., Twilley, R.R. 2016. Enhanced terrestrial carbon preservation promoted by reactive iron in deltaic sediments. Geophysical Research Letters, 43: 1149–1157.

Shields, M.R., Bianchi, T.S., Kolker, A.S., Kenney, W.F., Mohrig, D., Osborne, T.Z., Curtis, J.H.

2019. Factors Controlling Storage, Sources, and Diagenetic State of Organic Carbon in a Prograding Subaerial Delta: Wax Lake Delta, Louisiana. Journal of Geophysical Research: Biogeosciences, 124: 1115–1131.

Su, C.-C., Huh, C.-A. 2002. ^{210}Pb, 137Cs and 239, 240Pu in East China Sea sediments: sources, pathways and budgets of sediments and radionuclides. Marine Geology, 183: 163–178.

Suman, D.O., Kuhlbusch, T.A.J., Lim, B. 1997. Marine Sediments: A Reservoir for Black Carbon and their Use as Spatial and Temporal Records of Combustion. Berlin: Springer Berlin Heidelberg, pp. 271–293.

Sun, X., Fan, D., Liao, H., Tian, Y. 2020a. Fate of Organic Carbon Burial in Modern Sediment Within Yangtze River Estuary. Journal of Geophysical Research: Biogeosciences, 125: e2019JG005379.

Sun, X., Fan, D., Liu, M., Liao, H., Tian, Y. 2020b. The fate of organic carbon burial in the river-dominated East China Sea: Evidence from sediment geochemical records of the last 70 years. Organic Geochemistry, 143: 103999.

Sun, X., Fan, D., Cheng, P., Hu, L., Sun, X., Guo, Z., Yang, Z. 2021. Source, transport and fate of terrestrial organic carbon from Yangtze River during a large flood event: Insights from multiple-isotopes (δ^{13}C, Δ^{15}N, Δ^{14}C) and geochemical tracers. Geochimica et Cosmochimica Acta, 308: 217–236.

Syvitski, J.P., Vörösmarty, C.J., Kettner, A.J., Green, P. 2005. Impact of humans on the flux of terrestrial sediment to the global coastal ocean. Science, 308: 376–380.

Tao, K., Xu, Y., Wang, Y., Wang, Y., He, D. 2021. Source, sink and preservation of organic matter from a machine learning approach of polar lipid tracers in sediments and soils from the Yellow River and Bohai Sea, eastern China. Chemical Geology, 582: 120441.

Tao, S., Eglinton, T.I., Montluçon, D.B., McIntyre, C., Zhao, M. 2015. Pre-aged soil organic carbon as a major component of the Yellow River suspended load: Regional significance and global relevance. Earth and Planetary Science Letters, 414: 77–86.

Tao, S., Eglinton, T.I., Montluçon, D.B., McIntyre, C., Zhao, M. 2016. Diverse origins and pre-depositional histories of organic matter in contemporary Chinese marginal sea sediments. Geochimica et Cosmochimica Acta, 191: 70–88.

van der Voort, T.S., Mannu, U., Blattmann, T.M., Bao, R., Zhao, M., Eglinton, T.I. 2018. Deconvolving the Fate of Carbon in Coastal Sediments. Geophysical Research Letters, 45: 4134–4142.

van der Voort, T.S., Blattmann, T.M., Usman, M., Montluçon, D., Loeffler, T., Tavagna, M.L., Gruber, N., Eglinton, T.I. 2021. MOSAIC (Modern Ocean Sediment Archive and Inventory of Carbon): a (radio)carbon-centric database for seafloor surficial sediments. Earth System Science Data, 13: 2135–2146.

Wakeham, S.G., Canuel, E.A., Lerberg, E.J., Mason, P., Sampere, T.P., Bianchi, T.S. 2009. Partitioning of organic matter in continental margin sediments among density fractions. Marine Chemistry, 115: 211–225.

Wang, C., Hao, Z., Gao, J., Feng, Z., Ding, Y., Zhang, C., Zou, X. 2020. Reservoir Construction Has Reduced Organic Carbon Deposition in the East China Sea by Half Since 2006. Geophysical Research Letters, 47: e2020GL087357.

Wang, H., Kandasamy, S., Liu, Q., Lin, B., Lou, J.-Y., Veeran, Y., Lei, H., Liu, Z., Arthur Chen, C.-T. 2021. Roles of sediment supply, geochemical composition and monsoon on organic matter burial along the longitudinal mud belt in the East China Sea in modern times. Geochimica et Cosmochimica Acta, 305: 66–86.

Wang, J., Yao, P., Bianchi, T.S., Li, D., Zhao, B., Cui, X., Pan, H., Zhang, T., Yu, Z. 2015. The effect of particle density on the sources, distribution, and degradation of sedimentary organic carbon in the Changjiang Estuary and adjacent shelf. Chemical Geology, 402: 52–67.

Wang, S., Fu, B., Piao, S., Lu, Y., Ciais, P., Feng, X., Wang, Y. 2016. Reduced sediment transport in the Yellow River due to anthropogenic changes. Nature Geoscience, 9: 38–41.

Wang, X., Ma, H., Li, R., Song, Z., Wu, J. 2012. Seasonal fluxes and source variation of organic carbon transported by two major Chinese Rivers: The Yellow River and Changjiang (Yangtze) River. Global Biogeochemical Cycles, 26(2): GB2025.

Wang, X., Xu, C., Druffel, E.M., Xue, Y., Qi, Y. 2016. Two black carbon pools transported by the Changjiang and Huanghe Rivers in China. Global Biogeochemical Cycles, 30: 1778–1790.

Wang, Y., Li, G., Zhang, W., Dong, P. 2014. Sedimentary environment and formation mechanism of the mud deposit in the central South Yellow Sea during the past 40 kyr. Marine Geology, 347: 123–135.

Wu, X., Wu, B., Jiang, M., Chang, F., Nan, Q., Yu, X., Gaowa, S. 2020. Distribution, sources and burial flux of sedimentary organic matter in the East China Sea. Journal of Oceanology and Limnology, 38: 1488–1501.

Wu, Y., Eglinton, T., Yang, L., Deng, B., Montluçon, D., Zhang, J. 2013. Spatial variability in the abundance, composition, and age of organic matter in surficial sediments of the East China Sea. Journal of Geophysical Research: Biogeosciences, 118: 1495–1507.

Xia B, Zhang L. 2011. Carbon distribution and fluxes of 16 rivers discharging into the Bohai Sea in summer. Acta Oceanologica Sinica, 30(3): 43.

Xing, L., Hou, D., Wang, X., Li, L., Zhao, M. 2016. Assessment of the sources of sedimentary organic matter in the Bohai Sea and the northern Yellow Sea using biomarker proxies. Estuarine, Coastal and Shelf Science, 176: 67–75.

Xing, L., Zhang, H., Yuan, Z., Sun, Y., Zhao, M. 2011. Terrestrial and marine biomarker estimates of organic matter sources and distributions in surface sediments from the East China Sea shelf. Continental Shelf Research, 31: 1106–1115.

Xing, L., Zhao, M., Gao, W., Wang, F., Zhang, H., Li, L., Liu, J., Liu, Y. 2014. Multiple proxy estimates of source and spatial variation in organic matter in surface sediments from the southern Yellow Sea. Organic Geochemistry, 76: 72–81.

Xu, Y., Zhou, S., Hu, L., Wang, Y., Xiao, W. 2018. Different controls on sedimentary organic carbon in the Bohai Sea: River mouth relocation, turbidity and eutrophication. Journal of Marine Systems, 180: 1–8.

Yang, L., Guo, W., Chen, N., Hong, H., Huang, J., Xu, J., Huang, S. 2013. Influence of a summer storm event on the flux and composition of dissolved organic matter in a subtropical river, China. Applied Geochemistry, 28: 164 - 171.

Yang, Z., Liu, J. 2007. A unique Yellow River–derived distal subaqueous delta in the Yellow Sea. Marine Geology, 240: 169–176.

Yao, P., Zhao, B., Bianchi, T.S., Guo, Z., Zhao, M., Li, D., Pan, H., Wang, J., Zhang, T., Yu, Z. 2014. Remineralization of sedimentary organic carbon in mud deposits of the Changjiang Estuary and adjacent shelf: Implications for carbon preservation and authigenic mineral formation. Continental Shelf Research, 91: 1–11.

Yao, P., Yu, Z., Bianchi, T.S., Guo, Z., Zhao, M., Knappy, C.S., Keely, B.J., Zhao, B., Zhang, T., Pan, H., Wang, J., Li, D. 2015. A multi–proxy analysis of sedimentary organic carbon in the Changjiang Estuary and adjacent shelf. Journal of Geophysical Research: Biogeosciences, 120: 1407–1429.

Yoon, S.–H., Kim, J.–H., Yi, H.–I., Yamamoto, M., Gal, J.–K., Kang, S., Shin, K.–H. 2016. Source, composition and reactivity of sedimentary organic carbon in the river–dominated marginal seas: A study of the eastern Yellow Sea (the northwestern Pacific). Continental Shelf Research, 125: 114–126.

Youn, J.–S., Kim, T.–J. 2008. Geochemical composition and provenance of surface sediments in the western part of

Jeju island, Korea. Journal of the Korean Earth Science Society, 29: 328–340. (in Korean with English abstract)

Yu, M., Guo, Z., Wang, X., Eglinton, T.I., Yuan, Z., Xing, L., Zhang, H., Zhao, M. 2018. Sources and radiocarbon ages of aerosol organic carbon along the east coast of China and implications for atmospheric fossil carbon contributions to China marginal seas. Science of the Total Environment, 619–620: 957–965.

Yu, M., Eglinton, T.I., Haghipour, N., Montluçon, D.B., Wacker, L., Hou, P., Ding, Y., Zhao, M. 2021. Contrasting fates of terrestrial organic carbon pools in marginal sea sediments. Geochimica et Cosmochimica Acta, 309: 16–30.

Zhang, H., Xing, L., Zhao, M. 2017. Origins of terrestrial organic matter in surface sediments of the East China Sea shelf. Journal of Ocean University of China, 16: 793–802.

Zhang, H., Li, D.-W., Sachs, J.P., Yuan, Z., Wang, Z., Su, C., Zhao, M. 2021. Hydrodynamic processes and source changes caused elevated ^{14}C ages of organic carbon in the East China Sea over the last 14.3 kyr. Geochimica et Cosmochimica Acta, 304: 347–363.

Zhao, B., Yao, P., Bianchi, T.S., Arellano, A.R., Wang, X., Yang, J., Su, R., Wang, J., Xu, Y., Huang, X., Chen, L., Ye, J., Yu, Z. 2018. The remineralization of sedimentary organic carbon in different sedimentary regimes of the Yellow and East China Seas. Chemical Geology, 495: 104–117.

Zhao, B., Yao, P., Bianchi, T.S., Yu, Z.G. 2021. Controls on Organic Carbon Burial in the Eastern China Marginal Seas: A Regional Synthesis. Global Biogeochemical Cycles, 35: e2020GB006608.

Zhu, C., Xue, B., Pan, J., Zhang, H., Wagner, T., Pancost, R.D. 2008. The dispersal of sedimentary terrestrial organic matter in the East China Sea (ECS) as revealed by biomarkers and hydro-chemical characteristics. Organic Geochemistry, 39: 952–957.

Zhu, C., Talbot, H.M., Wagner, T., Pan, J.-M., Pancost, R.D. 2011a. Distribution of hopanoids along a land to sea transect: implications for microbial ecology and the use of hopanoids in environmental studies. Limnology and Oceanography, 56: 1850–1865.

Zhu, C., Wagner, T., Pan, J.-M., Pancost, R.D. 2011b. Multiple sources and extensive degradation of terrestrial sedimentary organic matter across an energetic, wide continental shelf. Geochemistry, Geophysics, Geosystems 12. https://doi.org/10.1029/2011GC003506

Zhu, C., Weijers, J.W.H., Wagner, T., Pan, J.-M., Chen, J.-F., Pancost, R.D. 2011c. Sources and distributions of tetraether lipids in surface sediments across a large river-dominated continental margin. Organic Geochemistry, 42: 376–386.

Zhu, C., Pan, J.-M., Pancost, R.D. 2012. Anthropogenic pollution and oxygen depletion in the lower Yangtze River as revealed by sedimentary biomarkers. Organic Geochemistry, 53: 95–98.

Zhu, C., Wagner, T., Talbot, H.M., Weijers, J.W.H., Pan, J.-M., Pancost, R.D. 2013. Mechanistic controls on diverse fates of terrestrial organic components in the East China Sea. Geochimica et Cosmochimica Acta, 117: 129–143.

附　　表

主要术语中英文对照与缩写

中文	英文	缩写
有机碳	organic carbon	OC
沉积有机碳	sedimentary organic carbon	SOC
颗粒有机碳	particulate organic carbon	POC
总有机碳	total organic carbon	TOC
陆源有机碳	terrestrial organic carbon	OC_{ter}
海源有机碳	marine organic carbon	OC_{mar}
总氮	total nitrogen	TN
有机质中碳/氮比值	total organic carbon/total nitrogen ratio	C/N
稳定碳同位素比值	stable carbon isotope ratio ($^{13}C/^{12}C$)	$\delta^{13}C$
放射性碳同位素比值	radioactive carbon isotope ratio ($^{14}C/^{12}C$或$^{14}C/^{13}C$)	$\Delta^{14}C$
现代碳比值	fraction modern	Fm
现代生物有机碳比值	biospheric fraction modern	Fm_{bio}
生物有机碳	biospheric organic carbon	OC_{bio}
岩源有机碳	petrogenic organic carbon	OC_{petro}
陆源生物有机碳	terrestrial-biospheric organic carbon	$OC_{bio-ter}$
海源生物有机碳	marine-biospheric organic carbon	$OC_{bio-mar}$
黑碳	black carbon	BC
有机碳埋藏速率	mass accumulation rate of OC	MAR_{OC}
陆源有机碳埋藏速率 海源有机碳埋藏速率	mass accumulation rate of OC_{ter} mass accumulation rate of OC_{mar}	MAR_{OC-ter} MAR_{OC-mar}
黑碳埋藏速率	mass accumulation rate of BC	MAR_{BC}

Instructions for the Distribution Map of Organic Carbon in Surface Sediments of the Bohai Sea, Yellow Sea, and East China Sea

Chief Editors
Shuqing Qiao, Xuefa Shi, Bin Wu, Zhengquan Yao and Limin Hu

Compilers
Shan Hu and Jie Sheng

We must know. We will know.

——David Hilbert

Foreword

With intensification of global warming and the proposal of 'carbon peaking' and 'carbon neutrality' goals (i.e., the 'dual carbon' goals), research on various carbon pools has received increasing attention from the academic community. However, quantification of the considerable potential of geological carbon sinks has received little attention. Research on geological carbon sinks and their utilization is cutting-edge work that requires detailed investigation and monitoring if we are to acquire sufficient observational data, which would complement the development of rational and effective assessment techniques.

Oceans cover ~71% of Earth's surface area and they serve as the largest carbon pool on the planet, with organic carbon constituting an important component of the marine carbon pool. It has been estimated that 90% of sedimentary organic carbon might be buried in continental margins globally, and that the burial capacity of sedimentary organic carbon in the Bohai Sea, Yellow Sea, and East China Sea (i.e., the eastern China seas) accounts for ~10% of that total. This implies that this region may have great potential of a carbon sink.

The eastern China seas are characterized by a wide and shallow continental shelf. The Yellow River, Yangtze River, and numerous small- and medium-scale rivers discharge huge amounts of sediment into the shallow shelf seas. Those riverine sediments also exert considerable influence on the composition of global marine sediments, and possibly play an important role in the regional and global carbon cycles. Using the large data accumulated during the past 30 years, a research team led by Xuefa Shi carefully compiled the Distribution Map of Organic Carbon in Surface Sediments of the Bohai Sea, Yellow Sea, and East China Sea at the 1 : 2,500,000 scale. This map includes detailed descriptions and instructions, and represents a new advance in the carbon pool study of the continental shelf. The map reveals the distribution characteristics and variation patterns of modern sedimentary organic carbon in the eastern China seas. Furthermore, the burial flux, sources, and budgets of modern sedimentary organic carbon in those areas have been estimated, and the factors controlling the distribution of organic carbon have been discussed.

The research team has accomplished exploration of marine sedimentology and deep-sea mineral resources spanning from the China seas to the deep oceans, and from the equator to high-latitude polar regions. Recently, this team published maps showing the distribution and variations of sediment type in the Bohai Sea, Yellow Sea, and East China Sea, as well as in the South China

Sea at the 1∶1,000,000 scale, based on existing marine survey data. Expanding on those maps, the newly compiled Distribution Map of Organic Carbon in Surface Sediments of the Bohai Sea, Yellow Sea, and East China Sea represents a new achievement addressing detailed research on sedimentary organic carbon. It is the first distribution map of sedimentary organic carbon in the China seas based on significant observational data, and it illustrates the background of sedimentary organic carbon in the eastern China seas. It is anticipated that this map will support research targetting the 'dual carbon' goals and further promote study of the marine carbon cycle.

I would like to express my sincere congratulations regarding the publication of this map and to recommend it to researchers in related research fields.

Guo Zhengtang, Academician of the Chinese Academy of Sciences

Guo Zhengtang

August, 2023

Preface

Oceans are the largest carbon pool on Earth, and organic carbon represents an important component of the marine carbon pool. Theoretically, it is difficult for the organic carbon buried in sediments to reenter the carbon cycle; thus, such sediments act as a major carbon sink. It is estimated that 90% of global sedimentary organic carbon is buried on continental margins, which highlights the crucial role of such regions in relation to Earth's carbon pool. Recently, researchers estimated that the sedimentary organic carbon buried in the eastern China seas (i.e., the Bohai Sea, Yellow Sea, and East China Sea) accounts for a substantial proportion (~10%) of that in continental margins globally. Despite the approximation, this estimate evidences the considerable carbon sequestration and sink potential of sedimentary organic carbon in the eastern China seas.

Two world-class rivers—the Yellow River and the Yangtze River—and numerous small- and medium-sized rivers flow into the eastern China seas. The terrestrial materials discharged by those rivers form large deltas and mud deposits in the seas, via which massive amounts of terrestrial organic carbon are deposited and buried. The composition, distribution, burial, preservation, and controlling mechanisms of sedimentary organic carbon in the eastern China seas have been extensively investigated in the past, and substantial major achievements have been accomplished. However, understanding remains limited from the perspectives of the carbon pool and carbon sink. On the one hand, the distribution characteristics and variations of sedimentary organic carbon in the eastern China seas have not been described elaborately and comprehensively. On the other hand, the burial flux, source, and budget of sedimentary organic carbon in the eastern China seas have not been calculated systematically and accurately; instead, they have been estimated only very approximately. Such limitations mainly reflect the following: first, the number of samples is insufficient to cover all sediment types across the region; second, the study of sedimentary organic carbon is not fully integrated with the distribution characteristics of sediments; and third, data on sedimentation rates are limited and underrepresented. Therefore, it is important to compile a map with high accuracy, based on huge amounts of measured data, to illustrate the distribution of sedimentary organic carbon content in the eastern China seas and to support further study.

To this end, we compiled a 1 : 2,500,000-scale Distribution Map of Organic Carbon in Surface Sediments of the Bohai Sea, Yellow Sea, and East China Sea. This map is based on the distribution characteristics and variations of sediments revealed in our previously compiled maps of sediment type in the Bohai Sea, Yellow Sea, and East China Sea. Measured data of sedimentary organic carbon were obtained from multiple special projects, such as the Chinese Offshore Investigation and Assessment Project and National Marine Public Welfare Research Project. Other relevant data were also collected from public publications. The scope of this map covers the region 21.5°–41.5°N, 117°–131°E at the 1:2,500,000 scale, using the Mercator projection. The following data were used in the compilation of the map and related study: sedimentary organic carbon content measured at 5796 stations, organic carbon $\delta^{13}C$ measured at 988 stations, organic carbon $\Delta^{14}C$ measured at 432 stations, sedimentary total nitrogen content measured at 1920 stations, black carbon content measured at 302 stations, sedimentation rate calculated based on ^{210}Pb at 565 stations, dry density measured at 994 stations, and sediment grain size measured at 18229 stations.

To the best of our knowledge, no other map showing the distribution of sedimentary organic carbon in the China seas has been compiled according to the specifications based on measured data, and similar work is also rarely seen in relation to other regions. In the new map and its instructions, the distribution characteristics and variations of sedimentary organic carbon in the Bohai Sea, Yellow Sea, and East China Sea are depicted in detail; the organic carbon sources are identified; the modern sedimentary organic carbon burial fluxes are estimated quantitatively; the factors controlling organic carbon distribution are pinpointed; and the sedimentary organic carbon budget is elucidated. It is anticipated that the compilation and publication of this map could deepen research of carbon pools and sinks in the China seas, and further promote study of the carbon cycle and climate change in continental margin regions.

The map was edited chiefly by Shuqing Qiao, Xuefa Shi, Bin Wu, Zhengquan Yao, and Limin Hu. The compilers were Shan Hu and Jie Sheng. The instructions regarding the map were finalized by Shuqing Qiao, Xuefa Shi, and Bin Wu. The map is the product of the collective endeavor of more than 100 researchers participating in relevant sediment surveys. In addition to the chief editors, Yanguang Liu, Zhenbo Cheng, Deling Cai, Shengfa Liu, Jian Chen, Gang Yang, Kunshan Wang, Fengdeng Shi, Guoqing Wang, Jianjun Zou, Yanguang Dou, Zhijie Liu, Xiaohong Song, Linfang Xiong, Zhiwei Zhu, Tao Liu, Xisheng Fang, Taoyu Xu, Yonghua Wu, Yonggui Yu, Yingchun Cui, Yazhi Bai, Aimei Zhu, Hui Zhang, and Jingyun Han also contributed to the work.

Academician Yunshan Qin and Professor Qixiang He paid close attention to the sedimentology and organic carbon in the Bohai Sea, Yellow Sea, and East China Sea during their careers, and they both offered considered guidance for this work. Academician Zhengtang Guo kindly offered instructional advice regarding map compilation and willingly wrote the forward. Academicians Chengshan Wang, Delu Pan Jiabiao Li, and Xingwei Jiang, Professors Zuosheng Yang, Shiying Wu, Peiying Li, Tiegang Li, Baohua Liu, Suixiang Shi, Jinming Song, Meixun Zhao, Zhigang Guo, Shuji Gao, Ying Wu, and Rui Bao provided valuable comments and/or were involved in useful discussions. Former Director Generals Qinghai Zhou and Bo Lei, Deputy Director Generals Jian Kang and Hongmei Xin, Division Chiefs Xuemin Gao and Jing Ye, and Deputy Division Chief

Lin Li of the Science and Technology Department of the former State Oceanic Administration, Division Chiefs Jianguo Ren and Shuying Leng of the Committee of the National Natural Science Foundation of China, as well as Deputy Director Zhimeng Zhuang, Deputy Minister Honghua Shi, and Project Manager Yu Zhang of the Laoshan Laboratory provided strong support and assistance in the implementation of relevant projects. The contributions of the abovementioned experts, leaders, colleagues, and other personnel involved in sediment sampling and testing, as well as data processing and collection are sincerely appreciated!

The project conducted to edit and publish the map is jointly supported by the Laoshan Laboratory (LSKJ202204200), Chinese Offshore Investigation and Assessment Project (908-ZC-I-05) , the National Natural Science Foundation of China–Shandong Joint Fund for Marine Science Research Centers (U1606401), the Key Research and Development Project of the Ministry of Science and Technology (2022YFF0800503), National Marine Public Welfare Research Project (20125001) and the Taishan Scholar Program of Shandong (tspd20181216).

We acknowledge that there might be certain shortcomings and even errors in the map and the related instructions, and we look forward to receiving critical comments and corrections from experts.

Editors

August, 2023

Contents

1 Regional setting of the Bohai Sea, Yellow Sea, and East China Sea

1.1 Topographic and geomorphologic features

The eastern China seas, which include the Bohai Sea, Yellow Sea, and East China Sea, are within the region 21°54′–41°00′N, 117°05′–131°03′E, and cover a total area of ~1.21 million km^2. Excluding the Okinawa Trough, the continental shelf in the region of the Bohai Sea, Yellow Sea, and East China Sea is <150 m deep, with average slope no greater than 0.3‰, and the water depth increases from the shore toward the deep sea and from the north to the south (Figure 1.1). The water depth of the Okinawa Trough is >2000 m, making it the lowest point in the eastern China seas.

The Bohai Sea, the only inland sea in China, is in the region 37°07′–41°00′N, 117°35′–121°10′E. It is surrounded on three sides by Liaoning, Hebei, and Shandong provinces, as well as Tianjin City, and is connected only to the Yellow Sea in the east via the Bohai Strait (Figure 1.1). The Bohai Sea has total area of ~77,000km^2, north–south length (distance from the northern apex of Liaodong Bay to the southern apex of Laizhou Bay) of ~480km, and east–west width (distance from the top of Bohai Bay to the Miaodao Islands in the Bohai Strait) of ~300 km. It presents a geomorphological pattern of ‘three bays, one strait, and one basin,’ comprising the main five components of Liaodong Bay, Bohai Bay, Laizhou Bay, the Central Basin, and the Bohai Strait. The seafloor topography is generally flat and dips from the three bays: Liaodong Bay, Bohai Bay, and Laizhou Bay, toward the Central Basin and eastern Bohai Strait. The average slope of 0.13‰ is the smallest among the four major seas of China (Liu et al., 2013). The average water depth of the Bohai Sea is ~18 m and 26% of the total area is shallower than 10 m; the maximum water depth (84m) is found at the Laotieshan waterway in the northern Bohai Strait (Chen et al., 2013). Huge amounts of sediment are discharged in the coastal waters of the Bohai Sea by rivers such as the Yellow River, Haihe River, Liaohe River, and Luanhe River, and subsequent deposition of that sediment results in shallow water depths in estuarine areas (Shi, 2012).

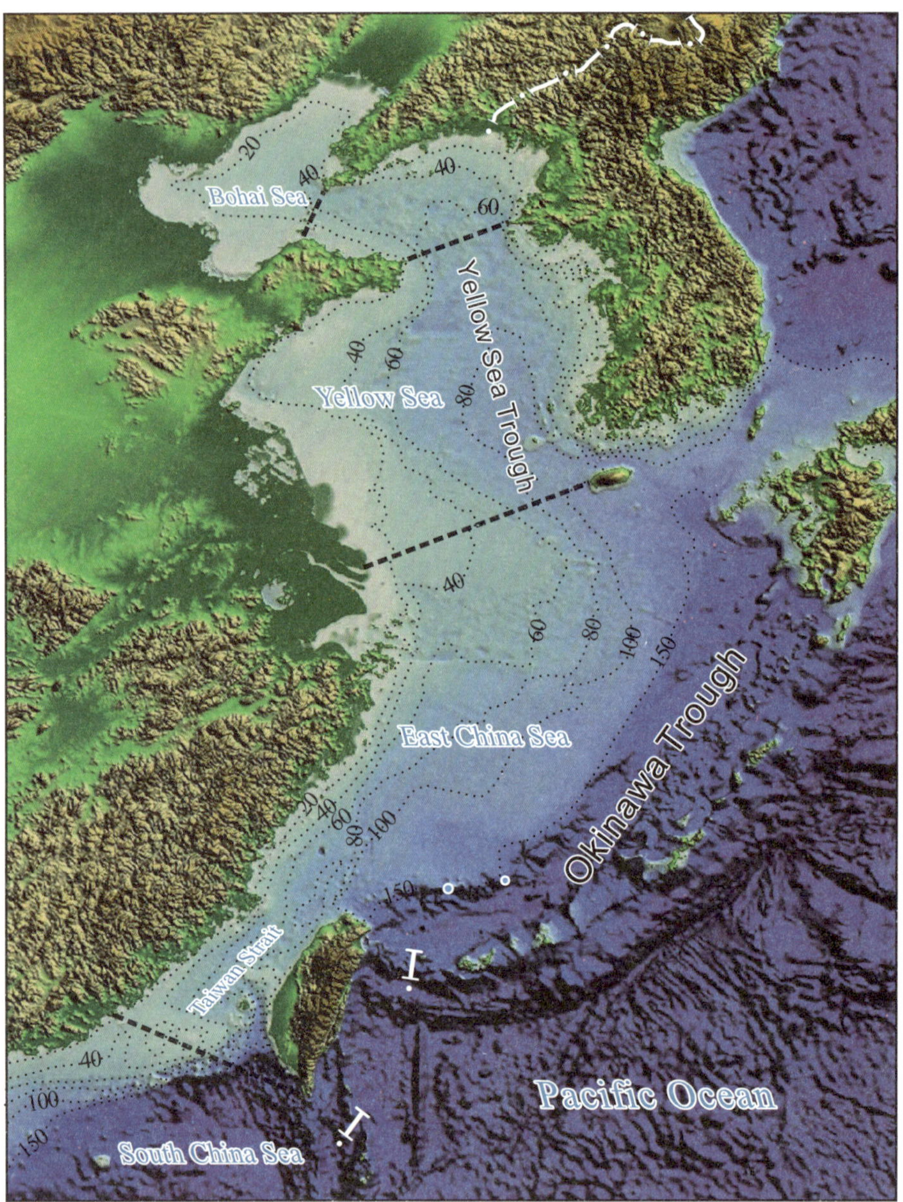

Figure 1.1 Topographic map of the Bohai Sea, Yellow Sea, and East China Sea

Bathymetry data were obtained from https://www.ngdc.noaa.gov/mgg/global/global.html

The Yellow Sea, which is a semi-enclosed sea between mainland China and the Korean Peninsula, is in the region 31°40′–39°50′N, 119°00′–126°50′E. It is connected by the Bohai Strait to the Bohai Sea to the northwest, borders the Liaodong Peninsula to the north, and faces the Korean Peninsula to the east. With the Shandong Peninsula and North Jiangsu Plain on its western coast, the Yellow Sea is connected to the East China Sea to the south and bounded by a line connecting the Qidong Foreland at the northern corner of the Yangtze River to the southwestern end of Jeju Island (Korea) (Figure 1.1). The Yellow Sea is ~870km long from the north to the south and ~556km wide from the east to the west, with a total area of ~380,000km^2. The narrowest part of the sea (~193km), between Chengshantou on the Shandong Peninsula and Changshanchuan on the Korean Peninsula, naturally divides the Yellow Sea into the North Yellow Sea and the South Yellow Sea. The North Yellow Sea has a nearly closed oval shape with area of ~71,000km^2, whereas the South Yellow Sea presents an irregular hexagonal shape with an area of ~309,000km^2. Topographically, the seafloor of the North Yellow Sea dips southward from the north, east, and west with an average slope of 0.21‰ and average water depth of 38 m; the deepest part is at the junction between the North Yellow Sea and the South Yellow Sea, where the depth reaches up to 70 m (Lin, 1989). The seafloor topography of the South Yellow Sea is prominently characterized by the existence of the 'Yellow Sea Trough,' which is a wide, shallow, north–south-trending valley with water depth of ~70–90 m. Because it is tilted toward the Korean Peninsula, the seafloor topography of the South Yellow Sea is steep in the east and gentle in the west; the average slope is 0.48‰ and 0.24‰ on the eastern and western sides, respectively (Xu et al., 1997). The South Yellow Sea has average water depth of 46 m, but the water depth reaches a maximum of up to 140m on the northern side of Jeju Island. In addition to coastal terraces and slopes, tidal sand ridges are found in the Yellow Sea off the northern coast of Jiangsu Province in China, on the western side of Jeju Island, and within the West Korea Bay (Liu and Xia, 2004; Shi, 2012).

The East China Sea is a marginal sea of the western Pacific Ocean, located at 21°54′–33°17′N, 117°05′–131°03′E. It joins the Yellow Sea to the northwest and is bordered by Fujian Province, Zhejiang Province, and Shanghai City to the west. The East China Sea is connected to the Korea Strait to the northeast, as bounded by the line connecting the southeastern end of Jeju Island in South Korea to the southern end of Fukue Island in Japan. To the east, the East China Sea extends to Kyushu and Ryukyu in Japan, as well as to Taiwan Province in China, with multiple waterways linking the East China Sea to the Pacific Ocean. To the south, it meets the South China Sea, as bounded by the line connecting Nan'ao Island in Guangdong Province to Eluanbi in Taiwan Province (Figure 1.1). The East China Sea is ~1300km long in the northeast–southwest direction and ~740km wide in the east–west direction, and it covers a total area of ~752,000km^2. Its seafloor topography is inclined from the northwest toward the southeast, with average water depth of 370m and maximum depth of 2322m (Liu et al., 2003). The East China Sea is connected to the Pacific Ocean and neighboring seas via multiple straits, exemplified by the connection to the South China Sea to the south via the Taiwan Strait, to the Pacific Ocean to the east via the Ryukyu waterways, and to the Sea of Japan to the northeast via the Korea Strait (Qin et al., 1987). Based on topographic features, the East China Sea can be divided from the shore to the sea as follows: the inner shelf area (water depth: $\leqslant$ 60m), the outer shelf area (water depth: 60–200m), and the Okinawa Trough area (water depth: $\geqslant$ 200m). The inner shelf area encompasses coastal terraces and the Yangtze River subaqueous delta, whereas the outer shelf area shows a broad distribution of ancient northwest–southeast-trending tidal sand ridges. Additionally numerous submarine canyons have developed on the continental slope of the Okinawa Trough.

1.2 Climatic and hydrological features

The Bohai Sea, Yellow Sea, and East China Sea on the eastern side of the Asian continent are influenced by the East Asian monsoon climate system. The northwest monsoon prevails to the north of 30°N and the northeast monsoon prevails to the south of 30°N in winter, in contrast to the dominance of the southeast or southwest monsoon in summer (Xiong et al., 2012). The minimum air temperature in January shows prominent differences between the north and the south: the average air temperature ranges from −4 to 0 °C over the Bohai Sea, from −1 to 2 °C over the North Yellow Sea, from 2–8 °C over the South Yellow Sea, and from 8–18 °C over the East China Sea. The air temperature in the coastal areas of both the Bohai Sea and the North Yellow Sea is lower than that in the central area, leading to the occurrence of freezing. The maximum air temperature in July has only minor difference between the north and the south in the eastern China seas: the average air temperature is 23–26 °C over the Bohai Sea, 22–25 °C over the Yellow Sea, and 25–29 °C over the East China Sea. The distribution of precipitation over the Bohai Sea, Yellow Sea, and East China Sea shows higher levels in the south than in the north, and higher levels in the coastal area than in the central area. Specifically, the Bohai Sea receives annual precipitation of 500–600 mm, with more in the coastal area and less in central parts. The annual precipitation over the Yellow Sea is 600–750mm, with a maximum amount of up to 1000mm in the coastal area of the Korean Peninsula. In the East China Sea, precipitation is higher in the east than in the west, with ~1000 mm in the coastal area and >2000mm near the Ryukyu Islands. Seasonally, precipitation over both the Bohai Sea and the North Yellow Sea is concentrated between July and August. In contrast, precipitation over the East China Sea shows a bimodal pattern, where two frontal rainbands form in association with the advance and retreat of the monsoon in spring and autumn, respectively (Su and Yuan, 2005).

The circulations of currents in the Bohai Sea, Yellow Sea, and East China Sea mainly consist of the northward Kuroshio Current and its branches, together with the southward coastal current system. Those currents not only serve as major pathways for the transport of organic carbon (OC) derived from the terrestrial environment (i.e., OC_{ter}), but also shape the distribution of marine primary productivity, and they have profound influence on the formation of marine OC (i.e., OC_{mar}) (Shi et al., 2016, 2024). The northward-flowing warm current and the southward-flowing coastal current form a cyclonic counterclockwise circulation (Figure 1.2). The Kuroshio, which is the western boundary current of the Pacific Ocean, flows northeastward mainly along the shelf margin on the western side of the Okinawa Trough. Because its surface water is characterized by high temperature, high salinity, high transmittance, and low nutrients, primary productivity is low in the surface waters of the Kuroshio (Hao, 2010). The main stem of the Kuroshio exhibits little change in its path between winter and summer; only when passing the eastern coast of Taiwan does the path become inclined to the west in winter and to the east in summer. The Kuroshio flows at high velocity, reaching 60–150 $cm{\cdot}s^{-1}$ in summer and 35–84 $cm{\cdot}s^{-1}$ in winter off the eastern coast of Taiwan. Once the Kuroshio enters the continental shelf of the East China Sea, its velocity slows to 30–80 $cm{\cdot}s^{-1}$ in summer and to 20–60 $cm{\cdot}s^{-1}$ in winter (Yu et al., 2002).

The Kuroshio interacts with the changing topography, leading to the formation of branches that traverse the continental shelves (Figure 1.2). Those branches, together with the coastal currents, form the high-velocity Taiwan Warm Current after crossing the continental shelf off northeastern Taiwan. Additionally, they form the Tsushima Warm Current on the western side of Kyushu. The Yellow Sea Warm Current is a branch of the Tsushima Warm Current to the southeast of Jeju Island, and it flows mainly northward along the ~60 m isobath on the western side of the Yellow Sea Trough, with some residual currents entering both the North Yellow Sea and the Bohai Sea. The Yellow Sea Warm Current has low velocity, i.e., generally approximately 5 $cm{\cdot}s^{-1}$, and it occurs only in winter (Wang et al., 2009). Because of the high temperature, high salinity, and low nutrients of all the Kuroshio branches, primary productivity in the surface seawater is low, which results in low OC_{mar} content (Xiong et al., 2010).

The coastal currents of the Bohai Sea, Yellow Sea, and East China Sea, from the north to the south include the Lubei Coastal Current, Subei Coastal Current, Yangtze River Diluted Water, and Zhemin Coastal Current, which serve as the principal conveyors of OC_{ter}. The southward-flowing Lubei Coastal Current and Subei Coastal Current, which are strong in winter and weak in summer, mainly transport terrestrial organic matter discharged from the Yellow River to both the Yellow Sea and the East China Sea. The Yangtze River Diluted Water is the result of the huge water discharge of the Yangtze River. Owing to the blocking effect of the Taiwan Warm Current, a considerable amount of OC_{ter} is deposited in the Yangtze River estuary and on the inner shelf, while only a small proportion is carried away by the Zhemin Coastal Current (Guo et al., 2002). Similarly, the Yangtze River Diluted Water contains high levels of nutrients and notably enhances primary productivity in the neighboring areas, which also greatly contributes to OC_{mar} formation (Tan and Shi, 2006). The Zhemin Coastal Current experiences remarkable seasonal variation. It flows in the same direction as the Taiwan Warm Current in summer, i.e., flowing northeastward along the coastline, but it turns to flow in the opposite direction in winter (Zeng et al., 2012). Despite the high nutrients in those coastal currents, primary productivity remains low because of the extraordinarily high concentrations of suspended sediment and the low transmittance (Hao, 2010).

In addition to the abovementioned circulation systems, some relatively stable local circulations and mesoscale eddies exist in the Yellow Sea and the East China Sea, where major areas of mud deposits form and most OC_{ter} accumulates (Shi et al., 2003; Shi et al., 2016, 2024). A cyclonic circulation, known as the 'Yellow Sea Circulation,' which occurs in both the South Yellow

Sea and the North Yellow Sea during summer, has a low-temperature and high-salinity cold water mass at its center (Su and Huang, 1995). A cold eddy exists throughout the year to the southwest of Jeju Island in the northern part of the East China Sea. A weak eddy with complex seasonal variation in shape is found in the middle zone between the Kuroshio and the Taiwan Warm Current (Su and Yuan, 2005). Those local circulations and mesoscale eddies characterized by low nutrients result in low values of primary productivity in the eastern China seas, which are unfavorable for OC_{mar} production (Li et al., 2003).

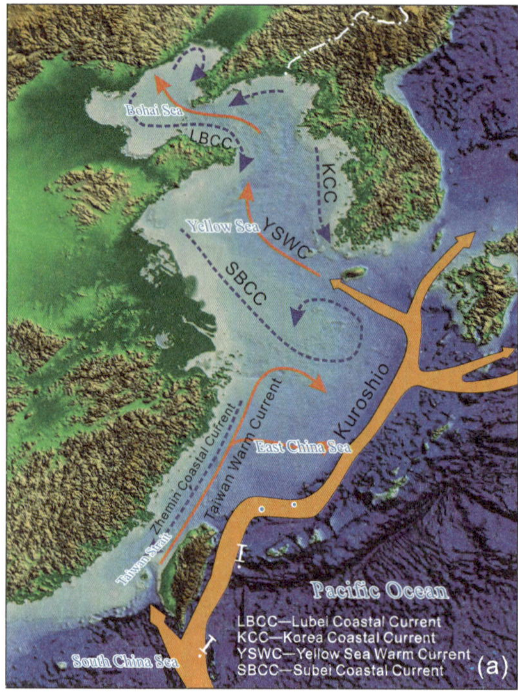

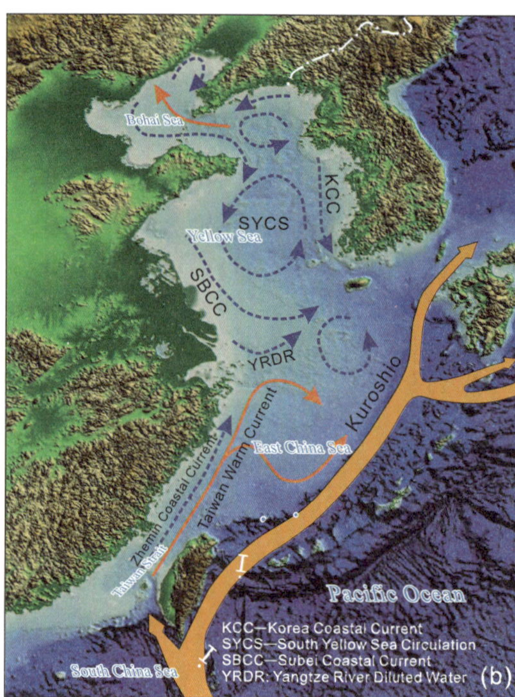

Figure 1.2 Circulation patterns in the Bohai Sea, Yellow Sea, and East China Sea

(a) winter and (b) summer (modified from Su and Yuan, 2005)

1.3 Organic carbon inputs from surrounding rivers

Many rivers exist around the Bohai Sea, Yellow Sea, and East China Sea, 49 of which have length of >100km (Edition Committee of the Bay Chorography in China, 1998; Qiao et al., 2017). The 29 major rivers considered here, which transport 780.1×10^6, 9.1×10^6, and 482.3×10^6t of sediment annually to the Bohai Sea, Yellow Sea, and East China Sea, respectively (Table 1.1), represent the primary OC_{ter} sources (Liu et al., 2015; Hu et al., 2016a; Liu et al., 2020). The major rivers, including the Yellow River, Haihe River, and Liaohe River, discharge 0.60×10^6t of particulate OC (POC) annually into the Bohai Sea (Table 1.1). In particular, the POC input to the Bohai Sea from the Yellow River, which is 0.46×10^6t annually, accounts for ~76% of the total input from all rivers. The Huaihe River, Yalu River, and rivers of the Korean Peninsula carry ~0.46 × 10^6 t of POC annually to the Yellow Sea. The southeastern river systems of China, including the Yangtze River, Qiantang River, and Minjiang River, together with the river systems of western Taiwan, transport 2.73 × 10^6t of POC annually to the East China Sea. Notably, the Yangtze River carries more than 1.77 × 10^6t of POC annually to the East China Sea and the South Yellow Sea, making it the largest exporter of OC_{ter} in China.

Table 1.1 Estimates of particulate organic carbon (POC) flux of 29 major rivers around the Bohai Sea, Yellow Sea, and East China Sea (i.e., with length > 100km)

River name	Region	Average annual water discharge /(10^8 $m^3 \cdot a^{-1}$)	Average annual sediment load* /(10^4 $t \cdot a^{-1}$)	Average POC concentration /($mg \cdot L^{-1}$)	POC flux# /(10^2 t $C \cdot a^{-1}$)	Data source of POC concentration
Yellow River	Bohai Sea	301.4	72,200	15.26	4599	Ran et al. (2013)
Haihe River		8.20	7.38	8.05	66	Xia and Zhang (2011)
Liaohe River/ Shuangtaizi		29.35	417	8.58	252	Xia and Zhang (2011)
Daling River		19.63	2,740	15.71	310	Xia and Zhang (2011)
Xiaoling River		4.03	364	6.52	56	Xia and Zhang (2011)
Liugu River		6.02	148	2.57	15	Xia and Zhang (2011)
Luanhe River		46.51	1,739	9.26	431	Xia and Zhang (2011)
Daqing River		2.27	49.9	2.75	6	Xia and Zhang (2011)
Ziyaxin River		3.09	38.6	11.31	35	Xia and Zhang (2011)
Majia River		2.93	76	14.06	41	Xia and Zhang (2011)
Tuhai River		8.97	157	8.74	78	Xia and Zhang (2011)
Xiaoqing River		8.78	36.9	7.54	66	Xia and Zhang (2011)
Huaihe River	Yellow Sea	21.16	212	4.85	105	Liu et al. (2015)
Yalu River		289.47	373	3.36	973	Liu et al. (2015)
Hanjiang River		170.00	100	5.77	981	Liu et al. (2015)
Keum River		420	220	6.03	2532	Liu et al. (2015)
Yangtze River	East China Sea	8964.00	39,000	1.98	17749	Wang et al. (2012)
Qiantang River		11.60	17.1	1.94	23	Bao (2013)
Minjiang River		37.31	54.3	3.14	117	Liu et al. (2015)
Jiulong River		148.00	307	1.03	152	Yang et al. (2013)
Caoe River		45.30	128.7	12.84	582	Bao (2013)

continued

River name	Region	Average annual water discharge /(10^8 $m^3 \cdot a^{-1}$)	Average annual sediment load* /(10^4 $t \cdot a^{-1}$)	Average POC concentration /($mg \cdot L^{-1}$)	POC flux# /(10^2 t $C \cdot a^{-1}$)	Data source of POC concentration
Yongjiang River	East China Sea	34.50	35.9	2.95	102	Bao (2013)
Jiaoiang River		6.66	123	9.13	61	Bao (2013)
Oujiang River		332.00	266.5	3.67	1218	Bao (2013)
Feiyun River		44.50	68.7	20.00	890	Bao (2013)
Danshui River (Gaoping River)		70.43	1145	20.88	1741	Kao et al. (2014)
Zengwen River		16.40	18.0	63.21	1037	Kao et al. (2014)
Wuxi River (Dadu River)		37.27	679	26.52	988	Kao et al. (2014)
Choshui River		60.95	6387	42.9	2615	Kao et al. (2014)

* Data of average annual water discharge and sediment load were derived from the Ministry of Water Resources of the People's Republic of China (2011), Edition Committee of the Bay Chorography in China (1998), and Kao and Milliman (2008). The water discharge and sediment load data of the Yellow River (1952–2010), Luanhe River (1950–1984), Liaohe River (1987–2010), Haihe River (1960–2010), Yalu River (1965–1974), Huaihe River (1951–2010), Yangtze River (1950–2010), Qiantang River (1956–2010), Minjiang River (1952–2010), and Jiulong River (1950–1979) are multiyear averages

#POC flux(10^{-6}t $C \cdot a^{-1}$) = average POC concentration($mg \cdot L^{-1}$)× average annual water discharge($m^3 \cdot a^{-1}$)

1.4 Distribution of surface sediments

The surface sediments in the Bohai Sea, Yellow Sea, and East China Sea are predominantly terrestrial clastic material, whereas sediments with high biogenic and volcanogenic fractions occur only in the Okinawa Trough area. The sediments are differentiated owing to complex hydrodynamic forces such as the Kuroshio and its branches, tides, storm surges, and coastal currents. This leads to the formation of fine-grained mud, coarse-grained sand, and mixed-deposit areas with gravel-bearing sediments, rocks, and boulders in some areas. Overall, the surface sediments on the continental shelves of the Bohai Sea, Yellow Sea, and East China Sea mainly consist of sandy gravel, gravelly sand, slightly gravelly sand, fine sand, silty sand, silt, sandy silt, silty clay, clayey sand, clayey silt, clay, and sand–silt–clay. Among them, fine sand, silty sand, silt, sandy silt, clayey silt, and silty clay are distributed in the widest range (Shi et al., 2021).

Mud deposit areas are broadly distributed on the continental shelf of the Bohai Sea, Yellow Sea, and East China Sea. There are seven main large mud areas distributed in the Bohai Sea, the abandoned Yellow River estuary, off the eastern coast of the Shandong Peninsula, along the Zhemin coast, in the southeastern Yellow Sea, in the central Yellow Sea, and to the southwest of Jeju Island (Figure 1.3). In those mud deposit areas, the sediments mainly comprise clayey silt

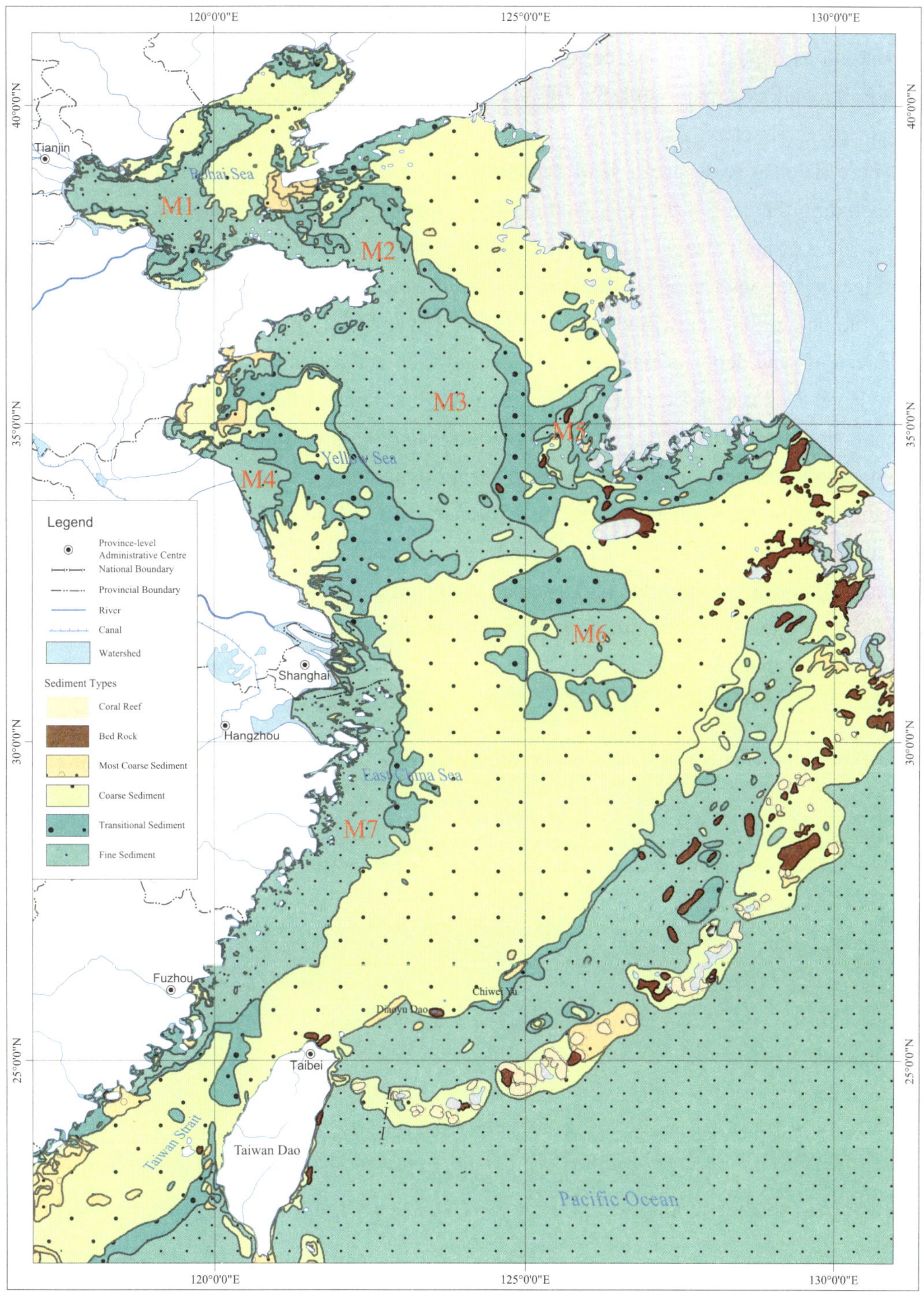

Figure 1.3 Sketch map of sediment type distribution in the Bohai Sea, Yellow Sea, and East China Sea (Shi et al., 2021)

M1: Bohai Sea mud; M2: Shandong Peninsula coastal mud; M3: central Yellow Sea mud; M4: abandoned Yellow River estuary mud; M5: southeastern Yellow Sea mud; M6: mud of southwestern Jeju Island; M7: Zhemin coastal mud. Most coarse-grained sediment: gravel, sandy gravel, gravelly sediment, and slightly gravelly sediment; coarse-grained sediment: sand, silty sand, and clayey sand; transitional sediment: sandy silt and sand–silt–clay; fine-grained sediment: clay, silt, clayey silt, and silty clay and silty clay. Weak dynamic factors such as tides and waves result in high sedimentation rates and continuous deposition. Consequently, the sediments serve as vital carriers of pollutants and nutrients, as well as a major sink for OC via burial processes (Huh et al., 2011; Qiao et al., 2017; Jia et al., 2018; Shi et al., 2021).

There are also widespread sand deposit areas on the continental shelf of the eastern China seas, including the central part of Liaodong Bay, Bozhong Shoal, Liaodong Shoal, the radial sand ridge off the northern Jiangsu coast, the sand ridge and sand sheet in the eastern Yellow Sea, the sand ridge on the outer shelf of the East China Sea, the tidal sand ridge to the northwest of Jeju Island, the paleotidal sand ridge off the Yangtze River Delta, and the Taiwan Strait. Moreover, small areas of sand deposits exist off the Luanhe River estuary, in the northern part of the modern Yellow River Delta, at the top of Laizhou Bay, and in Haizhou Bay. In those sand deposit areas, sediments mainly consist of fine sand and medium sand, with partial coverage of clayey sand and gravel-bearing sediment in some areas. The strong dynamics of modern tides and waves result in low sedimentation rates and can even cause intense erosion (Liu and Xia, 2004; Qiao et al., 2017; Shi et al., 2021). There is limited modern deposition on the continental slope of the East China Sea and in the Okinawa Trough area. In particular, the sedimentation rates in the continental slope area are generally $<1\ mm \cdot a^{-1}$, and high rates of sedimentation occur only in turbidite deposit areas (Huh and Su, 1999; Huh et al., 2009).

2 Compilation of the sedimentary organic carbon map

2.1 Research advances on marine sedimentary organic carbon

A close relationship between atmospheric CO_2 concentration and climate change has been established, and substantial emissions of anthropogenically derived CO_2 have become a major forcing factor of global warming since the Industrial Revolution (Wang, 2002; Ding et al., 2010; Ding et al., 2022). Sedimentary OC (SOC) in the ocean is an essential component of the marine carbon pool and a crucial sink for OC on Earth. It is estimated that >90% of OC is buried on the continental margins (Hedges and Keil, 1995; Bianchi et al., 2018). Continental margins are not only essential transitional regions of carbon cycling involving land–ocean carbon exchange (Rowe et al., 1994; Jahnke, 1996; Dunne et al., 2007), but also pivotal habitats for marine ecosystems (Levin and Sibuet, 2012). Moreover, substantial spatiotemporal heterogeneities exist in the sources and the processes of transport and burial of OC on continental margins (Blair and Aller, 2012; Bauer et al., 2013; Ausín et al., 2021; Dai et al., 2022). The distribution, composition, and source–sink processes of SOC on continental margins are of considerable importance for understanding the burial and preservation mechanisms of carbon, as well as its fate and biogeochemical cycling globally. On the one hand, fluvial discharge transfers massive amounts of OC_{ter} from the continent to the ocean, which can impact atmospheric CO_2 concentrations on different time scales (Galy et al., 2015; Leithold et al., 2016; Bianchi et al., 2018; Jiao et al., 2016; Liu Q et al., 2018). On the other hand, marine hydrodynamics and later reworking can further influence the composition, lability, and age of OC_{ter} (Blair and Aller, 2012; Bauer et al., 2013; Ausín et al., 2021). Assessment and estimation of the sources of different SOC fractions are primarily achieved through measurement of bulk indexes (e.g., C/N, $\delta^{13}C$, and $\Delta^{14}C$) and typical biomarkers (e.g., *n*-alkanes, lignins, glycerol dialkyl glycerol tetraethers, ketenes, sterols, and fatty acids) (Hedges et al., 1997; Goñi et al., 2005; Lamb et al., 2006; Belicka and Harvey, 2009).

The accumulation and preservation of OC, which are processes governed by various factors, are not only effectively limited by the autochthonous and allochthonous OC contributions, but are also closely associated with hydrodynamics, topography and geomorphology, sedimentation rate, marine productivity, dissolved oxygen concentration, and sediment grain size or specific surface area (Hedges and Keil, 1995). On a short-term timescale (decades to millennia), modern OC oxidation and burial can affect atmospheric CO_2 concentrations, whereas migration and reburial of aged soil and ancient fossil carbon might contribute less to the modern carbon sink (Galy et al., 2008; Galy and Eglinton, 2011; Tao et al., 2016). However, on a long-term timescale, the processes of deposition and burial of OC in the oceans play vital roles in controlling atmospheric CO_2 and O_2 concentrations, in addition to producing fossil fuels (Berner, 2003). It has been found that deep-sea OC burial is correlated with changes in sea level and polar ice volume over the past 150,000 years, which might partially have been related to variation in atmospheric CO_2 concentrations at the orbital scale (Cartapanis et al., 2016).

With increasing impact of human activities on the marine environment, buried and preserved SOC is likely to be disturbed and remineralized, which could exacerbate future climate change. Presently, large uncertainties exist in the estimation of the burial flux of global marine SOC, with values varying from 126–350 Mt $C{\cdot}a^{-1}$ (Berner, 1982; Burdige, 2007; Keil, 2017). Additionally, owing partly to the given reference depth and/or specified sedimentation rate, estimation of the SOC budget is also generally not well constrained (Burdige, 2007), with a wide range of values reported in the literature, e.g., 160Mt C (Berner, 1982; Hedges and Keil, 1995), ~87Gt C (Lee et al., 2019), ~168Gt C (LaRowe et al., 2020), and ~3117 Gt C (Atwood et al., 2020). Recently, OC accumulation has been estimated for coastal ecosystems such as mangroves (Atwood et al., 2017; Hamilton and Friess, 2018; Sanderman et al., 2018), seagrasses (Kennedy et al., 2010; Fourqurean et al., 2012), salt marshes (Macreadie et al., 2017; Osland et al., 2018), and marine surface sediments (Seiter et al., 2004; Lee et al., 2019). However, those studies did not include spatially explicit assessment of the OC stock and burial rates in a high-resolution framework with uncertain estimation.

Owing to the high spatiotemporal heterogeneities of continental margin systems, the sediment transport and OC inputs from different sources affect the composition, nature, and burial pattern of SOC (Hu et al., 2013; Bao et al., 2016; Bianchi et al., 2018). Therefore, it is necessary to conduct systematic and comprehensive investigations from a spatial perspective to assess the impact of both carbon sources and transport processes on the composition and distribution of OC in continental shelf sediments (van der Voort et al., 2018). Over the previous two decades, marine SOC databases with different spatial scales and resolutions have been reported (e.g., Inthorn et al., 2006; Hu et al., 2016a; Atwood et al., 2020; van der Voort et al., 2021; Martens et al., 2021), including the integration, spatial analysis, and representation of radioactive carbon isotope data (e.g., Bao et al., 2016; Bosman et al., 2020). Attempts have also been made to systematically analyze the carbon budget for entire continental shelf systems. However, accurate assessment of the burial flux and spatial distribution of OC remains lacking (Najjar et al., 2018; Fennel et al., 2019), leading to uncertainties in the understanding of OC storage and burial efficiency (Legge et al., 2020). Recently, methods to better constrain and spatially predict OC accumulation using geostatistics or machine learning approaches have demonstrated considerable promise (Hengl et al., 2014, 2017), and quantitative assessment of marine SOC stored in marine sediments at global and sea-basin scales has been realized and is expected to be improved in the future (Lee et al., 2019; Atwood et al., 2020).

2.2 Progress in sedimentary organic carbon research of the eastern China seas

Marine SOC is an ongoing research topic, and studies on SOC in the eastern China seas are closely tied to sediment research. China commenced large-scale oceanographic surveys in the late 1950s, which have acquired tremendous amounts of sediment samples and large volumes of data. Since the 1960s, systematic studies have been conducted on sediment types, material compositions, sedimentation rates, and sedimentary records in the Bohai Sea, Yellow Sea, and East China Sea, and notable progress has been achieved in terms of deposition processes, sedimentary environments, and sedimentary models. Those large-scale studies on marine sedimentology have laid the foundation for further SOC research.

Prior to 1990, scant research was conducted on SOC in the China seas. Most early research studies on SOC were related to the exploration of oil and gas resources. For example, Cheng (1980) investigated the geological model of petroleum genesis in the northern part of the South Yellow Sea through analogous study on modern and ancient OC as well as OC fractions. Cui (1983) utilized adsorbed hydrocarbons in sediments from both the Bohai Sea and the East China Sea to reveal oil and gas reservoirs, evaluate source rocks, and identify patterns of oil and gas distribution. Subsequently, a series of research results on SOC geochemical features and sedimentary environment evolution in the China seas was published. Luan (1984, 1985) analyzed the variation in SOC content in borehole data collected from both the East China Sea and the South Yellow Sea, and deciphered the indicative role of SOC content in sedimentary environment evolution. Xu and Li (1985) explored the influence of sediment type and terrestrial input on OC distribution in the Taiwan Strait. During this period, some researchers began to identify the source of sedimentary organic matter using the stable isotopes and characteristic fractions of OC. For example, Shi (1985) summarized the isotopic composition of modern SOC in a systematic manner. Zhu and Brooks (1986) unraveled the sources and distribution characteristics of SOC in the mud area of the East China Sea using stable carbon isotopes. Subsequently, Zhu et al. (1988) elucidated the SOC sources and distribution characteristics in this area on the basis of integration of stable carbon isotopes and OC fractions (i.e., *n*-alkanes and polycyclic aromatic hydrocarbons). Furthermore, research teams such as the Institute of Oceanography of the Chinese Academy of Sciences summarized the spatial distribution patterns of OC in the Bohai Sea (Qin et al., 1985); elucidated the composition of SOC and biomarkers such as sterols, fatty acids, aromatics, and amino acids, and discussed the processes of early diagenesis and provenance of organic matter in the Yangtze River Estuary and Okinawa Trough (Qin et al., 1987); analyzed the sedimentary environment and provenance in the North Yellow Sea through consideration of OC and asphaltenes as well as their fractions in the surface sediments (Qin et al., 1989).

After the 1990s, prominent advances were realized regarding SOC research, accompanied by continuous expansion of the sediment sampling range, increase in international cooperation, and advancement of research methods. At that time, SOC research focused mainly on two aspects: ① the 'source-to-sink' process of organic matter and its controlling mechanisms, and ② the evolution of sedimentary environments, including the provenance, productivity reconstruction, and chemical environment evolution during early diagenetic processes. The first aspect is exemplified by use of stable carbon isotopes to investigate seasonal variation in the content and source of POC in the Yangtze River estuary (Cai et al., 1992), and the influence of hydrodynamics on POC distribution patterns in the estuary (Shi, 1993; Cai and Cai, 1993). An additional example is use of the parameters of clay minerals, metallic elements, and OC to ascertain the influence of the sedimentary environment on the deposition and burial of organic matter in the South Yellow Sea (Zhao, 1993). In relation to the second aspect, biomarkers such as *n*-alkanes and sterols were used to determine the changes in provenance of SOC in the Okinawa Trough (Tang et al., 1993); amino acid compositions and seawater paleotemperature were regarded as indicators to reconstruct the paleoproductivity of the central South Yellow Sea (Lu et al., 1995); organic matter and its stable isotope signatures were employed to indicate the early diagenetic processes of sediments (Wang et al., 1991); and OC, Fe, and Mn were considered as indicators to study the chemical diagenetic processes and to calculate decomposition rates of OC in Meizhou Bay (Chen, 1992). In this period, a book titled 'Geochemistry of Shallow Sea Sediment in China' was published, which contained a map of sedimentary carbon (inorganic and organic) in the Bohai Sea, Yellow Sea, and East China Sea based on systematic analysis of data and information on sedimentary geochemistry (Zhao and Yan, 1994). This achievement represents China's level of SOC research in this field in the 20th century.

Since the beginning of the 21st century, with the carbon cycle becoming the focus of global climate change research, considerable research progress has been made regarding SOC in the China seas. In the past 20 years, researchers have performed systematic studies on the distribution, source, burial, preservation, and controlling mechanisms of SOC. The main results derived are as follows: ① disclosing that soil OC input and marine primary productivity are the principal sources of SOC in the eastern China seas; ② elucidating that mud areas are major pools of terrestrial SOC derived from the Yangtze River and the Yellow River; ③ proposing that sedimentary dynamic processes, such as riverine input, sediment resuspension, and long-distance transport, have prominent influence on the transport and fate of terrestrial SOC; ④ demonstrating that large river input, primary productivity, and continental shelf sedimentation lead to relatively high OC burial capacity; and ⑤ preliminarily estimating that the amount of OC buried in the eastern China seas accounts for ~10% of the OC buried at continental margins globally (Hedges and Keil, 1995; Deng et al., 2006; Hu et al., 2016a; Jiao et al., 2018), which plays an essential part in the global marine carbon cycle and carbon sink effects (Hu et al., 2009, 2011, 2012, 2013; Shi et al., 2016). SOC research has advanced further through the application of conventional and novel biomarkers and radiocarbon (^{14}C) methods (Bao et al., 2016, 2018, 2019; Tao et al., 2015; Yu et al., 2018, 2021; Guo et al., 2021; Zhao et al., 2021; Zhu et al., 2008, 2011a, b, c, 2012, 2013). Specifically, breakthroughs have been achieved in relation to the chemical activity, age, and hydrodynamic control of OC. And the distribution, burial fluxes and carbon sink effect of sedimentary organic carbon in the eastern China seas were systematic summarized (Shi et al., 2024), which have contributed to more comprehensive understanding of SOC burial and its future potential regarding the China seas in the context of global climate change.

Holistic and systematic understanding of SOC distribution characteristics and variation trends in the eastern China seas requires the compilation of a SOC map on the scale of the entire region. Earlier research work has laid the foundation for compiling such a map.

2.3 Compilation specifications and methods

2.3.1 Compilation specifications

Compilation of the SOC map for the Bohai Sea, Yellow Sea, and East China Sea was primarily based on the following: ① the Chinese Offshore Investigation and Assessment Project – Technical Specifications for Marine Sediment Survey (908 Project Office of the State Oceanic Administration of the People's Republic of China, 2006); ② Specification for Oceanographic Survey Part 8 – Marine Geology and Geophysics Survey (GB/T12763.8-2007); and ③ Code of Practice for Marine Bottom Sediment Survey (T/CAOE 42-2021). Based on the number of surveyed stations, the map scale was set at 1: 2,500,000.

2.3.2 Methods and scope of compilation

During the compilation proccss, discrete data points were interpolated into a grid file with 25km×25km resolution using the Kriging method. This interpolation method assumes that the similarity of two points in close proximity is greater than that of two points further apart. Then, an empirical semivariotional function model was used to create a gridded surface of the predicted values.

The burial flux of SOC was calculated using the following equation: $BF_{OC}=OC\times A\times SR\times \rho$, where BF_{OC} is the OC burial flux ($g\cdot a^{-1}$), OC is the OC content (%), A is the area (cm^2), SR is the sedimentation rate ($cm\cdot a^{-1}$), and ρ is the dry density ($g\cdot cm^{-3}$). The dry density of sediments in the Bohai Sea mud was taken as the measured value, whereas the empirical value of 0.95 $g\cdot cm^{-3}$ was used for the mud areas of both the Yellow Sea and the East China Sea (Qiao et al., 2017). The spatial distributions of the total OC (TOC) and SR were obtained by data gridding; then, the TOC and SR grids were converted from the geographic coordinate system to the Mercator projection coordinate system. The OC burial flux within any grid cell was calculated using the equation, and the OC burial flux in the Bohai Sea, Yellow Sea, and East China Sea was obtained as the sum of the OC burial fluxes in the grid cells of different mud areas.

The map was compiled using ArcGIS software (version 10.8; Environment System Research Institute Inc., Redlands, CA, USA). The distribution of OC content was outlined with colors and solid lines on the geographic base map. The map layout and graphical information were as follows: ① scale: 1:2,500,000, within the scope of 21.5°–41.5° N, 117°–131°E; ② projection method: Mercator projection, standard parallel of 30°N, CGCS-2000 coordinate system; and ③ geographic base map: compiled based on the 1:1,000,000-scale national basic geographic database of 2017.

2.4 Data sources

The SOC content data were collected mainly through special survey projects and related international cooperation projects, including the "Sediment Survey of the East China Sea" (1975–1978), "Sediment Survey of the Yellow Sea" (1976–1977), "China's Exclusive Economic Zone and Continental Shelf Survey" (1996–2001), "China–Korea Cooperative Research on Marine Sediment Dynamics of the Yellow Sea" (1998–2000), "Marine Environment Survey and Research of the Northwest Pacific Ocean" (2001–2005), and "Chinese Offshore Investigation and Assessment Project" (2004–2012). Additional data were collected from research reports, articles and theses, including the grain size of surface sediment samples at 18,229 stations, sedimentation rate at 565 stations, sediment dry density at 994 stations, SOC at 5796 stations, sedimentary total nitrogen (TN) at 1920 stations, stable carbon isotope ratio ($\delta^{13}C$) of OC at 988 stations, radiocarbon carbon isotope ratio ($\Delta^{14}C$) of OC at 432 stations, and black carbon (BC) at 302 stations (Figure 2.1). The main data were obtained from sediment surveys and research projects from the "Chinese Offshore Investigation and Assessment Project."

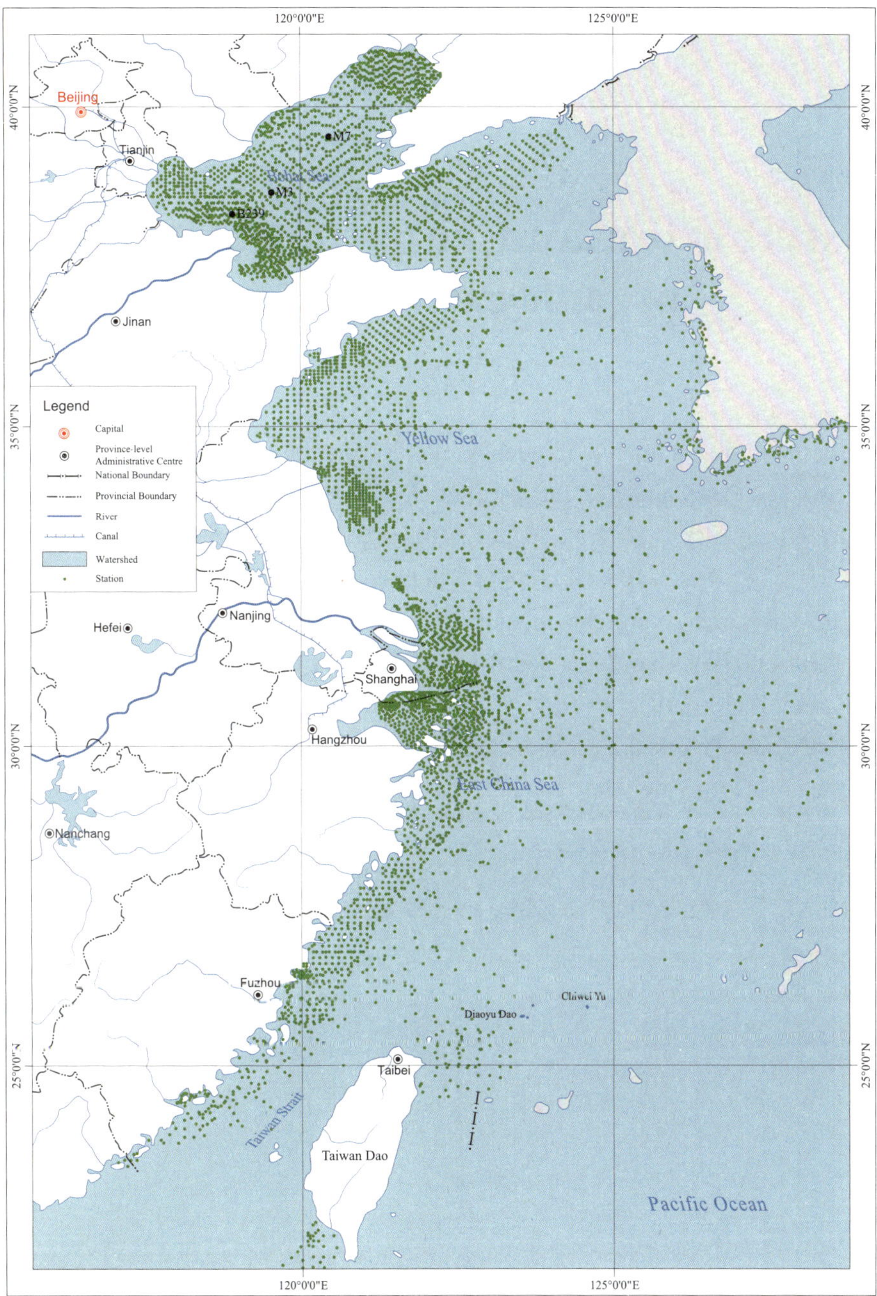

Figure 2.1 Location of stations for organic carbon in surface sediments of the Bohai Sea, Yellow Sea, and East China Sea

This figure shows the surveyed and collected stations. Data of the collected stations were extracted from Aller et al., 1985; Park et al., 1999; Lin et al., 2000; Jeng et al., 2003; Kang and Choi, 2003; Deng et al., 2006; Kao et al., 2006, 2014; Cha et al., 2007; Kong and Park, 2007; Youn and Kim, 2008; Chang et al., 2010, 2015; Xing et al., 2011, 2014; Li et al., 2012; Hu et al., 2012, 2013, 2016a; Wu et al., 2013; Li et al., 2014; Lim et al., 2015; Yao et al., 2015; Amano and Itaki, 2016; Bao et al., 2016, 2018; Tao et al., 2016; Yoon et al., 2016; Cao et al., 2017; Zhang et al., 2017, 2021; Liao et al., 2018; Ma et al., 2018; Zhao et al., 2018, 2021; Matsuzaki et al., 2019; Mei et al., 2019; Kim et al., 2020; Sun et al., 2020a, 2021; Wu et al., 2020; Chen et al., 2021a, 2021b; Guo et al., 2021; Qi et al., 2021; Wang et al., 2021; Yu et al., 2021; Wang et al., 2015

3 Distribution and zonation of sedimentary organic carbon content

On the basis of the cumulative frequency of all data from the surface sediments in the Bohai Sea, Yellow Sea, and East China Sea, the distribution of TOC content was divided as follows (Figure 3.1): cumulative frequency ⩾85%, i.e., TOC ⩾0.71%, means extremely high content; cumulative frequency ⩾75%, i.e., TOC ⩾0.62%, suggests high content; cumulative frequency of 25%–75%, i.e., TOC of 0.28%–0.62%, represents medium content, where cumulative frequency of 50%–75%, i.e., TOC content of 0.45%–0.62%, is defined as a relatively high value and cumulative frequency of 25%–50%, i.e., TOC content of 0.28%–0.45%, is regarded as a relatively low value; cumulative frequency ⩽25%, i.e., TOC ⩽0.28%, indicates low content; and cumulative frequency ⩽15%, i.e., TOC ⩽0.20%, means extremely low content.

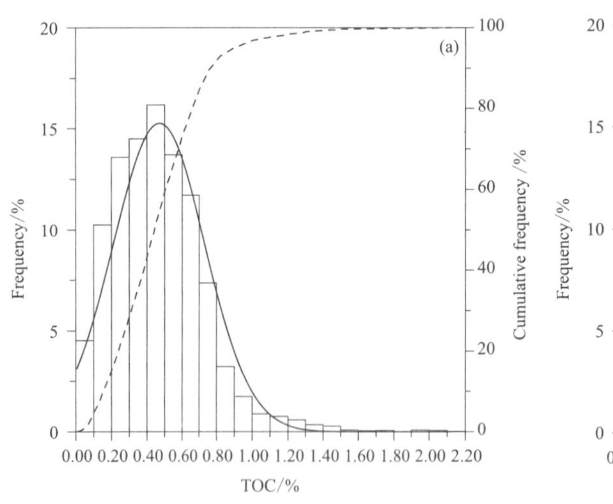

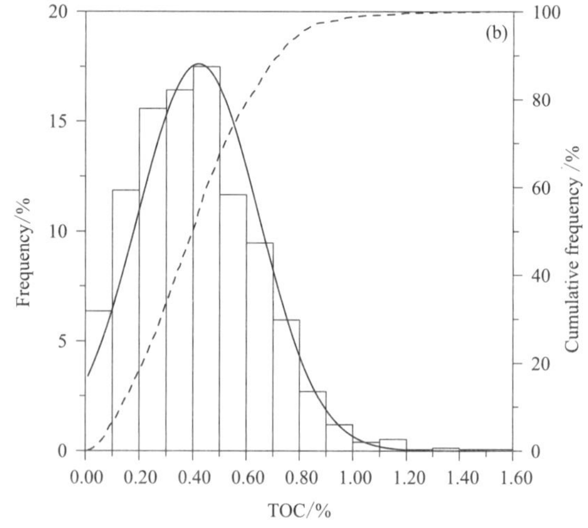

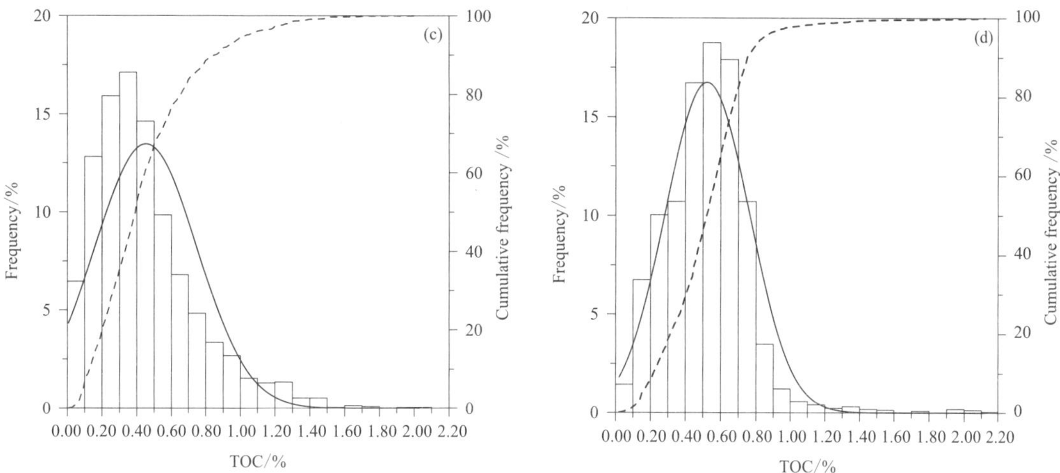

Figure 3.1 Frequency and cumulative frequency distributions of sedimentary organic carbon content in the Bohai Sea, Yellow Sea, and East China Sea

The solid line is the frequency curve fitted with a normal distribution, and the dashed line is the cumulative frequency curve. (a) Bohai Sea, Yellow Sea, and East China Sea, (b) Bohai Sea, (c) Yellow Sea, and (d) East China Sea

3.1 Distribution pattern of sedimentary organic carbon in the Bohai Sea

In the Bohai Sea, the TOC content of the sediments varies in the range of 0.01%–1.51% with a mean value of 0.42%±0.23% (n=1509) (Figure 3.2). High TOC contents mainly appear in western parts of Laizhou Bay adjacent to the Yellow River estuary, the Bohai Sea mud area, and the southwest of Liaodong Bay. In those areas, extremely high TOC contents occur primarily in the Bohai Sea mud area and occasionally in the Xiaoqing River estuary in the southwest of Laizhou Bay. Low TOC contents are primarily found in the areas of the Liaodong Shoal, Bozhong Shoal, and southern Liaodong Bay, as well as in the Luanhe River estuary to Caofeidian, northern Yellow River Delta, eastern parts of Laizhou Bay, and at the northern apex of Liaodong Bay. In some of those areas, there are extremely low TOC contents with a small interval. Medium TOC contents are found predominantly in the north of Liaodong Bay, surrounding areas adjacent to the Bohai Sea mud area, and in the Bohai Strait.

Considering the different areas of the Bohai Sea, there are generally low TOC contents in Liaodong Bay. Low TOC content, i.e., <0.28%, are present around the estuaries of the Daling River, Xiaoling River, and Liaohe River at the northern apex of Liaodong Bay, and in most areas in the center and south of Liaodong Bay that extend westward from the estuary of Liugu River in the northwest to the north of Fuzhou Bay. Extremely low TOC contents are found around the Liugu River estuary and the west of the Daliao River estuary. Relatively high TOC contents of ~0.45% show patchy distribution off the Liaohe River estuary and in the southwest of Liaodong Bay, with the remaining areas having relatively low TOC content.

In the Bohai Bay, high TOC contents exist in the central eastern part, with extremely high values in local areas. Low TOC contents are mainly located in the northern Yellow River subaqueous delta and nearshore area of Caofeidian, and these areas have a sporadic distribution of extremely low values. Moderate TOC contents occur beyond the north-central and southern parts of Bohai Bay with low values. Vast landward areas of the north-central and southern bay have relatively low TOC content, whereas large areas spanning from the western coast of Bohai Bay to the east have relatively high TOC content.

In Laizhou Bay, high TOC contents are distributed in the coastal area off the Xiaoqing River estuary. Extremely high values appear in a large area immediately south of the estuary, and this area has the highest TOC content in the Bohai Sea. Low TOC contents display only sporadic distribution with limited coverage in northeastern and northwestern parts of Laizhou Bay, where extremely low values are distributed to the east of the line connecting the Yellow River–Xiaoqing River estuaries. Excluding the high values off the Xiaoqing River estuary and the low values in northwestern and northeastern parts of Laizhou Bay, medium TOC contents are found across all the other areas. Relatively high values are found in a broad area in the southwest of Laizhou Bay—which extends from the Yellow River estuary to the southern coast of Laizhou Bay—and in northeastern parts of Laizhou Bay. Relatively high values occur in large areas of eastern and northern parts of Laizhou Bay.

In the central Bohai Sea, the TOC contents are generally high within the mud area. Specifically, extremely high TOC contents occur in vast areas of the northeast and sporadically in areas of the west and south. Generally, low TOC contents (i.e., mostly <0.28%) are evident in other areas such as the Bozhong Shoal, Liaodong Shoal, and Luanhe River estuary. Extremely low TOC contents exist sporadically in areas such as the Bozhong Shoal. Relatively high TOC contents occur in peripheral areas beyond the central Bohai Sea mud area, whereas relatively low TOC contents appear in large parts of the central-east area, and in northeastern and southwestern parts.

The Bohai Strait mainly has relatively low TOC contents, with low values in a small range of Laotieshan waterway that contrast the relatively high values between Changdao and Tuoji Island.

3.2 Distribution characteristics of sedimentary organic carbon in the Yellow Sea

In the Yellow Sea, the TOC contents of the sediments range between 0.00% and 2.03%, with a mean value of 0.45%±0.30% (n = 2092) (Figure 3.2). High TOC contents are predominantly located in the north and in southern areas of the Shandong Peninsula coastal mud, central Yellow Sea w mud, abandoned Yellow River estuary mud, southeastern Yellow Sea mud, and in the coastal area of Dalian and the southern Korean Peninsula. There are extremely high TOC contents in the central or coastal parts of these areas, excluding the abandoned Yellow River estuary mud. Low TOC contents are principally distributed in areas with coarse sediment grain sizes, including the area on the eastern side of Bohai Strait, most areas on the western side of the Korean Peninsula, and most of the Jiangsu coastal area, excluding the abandoned Yellow River estuary. In those areas, extremely low values emerge in sand ridges and sheets in the eastern Yellow Sea, as well as radial sand ridges off northern Jiangsu Province. Medium TOC contents are evident in large areas, mainly on the northern and eastern sides of the northern part of the Shandong Peninsula coastal mud, eastern and southern sides of the Shandong Peninsula, in the coastal area of Qingdao, the periphery of the abandoned Yellow River estuary mud, central-west part of the Yellow Sea, and in the vast area between the western coast of Korea and the central Yellow Sea mud. Overall, the spatial distribution of TOC content shows remarkable variation in the Yellow Sea.

From a zonal perspective, the distribution pattern of TOC content consists of one high-value center and two low-value areas in the North Yellow Sea. High TOC contents occur on the eastern side of the Bohai Strait, between the Shandong Peninsula and the Liaodong Peninsula. Within the Shandong Peninsula coastal mud, extremely high TOC contents appear only at water depths of 30–50m in the North Yellow Sea. The TOC contents are not very high in other parts of the mud area of the Shandong Peninsula (0.45%–0.62%). In the West Korea Bay, there is a large area of a coarse-grained deposit with generally low TOC content (<0.28%). Medium TOC contents are evident in vast areas on the eastern and western edges of the coastal mud area of the Shandong Peninsula. Relatively high TOC contents are found near the mud area, whereas relatively low TOC contents are evident close to the Bohai Strait and the western coast of North Korea.

In the South Yellow Sea, five areas have high TOC content: the area south of the Rushan coast along the Shandong Peninsula, the central Yellow Sea mud, abandoned Yellow River estuary mud, southeastern Yellow Sea mud, and the coastal mud at the southern tip of the Korean Peninsula. Extremely high TOC contents are widespread in the Shandong Peninsula mud in the area offshore of Rushan, north-central and southern parts of the central Yellow Sea mud, and the Korea Strait. The TOC contents exceed 0.90% in the mud area in the central Yellow Sea north of 35°N, and in the Nakdong River and adjacent estuary area off Korea. Low TOC contents are widespread in Haizhou Bay off Lianyungang, in the offshore area of southern Jiangsu Province, and to the west of the Korean Peninsula, with extremely low values in areas of coarse-grained deposit. The TOC content is medium over extensive areas off the coast of Jiangsu Province and in the coastal area of the Korean Peninsula on the Yellow Sea side.

3.3 Distribution characteristics of sedimentary organic carbon in the East China Sea

In the East China Sea, the TOC contents of the sediments fall in the range of 0.02%–2.12% with a mean value of 0.52%±0.24% (n = 2195) (Figure 3.2). High TOC contents are mainly located in the coastal area of Ningbo–Taizhou and Wenzhou–Fuzhou in the Zhemin coastal mud, in addition to the mud of southwest Jeju Island, central and northern Okinawa Trough, Xiamen coastal area, and to the southwest and northeast of Taiwan Island. Extremely high TOC contents chiefly occur in the coastal area of Ningbo–Taizhou, Wenzhou–Fuzhou, and Xiamen on the East China Sea inner shelf, as well as in the mud of southwest Jeju Island, Taoyuan coastal areas, to the northeast and southwest of Taiwan Island, and in the north-central area of the Okinawa Trough. Low TOC contents exist in vast areas primarily spanning from the 60m isobath of the East China Sea to deeper areas in the Okinawa Trough, with extremely low values in the sand area off the Yangtze River estuary, the sand deposit area on the outer shelf of the East China Sea, and the area north of Taiwan Island. Medium TOC contents are mainly distributed within the northern outer shelf area of the East China Sea and Taiwan Strait. The overall distribution of TOC content in the East China Sea is characterized by high values in the inner shelf area, Okinawa Trough, and mud of southwest Jeju Island, which surround the outer shelf area and the Taiwan Strait that have low values.

In terms of zonation, the TOC content is generally >0.45% (medium content) over the inner shelf of the East China Sea. There are several extremely high values in the mud areas, including the eastern side of the Jiushan Islands–Dongji Islands–Taizhou Islands and the adjacent areas of the Oujiang River and Minjiang River estuaries. Moreover, extremely high contents occur near the Jiulong River and Dongxi River estuaries. Low TOC contents are mainly located off the Yangtze River estuary, on the eastern side of the Shengsi Islands of Zhejiang Province, over the outer shelf, and in the south-central Taiwan Strait. Extremely low TOC contents are concentrated in the deposit area of tidal sand ridges immediately off the Yangtze River estuary, as well as in the sand deposit area on the outer shelf and in the south-central Taiwan Strait. In the west of outer shelf of the East China Sea and the north of the Taiwan Strait, TOC contents are generally <0.45% and their overall distribution is relatively uniform, despite sporadic patches with high TOC contents. Relatively high TOC contents (⩾0.62%) are distributed in the mud of southwest Jeju Island in the northeastern East China Sea, and there are patches with extremely high values. Overall, the TOC content is extremely high (⩾0.90%) in the Okinawa Trough, reaching 1.00% or higher in some areas to the northeast of Taiwan and in central and northern parts of the Okinawa Trough, with a maximum value of 2.12%.

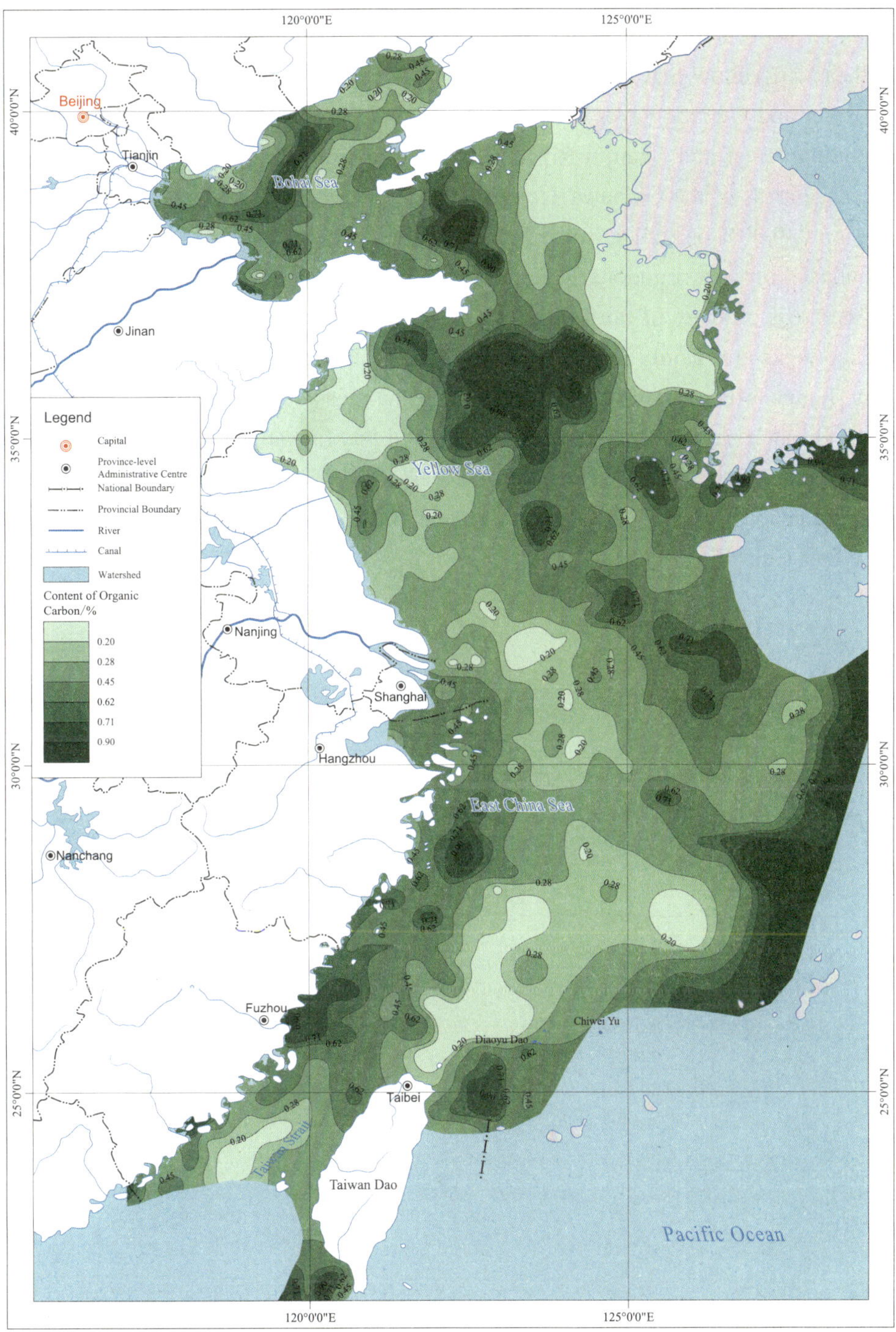

Figure 3.2 Sketch map of the distribution of sedimentary organic carbon content in the Bohai Sea, Yellow Sea, and East China Sea

In summary, the TOC contents of sediments range from 0~2.12% in the Bohai Sea, Yellow

Sea, and East China Sea, with a mean value of 0.47%±0.26% (n = 5796). High TOC contents are predominantly distributed in the Bohai Sea mud, central North Yellow Sea, central Yellow Sea mud, southeastern Yellow Sea mud, to the east of the Dongji Islands and Jiushan Islands, in the Minjiang River and Oujiang River deltas and their adjacent areas, the mud of southwestern Jeju Island, Luodong River and Chanjin River deltas, to the northeast and southwest of Taiwan, and in north-central areas of the Okinawa Trough. In those areas, TOC contents reach extremely high levels, i.e., up to 0.90% or higher, in the Xiaoqing River estuary, central North Yellow Sea, north-central South Yellow Sea, Luodong River and Qianjin River deltas, Minjiang River and Oujiang River deltas, areas offshore of northeastern and southwestern Taiwan, and the Okinawa Trough. Low TOC contents are mainly located in the south of Liaodong Bay, the Liaodong Shoal, West Korea Bay, Jianghua Bay, Jiangsu coast (excluding the areas surrounding the abandoned Yellow River estuary), outer shelf of the East China Sea, and the Taiwan Strait. Among them, the TOC content is broadly <0.20% in the vicinity of the West Korea Bay and Jianghua Bay in the eastern Yellow Sea, Haizhou Bay and its neighboring areas in the western Yellow Sea, and on the outer shelf of the East China Sea.

4 Sources identification of sedimentary organic carbon

Marine SOC can be divided into two major types: OC_{ter} and OC_{mar}. In continental shelf areas, OC_{ter} is principally provided by rivers, whereas OC_{mar} is produced by marine biological activities. Typically, OC_{mar} primarily contains the OC fixed by marine primary producers via the biological pump, in addition to organic materials such as animal and microbial residues, excreta, and decomposed products (Scheingross et al., 2021), whereas OC_{ter} consists mainly of recent vascular plant detritus, soil OC, fossil OC released by rock weathering, and BC (Galy et al., 2007; Shi et al., 2016, 2024). The OC derived from vascular plant detritus is produced through atmospheric CO_2 adsorption and fixation by terrestrial vegetation as primary producers, which plays a role in directly reducing atmospheric CO_2 concentrations. The ratio of TOC to TN (C/N, by mass) indicates the source of organic matter; generally, organic matter from terrestrial inputs has a C/N ratio of >15 (Meyers, 1994), whereas the C/N ratio of organic matter from marine inputs is 5–7 (Redfield et al., 1963). The $\delta^{13}C$ of OC is also one of the critical indicators used for distinguishing OC sources. Generally, the $\delta^{13}C$ of terrestrial C_3 plants ranges from −22‰ to −33‰ with a mean value of −27‰, whereas the $\delta^{13}C$ of C_4 plants is between −9‰ and −16‰ with a mean value of −13‰ (Blair and Aller, 2012). The Yellow River basin is dominated by C_3 plants with a mean $\delta^{13}C$ value of −26.7‰±4.18‰, which is close to the $\delta^{13}C$ value of C_3 plants in the Yangtze River basin (Sun et al., 2021; Yu et al., 2021; Zhao et al., 2021). The mean $\delta^{13}C$ value of OC_{mar} is −20.0‰±1.00‰ in the China seas (Wang et al., 2015). Based on the $\delta^{13}C$ values of SOC in the Bohai Sea, Yellow Sea, and East China Sea, the respective contribution ratios of OC_{ter} and OC_{mar} can be obtained using a two-endmember model with the following formulae:

$$f_{ter} + f_{mar} = 1$$

$$f_{ter} \cdot \delta^{13}C_{ter} + f_{mar} \cdot \delta^{13}C_{mar} = \delta^{13}C_{OC}$$

where f_{ter} and f_{mar} are the fractions of OC_{ter} and OC_{mar}, respectively; $\delta^{13}C_{ter}$ and $\delta^{13}C_{mar}$ are the isotope ratios of OC_{ter} and OC_{mar}, respectively; and $\delta^{13}C_{OC}$ is the isotope ratio of OC in the sample.

The age and fraction modern (Fm) of OC can be obtained by analyzing the $\Delta^{14}C$ of SOC. Furthermore, key parameters such as the biospheric OC (OC_{bio}) content, petrogenic OC (OC_{petro})

content, and the fraction modern of OC_{bio} (Fm_{bio}) can be used to indicate SOC lability, and to distinguish the proportions and contributions of various carbon pools (Bao et al., 2016; Hilton, 2017). OC_{bio} can influence the net size and residence time of carbon in the marine pool (Galy and Eglinton, 2011; Hilton et al., 2012). On a geologic timescale, the transport of OC_{bio} in rivers and its burial in marine sedimentary environments are crucial negative feedback mechanisms for elevated atmospheric CO_2 concentrations (Berner, 1982). OC_{bio} and OC_{petro} are calculated using the following formulae (Galy et al., 2008):

$$Fm_{bio} \cdot OC_{bio} + Fm_{petro} \cdot OC_{petro} = Fm \cdot OC$$

$$OC_{bio} + OC_{petro} = OC$$

$$Fm = \frac{\Delta^{14}C/1000 + 1}{e^{-\lambda\ (t-1950)}}$$

where OC, OC_{bio}, and OC_{petro} are the total, biospheric, and petrogenic OC contents, respectively; Fm is the modern fraction, λ is the decay constant, and t is the sampling time.

The Fm of OC_{petro} (Fm_{petro}) is 0, which means that $Fm \cdot OC = Fm_{bio}(OC - OC_{petro})$. This yields a linear regression curve for Fm·OC vs. OC, with slope Fm_{bio} and an intercept-to-slope ratio of OC_{petro}. OC_{bio} is defined as the difference between OC and OC_{petro}; terrestrial-biospheric OC ($OC_{bio\text{-}ter}$) is the difference between OC_{ter} and OC_{petro}; and marine-biospheric carbon ($OC_{bio\text{-}mar}$) is the difference between OC_{bio} and $OC_{bio\text{-}ter}$.

BC is an essential fraction of marine SOC that accounts for 15%–30% of the SOC content (Middelburg et al., 1999). As a highly refractory residue resulting from incomplete combustion of biomass and fossil fuels, BC consists of non-pure carbonaceous particles (Kuhlbusch, 1998). This allows BC to serve as a vital indicator of OC derived from anthropogenic sources. BC is highly inert/stable because it has a highly aromatized structure and is refractory to microbial degradation (Hu et al., 2016b). After BC is emitted, a large proportion (micron-scale char and charcoal) is stored in the autochthonous soil, with a small proportion (submicron-scale soot) released into the atmosphere. The latter eventually might migrate to the ocean through atmospheric deposition and river transport pathways, followed by deposition and burial in seafloor sediments (Middelburg et al., 1999; Wang et al., 2016). The property of inertness of BC enables long-term preservation in sediments, which makes a substantial contribution and holds great importance regarding the stable burial of OC (Ramanathan and Carmichael, 2016). BC is buried in marine sediments as ‘dead carbon’, which represents a major part of the ‘missing carbon’ in the global carbon cycle. On the global scale, BC is buried predominantly on coastal continental shelfs with an estimated burial capacity of 18 Mt $C \cdot a^{-1}$, which is in marked contrast to the estimated burial capacity of only 2 Mt $C \cdot a^{-1}$ in the open ocean (Suman et al., 1997).

4.1 C/N ratio

Based on the cumulative frequency of all C/N ratio data from the sediments in the Bohai Sea,

Yellow Sea, and East China Sea, the distribution of sediment C/N ratios was divided as follows: cumulative frequency ⩾75%, i.e., C/N ratio ⩾8.0, represents a high value; cumulative frequency ⩽25%, i.e., C/N ratio ⩽6.1, indicates a low value; and 25% < cumulative frequency < 75%, i.e., 6.1 < C/N ratio < 8.0, represents a medium value.

In the Bohai Sea, the C/N ratios of sedimentary organic matter range from 2.3–21.8 with a mean value of 7.5±3.2 (n = 132) (Figure 4.1). The distribution of the C/N ratio shows certain similarity to that of the TOC content. High C/N ratios occur in peripheral areas adjacent to estuaries such as those of the Yellow River and the Haihe River, with relatively low values in extensive areas from southern and eastern parts of Laizhou Bay to the eastern Bohai Sea. In contrast to high TOC contents with continuous distribution, high C/N ratios are restricted to estuaries and their peripheral areas. The highest C/N ratio (21.8) of the sediments in the Bohai Sea appears at the Yellow River estuary, and other high C/N ratios are found in areas surrounding the Yellow River estuary, western Laizhou Bay, off the Haihe River and Luanhe River estuaries, and in the Liaohe River estuary. Low C/N ratios are mostly located in the northern Yellow River Delta, Bozhong Shoal, and Liaodong Shoal, as well as in coastal areas extending from southern to northeastern parts of Laizhou Bay.

In the Yellow Sea, the C/N ratios of sedimentary organic matter vary in the range of 1.3–23.6 with a mean value of 7.6±2.6 (n = 1140), and their overall spatial variability is remarkably higher than that in the Bohai Sea (Figure 4.1). The distribution pattern of the C/N ratio generally mirrors that of the TOC content. High C/N ratios are clustered in the area offshore of Dalian, on the southern side of the Shandong Peninsula, in the abandoned Yellow River estuary mud, and in northern and southwestern parts of the central Yellow Sea mud. Sporadic distribution of high C/N ratios is found in the northern area of the Shandong Peninsula mud, Haizhou Bay, and the area offshore of Jiangsu Province in the northern Yangtze River estuary. Low C/N ratios are mainly located in sand deposit areas on the eastern side of the Yellow Sea, and off Haizhou Bay and in the Subei Shoal in the west of the Yellow Sea.

In the East China Sea, the C/N ratios of sedimentary organic matter range from 2.1–28.1 with a mean value of 8.1±3.3 (n = 648; Figure 4.1). The distribution of the C/N ratio is similar to that of the TOC content. There are higher C/N ratios in areas receiving substantial terrestrial inputs, such as the Yangtze River estuary, Zhemin coastal mud, and the Minjiang River and Jiulong River estuaries off the Fujian coast, whereas lower C/N ratios are distributed in the sand deposit area and outer shelf area of the East China Sea. High C/N ratios occur sporadically in the Yangtze River estuary and inner-shelf mud areas, the nearshore area off Fujian in the Taiwan Strait, and the northern outer shelf area. Low C/N ratios are primarily distributed in most areas of the outer shelf of the East China Sea. The spatial distribution of C/N ratios shows a trend of gradual decline outward from the Yangtze River estuary as well as from the inner shelf.

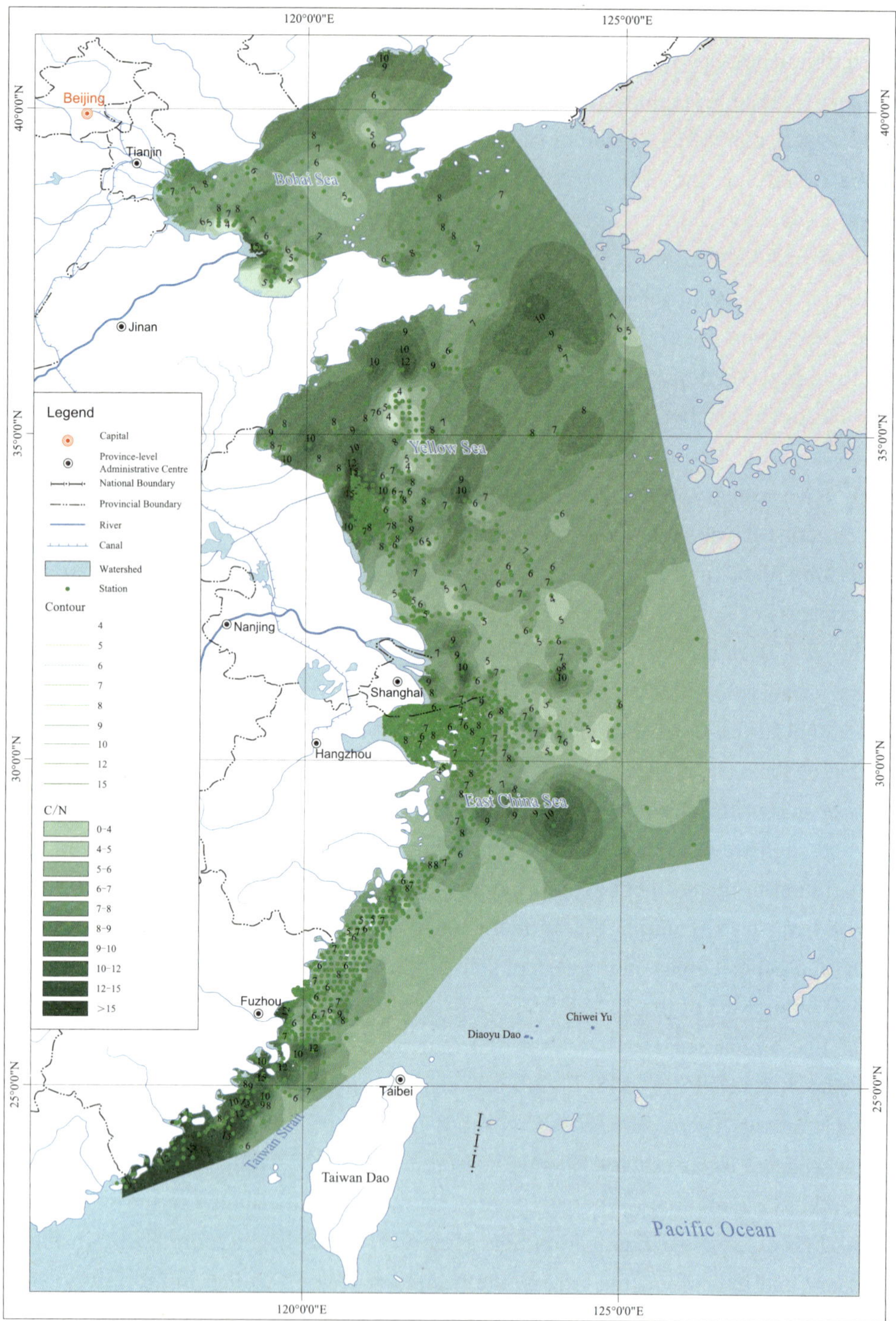

Figure 4.1 Distribution of C/N ratios of sedimentary organic matter in the Bohai Sea, Yellow Sea, and East China Sea

In summary, the C/N ratios of the sediments range from 1.3–28.1 in the Bohai Sea, Yellow Sea, and East China Sea, with a mean value of 7.8±2.9 (n = 1920; Figure 4.1). The distribution of the C/N ratio is somewhat similar to that of the TOC content. Generally, the TOC content and the C/N ratio are both high in mud areas and estuaries strongly influenced by terrestrial sources, and low in sand areas. However, a clustered distribution of high C/N ratios (>9.3) exists at the southwestern edge of the central Yellow Sea mud, where the corresponding TOC contents are <0.40%. Owing to the possible influence of inorganic nitrogen, sedimentary dynamical environments, and microbial action on the C/N ratio in coastal sediments, uncertainties remain regarding the indicative role of the C/N ratio of coastal sedimentary organic matter for OC provenance (Hu et al., 2013; Shi et al., 2016, 2024).

4.2 Stable carbon isotope ratio ($\delta^{13}C$)

Based on the cumulative frequency of all $\delta^{13}C$ data from the sediments in the Bohai Sea, Yellow Sea, and East China Sea, the distribution of SOC $\delta^{13}C$ was divided as follows: cumulative frequency $\geqslant$75%, i.e., $\delta^{13}C \geqslant -21.58‰$, means a high value; cumulative frequency $\leqslant$25%, i.e., $\delta^{13}C \leqslant -22.61‰$, represents a low value; and 25% < cumulative frequency < 75%, i.e., $-22.61‰ < \delta^{13}C < -21.58‰$, represents a medium value. The OC_{ter} fraction data were divided based on the cumulative frequency as follows: cumulative frequency $\geqslant$75%, i.e., OC_{ter} fraction $\geqslant$ 37.3%, is considered a high value; cumulative frequency $\leqslant$25%, i.e., OC_{ter} fraction $\leqslant$ 37.3%, is considered a low value; and 25% < cumulative frequency < 75%, i.e., 37.3% < OC_{ter} < 77.5%, is considered a medium value. The OC_{mar} fraction data were divided based on the cumulative frequency as follows: cumulative frequency $\geqslant$75%, i.e., OC_{mar} fraction $\geqslant$77.5%, is taken as a high value; cumulative frequency $\leqslant$25%, i.e., OC_{mar} fraction $\leqslant$37.3%, is considered a low value; and 25% < cumulative frequency < 75%, i.e., 37.3% < OC_{mar} < 77.5%, is considered a medium value.

In the Bohai Sea, the $\delta^{13}C$ values of SOC are between −25.80‰ and −20.95‰ (mean: −22.35±0.66‰, n = 158). Their overall spatial distribution shows generally high heterogeneity with relatively low values, most of which are lower than −21.58‰ (Figure 4.2). Relatively high $\delta^{13}C$ values ($\delta^{13}C > -22‰$, relatively enriched) are mainly located in the southern Liaodong Bay and eastern Bohai Bay, as well as the area extending from the southeast of Laizhou Bay to the central Bohai Sea close to the Bohai Strait. Low $\delta^{13}C$ values ($\delta^{13}C < -22.61‰$, relatively depleted) are concentrated in the areas surrounding the Yellow River estuary, nearshore area at the northern apex of Liaodong Bay, and in Fuzhou Bay. Within those areas, extremely low $\delta^{13}C$ values ($\delta^{13}C < -23.10\%$) occur on the northern side of the Yellow River estuary. The OC_{ter} fraction of the sediments in the Bohai Sea accounts for 13.5%–82.9% of the total SOC with a mean value of 33.5%, and high values are principally distributed in the nearshore areas of the Yellow River, Luanhe River, Liugu River, and Liaohe River estuaries, as well as in the north of Laizhou Bay in the southern Bohai Sea (Figure 4.3). The proportions of the OC_{mar} fraction are 17.1%–86.5%

with a mean value of 66.5% (Figure 4.4), and high values are distributed sporadically in the southern Liaodong Bay and in the mouth of Bohai Bay. Overall, the SOC in the Bohai Sea is dominated by the contribution from marine sources (mean: 66.5%), and is mainly distributed in the central Bohai Sea far from the terrestrial inputs of rivers. In contrast, the OC_{ter} fraction is dominant in areas surrounding estuaries such as the Yellow River and Luanhe River estuaries.

In the Yellow Sea, the $\delta^{13}C$ values of SOC range from −24.20‰ to −20.00‰ with a mean value of −22.17‰±0.70‰ (n = 233) (Figure 4.2). The $\delta^{13}C$ values exhibit a distribution similar to that of TOC contents and C/N ratios only in the North Yellow Sea, whereas their distributions in the other areas of the Yellow Sea are largely inconsistent. High $\delta^{13}C$ values mainly appear in Haizhou Bay, the offshore area of Qingdao, the northwestern and southern areas of the central Yellow Sea mud, the eastern side of the Yellow Sea, and the area offshore of southern Jiangsu Province. Among those areas, Haizhou Bay has extremely high $\delta^{13}C$ values (>−20.70‰). Low $\delta^{13}C$ values are chiefly found in the offshore area of Dalian, northern side of the Shandong Peninsula coastal mud, the central Yellow Sea mud, and abandoned Yellow River estuary and its surrounding areas. The OC_{ter} fraction of the sediments in the Yellow Sea is 2.9%–60.0% with a mean value of 31.2%, and high values primarily exist in the offshore area of Dalian, northern area of the Shandong Peninsula coastal mud, western part of the central Yellow Sea mud, and abandoned Yellow River estuary (Figure 4.3). The proportion of OC_{mar} fraction is 0–97.1% with a mean value of 68.8%, and its high values are mainly located in Haizhou Bay, the area offshore of Qingdao, the eastern Yellow Sea, and eastern-central area of the central Yellow Sea mud (Figure 4.4). Generally, the SOC in the Yellow Sea is predominantly contributed by OC_{mar} (mean: 68.8%), mainly in the sand areas and in the central Yellow Sea coastal mud. The contribution of OC_{ter} is mainly found on the outer side of the Shandong Peninsula mud, influenced by the Yellow River inflow, and on the western side of the central Yellow Sea coastal mud and in the abandoned Yellow River estuary. Although the major contributor to sedimentary organic matter in the Yellow Sea is marine primary productivity, as indicated by the $\delta^{13}C$ values, the signal of terrestrial organic matter is striking in the sediments along the main flow path of Yellow River in the North Yellow Sea. The contribution of OC_{ter} in the central Yellow Sea mud is less than that in the North Yellow Sea, but it is generally greater than that in other areas.

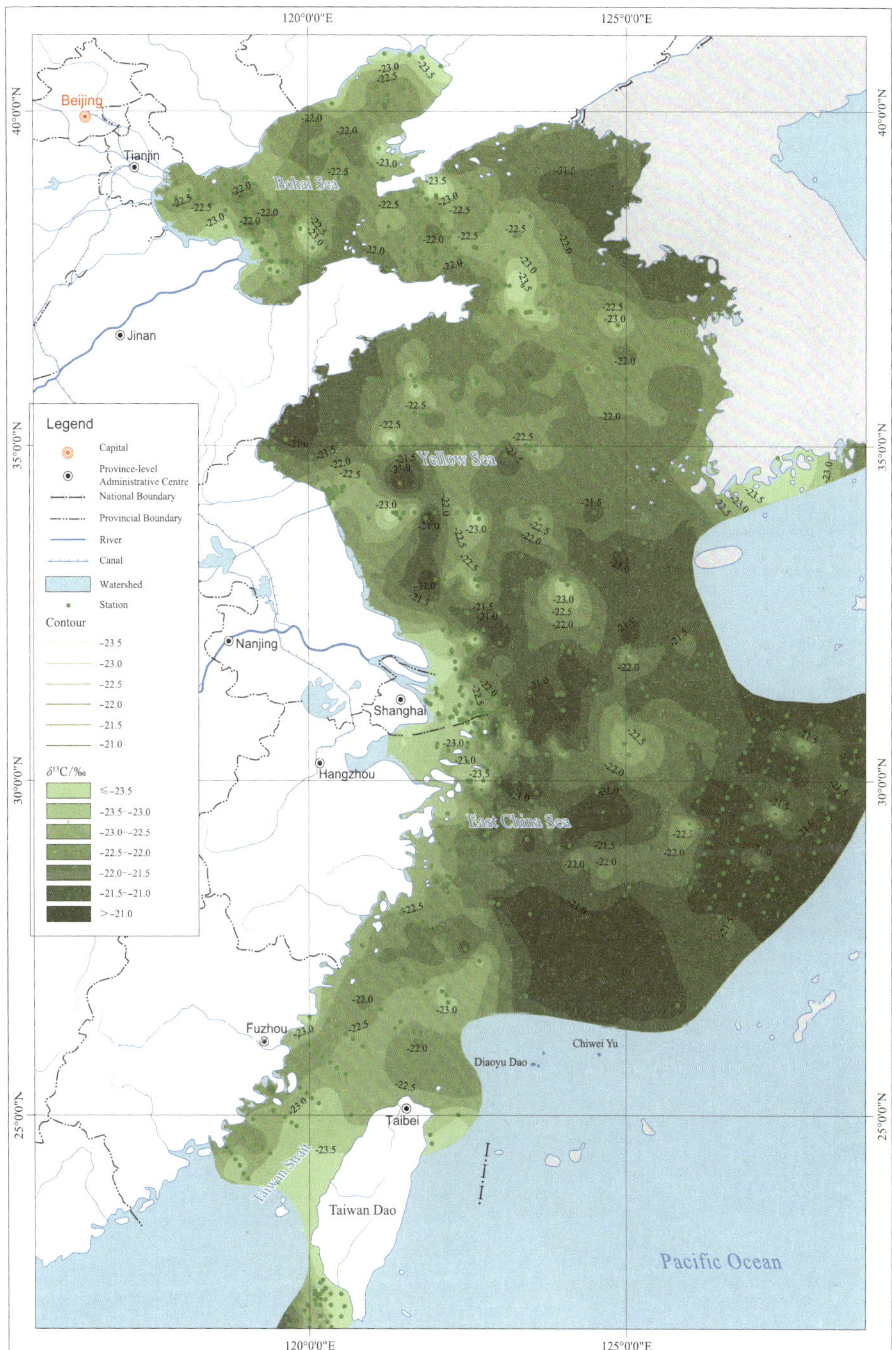

Figure 4.2 Distribution of stable isotope ratio ($\delta^{13}C$) of sedimentary organic carbon in the Bohai Sea, Yellow Sea, and East China Sea

This figure includes the surveyed and collected stations. Data of the collected stations were extracted from Kao et al., 2006, 2014; Zhu et al., 2008; Xing et al., 2011, 2014; Hu et al., 2012, 2016a; Li et al., 2014; Yao et al., 2015; Tao et al., 2016; Yoon et al., 2016; Zhang et al., 2017; Liao et al., 2018; Ma et al., 2018; Zhao et al., 2018, 2021; Mei et al., 2019; Sun et al., 2020a, 2021; Wu et al., 2020; Chen et al., 2021a, b; Guo et al., 2021; Qi et al., 2021; Wang et al., 2021; Yu et al., 2021; Zhang et al., 2021; Wang et al., 2015; Song et al., 2022

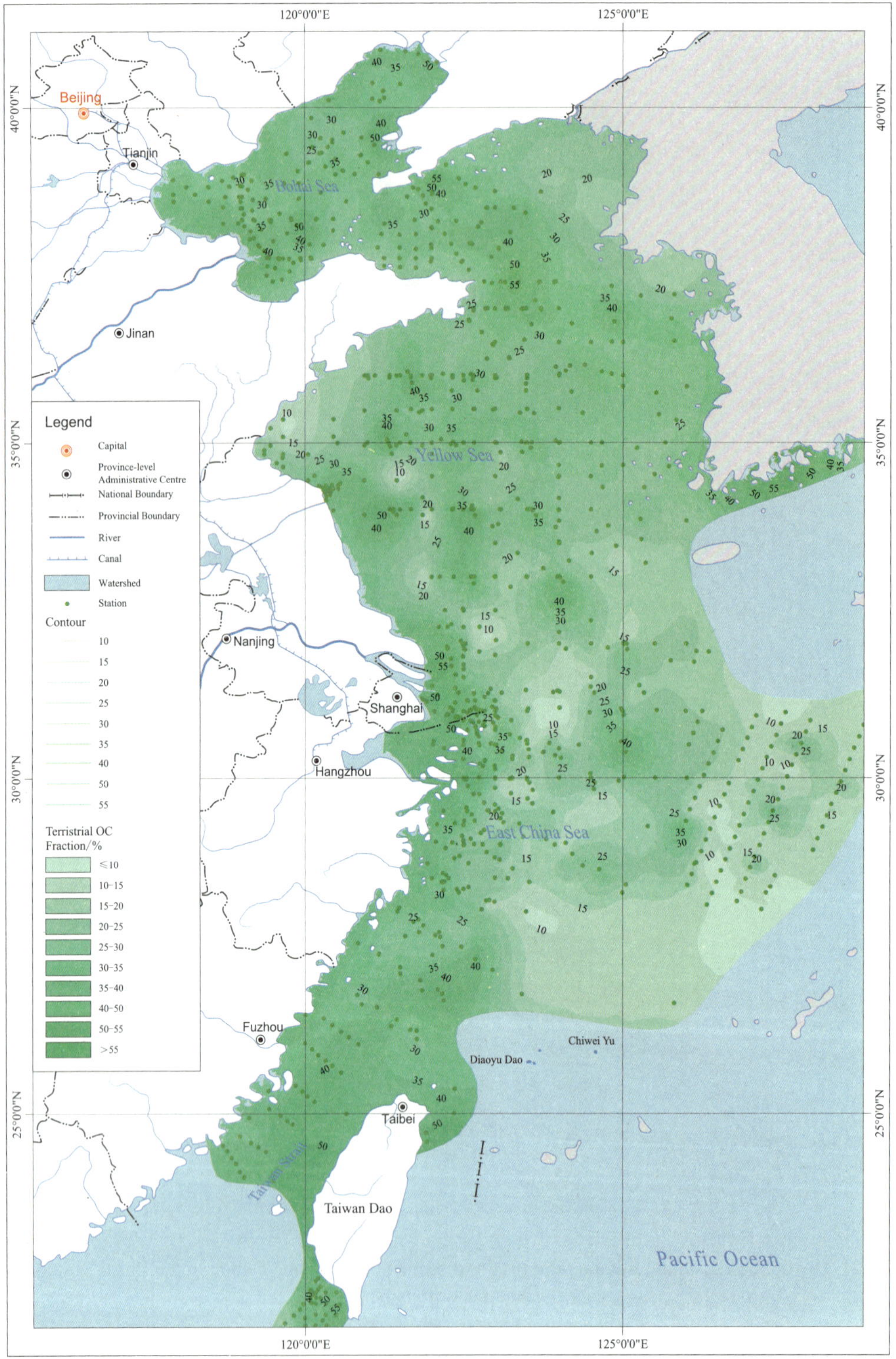

Figure 4.3 Distribution of terrestrial organic carbon fraction (OC_{ter}) in sediments of the Bohai Sea, Yellow Sea, and East China Sea

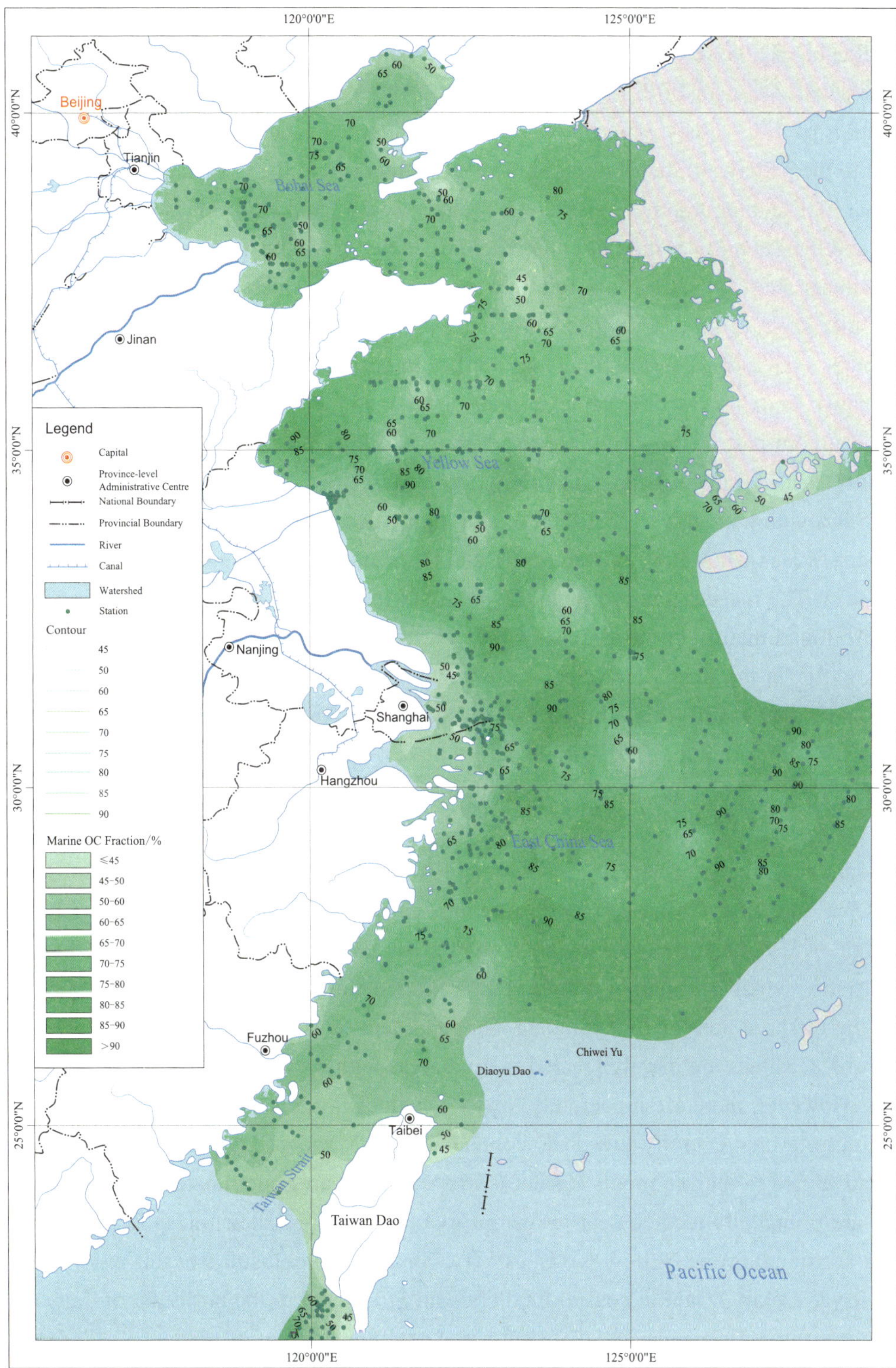

Figure 4.4 Distribution of marine organic carbon fraction (OC_{mar}) in sediments of the Bohai Sea, Yellow Sea, and East China Sea

In the East China Sea, the $\delta^{13}C$ values of SOC range from −25.25‰ to −20.00‰ with a mean value of −22.05‰±1.02‰ (n = 597), and they show noticeably higher spatial heterogeneity than those observed in both the Bohai Sea and the Yellow Sea (Figure 4.2). The overall distribution of $\delta^{13}C$ values of sedimentary organic matter in the East China Sea is somewhat relevant to the patterns of distribution of the TOC contents and the C/N ratios. Specifically, there are higher TOC contents and C/N ratios with relatively depleted $\delta^{13}C$ values in the Yangtze River estuary and the Zhemin coastal mud dominated by inputs from the Yangtze River, whereas lower TOC contents and C/N ratios with relatively enriched $\delta^{13}C$ values are evident in the sand area on the outer shelf. High $\delta^{13}C$ values show patchy distribution, mainly in the sand deposit area on the outer shelf and its surroundings, as well as in large areas in central and northern parts of the Okinawa Trough. Low $\delta^{13}C$ values primarily occur in the area off the Yangtze River estuary and the southern part of the Zhemin coastal mud, in addition to the Taiwan Strait and the area to the northeast of Taiwan Island. The OC_{ter} fraction of the sediments in the East China Sea is 1.4%–75.0% with a mean value of 29.4%, and high values are principally found in the Yangtze River estuary, Hangzhou Bay, Taiwan Strait, and to the northeast and southwest of Taiwan Island (Figure 4.3). The marine fraction is 25.0%–98.6% with a mean value of 70.6%, and high $\delta^{13}C$ values are found mainly in most areas of the outer shelf (Figure 4.4). Overall, the sedimentary organic matter in the East China Sea is predominantly contributed by marine sources (mean: 70.6%), and it is mainly distributed in sand areas and in inner shelf areas far from river estuaries. The contribution of terrestrial sources mainly exists in proximal deposit areas strongly influenced by rivers, and its distribution shows a notable trend of decline outward from the inner shelf.

In summary, the $\delta^{13}C$ values of SOC range from −25.80‰ to −20.00‰ in the Bohai Sea, Yellow Sea, and East China Sea, with a mean value of −22.13‰±0.91‰ (n = 988; Figure 4.2). High $\delta^{13}C$ values primarily occur in sand areas where TOC contents and C/N ratios are relatively low, which are mainly distributed on the Korean Peninsula side of the North Yellow Sea, in the offshore area of Lianyungang–Qingdao, and over the outer shelf of the East China Sea. Low $\delta^{13}C$ values are mainly located in mud areas with relatively high TOC contents and C/N ratios. However, there are moderately low $\delta^{13}C$ values in the sand area off the Yangtze River estuary, despite the generally low TOC contents and C/N ratios. The SOC in the study area is mainly attributed to marine inputs (mean: 69.5%), and the areas dominated by terrestrial inputs (>50%) are principally located near terrestrial input sources and their transport paths, including the area surrounding the Yellow River estuary, Shandong Peninsula coastal mud, abandoned Yellow River estuary, Zhemin coastal mud, Taiwan Strait, and to the northeast of Taiwan Island (Figures 4.3 and 4.4). Among the different areas, the contribution of marine sources to SOC is highest in the East China Sea (70.6%), whereas their contribution is comparable between the Bohai Sea (66.5%) and the Yellow Sea (68.8%). High OC_{mar} contents usually occur in areas far from terrestrial inputs, such as the central Bohai Sea and the outer shelf of the East China Sea.

The contribution of terrestrial sources to SOC in the Bohai Sea, Yellow Sea, and East China Sea is 33.5%, 31.2% and 29.4%, respectively. Its distribution is mainly shaped by large river inputs and it shows high spatial heterogeneity.

When using the C/N ratio to distinguish provenance, the OC_{ter} fraction is often underestimated by the mixed curve of different C/N ratios because of the relative depletion of nitrogen in OC_{ter}. In this regard, the C/N ratio can be replaced by the N/C ratio for determining provenance (Perdue and Koprivnjak, 2007). The N/C ratios of the sediments in the study area range from 0.04–0.33. Considering the SOC compositional characteristics in terms of TOC, N/C, and $\delta^{13}C$ (Figure 4.5), the SOC in the study area is derived from a mixture of multiple provenances, including C_3 plants, soils, and marine phytoplankton. However, most stations are not within the areas of the connecting lines between these potential endmembers [Figure94.5(a)], making it difficult to determine the relative contributions of those sources based on endmember fitting. This might be attributable to the influence of diagenesis on the original SOC composition indicated by the N/C ratios and the $\delta^{13}C$ values. Nonetheless, both the N/C ratios and the $\delta^{13}C$ values indicate that SOC in the study area is derived from a mixture of multiple provenances, such as marine phytoplankton productivity, soils, and terrestrial higher plants, among which the contribution of soils is notably higher than that of terrestrial higher plants [Figure 4.5(b)]. Moreover, the distribution characteristics of $\delta^{13}C$ values in the Yellow River estuary, Yangtze River estuary, and adjacent areas are broadly consistent with the diffusion and transport paths of sediments discharged into the sea via large rivers. This evidences that $\delta^{13}C$ can serve to some degree as a characteristic indicator for the diffusion of materials discharged via rivers in those areas.

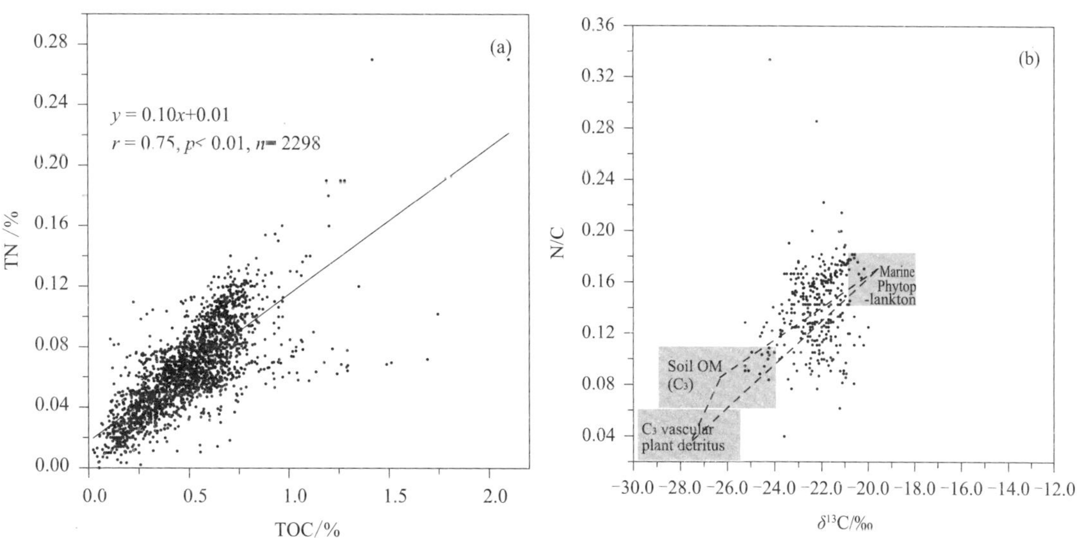

Figure 4.5 Scatter plots showing (a) total nitrogen (TN) versus total organic carbon (TOC) content of sediments, and (b) the N/C ratio versus $\delta^{13}C$ of sedimentary organic matter in the Bohai Sea, Yellow Sea, and East China Sea. Endmember values of C_3 vascular plants, soil organic matter, and marine phytoplankton were retrieved from Hu et al. (2016a)

4.3 Radiocarbon isotope ratio ($\Delta^{14}C$)

Based on the cumulative frequency of all $\Delta^{14}C$ data from the sediments in the Bohai Sea, Yellow Sea, and East China Sea, the distribution of SOC $\Delta^{14}C$ was divided as follows: cumulative frequency$\geqslant$75%, i.e., $\Delta^{14}C \geqslant -241.2$‰ is considered a high value; cumulative frequency$\leqslant$25%, i.e., $\Delta^{14}C \leqslant -345.9$‰, is defined as a low value; and 25% < cumulative frequency < 75%, i.e., −345.9‰ < $\Delta^{14}C$ < −241.2‰, is considered a medium value. Considering the sedimentary environments of the eastern China seas, the following areas with constant values of Fm_{bio} and OC_{petro} and similar sediment types were selected to calculate the contributions of OC_{petro} and $OC_{bio\text{-}ter}$: the Bohai Sea mud (M1), Shandong Peninsula coastal mud (M2), central Yellow Sea mud (M3), abandoned Yellow River estuary mud (M4), southeastern Yellow Sea mud (M5), mud of southwestern Jeju Island (M6), and Zhemin coastal mud (M7).

The radioisotope $\Delta^{14}C$ values of SOC in the Bohai Sea range from −404.3‰ to −205.7‰ with a mean value of −284.9‰±42.6‰ (n = 60) (Figure 4.6), corresponding to age of 4100–1789 years before present (a B.P., i.e., before 1950) (Figure 4.7). High $\Delta^{14}C$ values (with relatively young ages) exhibit patchy distribution, mainly in the area off the Luanhe River estuary on the northwestern side of the central Bohai Sea, and in the central Bohai Sea and on its eastern side in the Bohai Strait. Low $\Delta^{14}C$ values (with relatively old ages) show sporadic distribution mainly on the northern side of the Yellow River estuary. The $\Delta^{14}C$ values of SOC are lower than −300‰ with relatively old ages (i.e., 2800 a B.P.) in broad areas around the Yellow River estuary, including the southeastern Bohai Sea, Yellow River estuary, and southwestern Laizhou Bay. The $\Delta^{14}C$ values range between −300.0‰ and −250.0‰ in southern parts of Liaodong Bay and in the central Bohai Sea, excluding the areas with high values. In short, the distribution of $\Delta^{14}C$ and the corresponding age of SOC in the Bohai Sea indicate that the oldest SOC occurs in the Yellow River estuary and southern parts of Laizhou Bay influenced by input from the Yellow River.

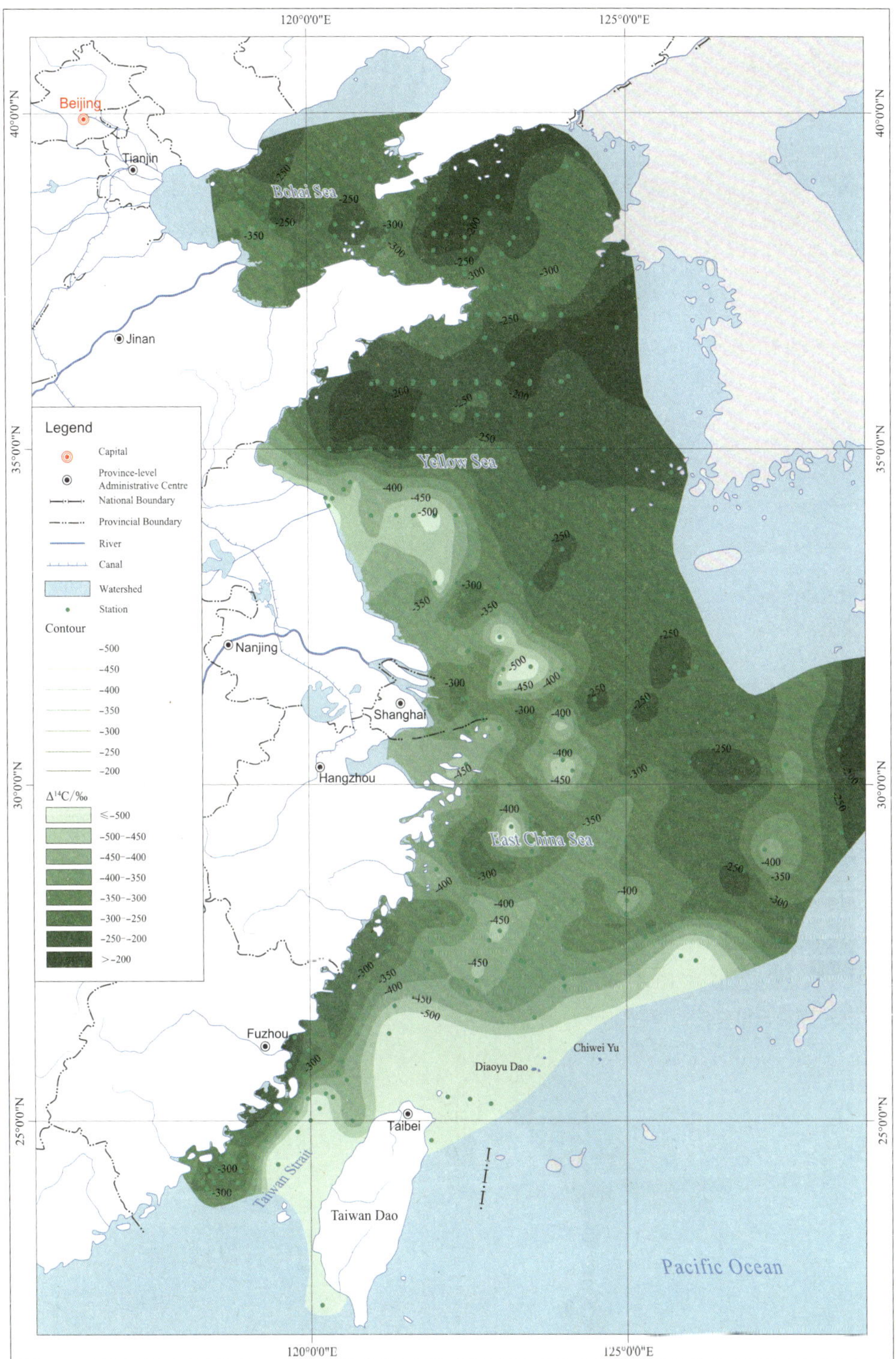

Figure 4.6 Distribution of sedimentary organic carbon $\Delta^{14}C$ in the Bohai, Yellow Sea, and East China Sea

This figure includes both surveyed and collected stations. Data of the collected stations were extracted from Kao et al., 2003, 2014; Deng et al., 2006; Li et al., 2012; Wu et al., 2013; Bao et al., 2016, 2018; Tao et al., 2016; Yoon et al., 2016; Yu et al., 2021

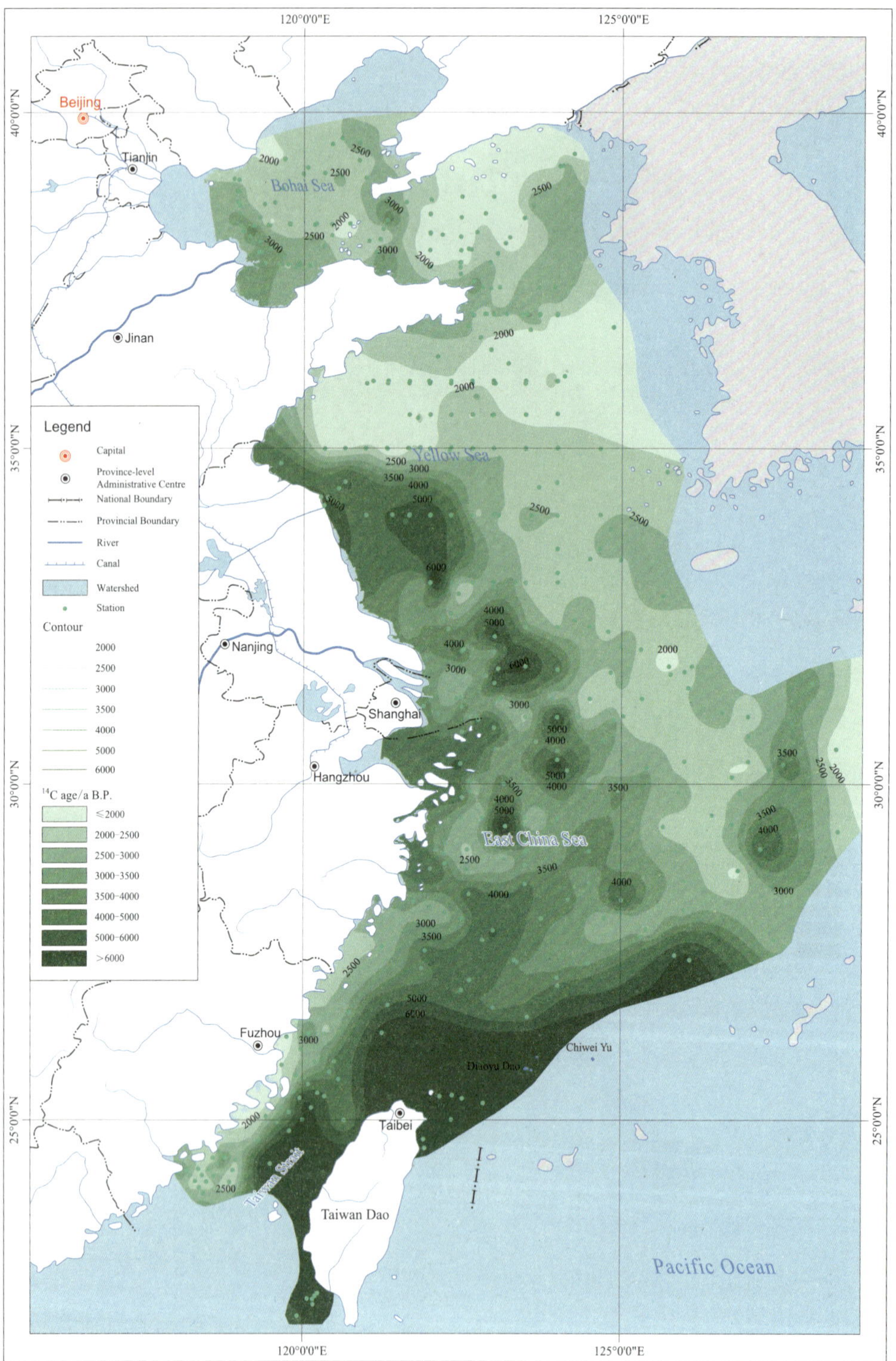

Figure 4.7 Distribution of sedimentary organic carbon age in the Bohai Sea, Yellow Sea, and East China Sea

The radioisotope $\Delta^{14}C$ values of SOC in the Yellow Sea range from −677.7‰ to −137.1‰ (mean: −266.5‰±89.2‰, n = 178; Figure 4.6), corresponding to age of 9035–1124 a B.P. (Figure 4.7). High $\Delta^{14}C$ values are mainly found in the offshore area of Dalian, extending to the northeastern part of the Shandong Peninsula coastal mud, and in the offshore area of Qingdao and northern central Yellow Sea mud. Low $\Delta^{14}C$ values primarily emerge in large coastal areas of Jiangsu Province, such as Haizhou Bay, the abandoned Yellow River estuary, and northern side of the Yangtze River estuary.

The radioisotope $\Delta^{14}C$ values of SOC in the East China Sea are between −871.1‰ and −138.0‰ with a mean value of −360.9‰±130.0‰ (n = 194; Figure 4.6), corresponding to age of 16,417–1137 a B.P. (Figure 4.7). High $\Delta^{14}C$ values mainly appear in nearshore areas of the Zhemin coastal mud and the vast area of the north-central Okinawa Trough. Low $\Delta^{14}C$ values are chiefly distributed in the central south of the Taiwan Strait and to the northeast of Taiwan. The oldest SOC in the East China Sea occurs in the area to the northeast of Taiwan, which contrasts with the relatively young age on the inner shelf, extending from the Yangtze River estuary to the Zhemin coastal mud.

The Fm values of SOC in the Bohai Sea and the Yellow Sea fall in the range of 0.60–0.80 (mean: 0.72) and 0.33–0.87 (mean: 0.74), respectively. In both cases, the Fm values are distinctly higher than those in the East China Sea (0.13–0.74, mean: 0.59) and they exhibit markedly higher spatial heterogeneity. Relevant parameters are calculated based on the relationship between Fm·OC and OC (Table 4.1; Figure 4.8). Fm_{bio} reaches its highest value (0.86) in the Shandong Peninsula coastal mud, with the second highest value (0.85) in the central Yellow Sea mud. This is primarily attributable to the input of relatively young OC from marine primary production, which causes dilution of aged OC_{ter} along the main flow path of the Yellow River (Bao et al., 2016; Zhao et al., 2021). The lowest value of Fm_{bio} (0.60) occurs in the abandoned Yellow River estuary mud, mainly because the OC_{ter} in this area is predominantly attributable to the input from the Yellow River during 1128–1855, with older ages. It is also related to the lower input of modern terrestrial biospheric carbon in this area (Qi et al., 2021). The second lowest value (0.65) is found in the Zhemin coastal mud, which is associated with a low preservation rate of OC owing to mineralization driven by the strong dynamical environment (Yao et al., 2014).

In summary, the $\Delta^{14}C$ values of SOC in the Bohai Sea, Yellow Sea, and East China Sea range from −871.1‰ to −137.1‰ (mean: −311.5‰±114.9‰, n = 432; Figure 4.6), corresponding to age of 16,417–1124 a B.P. (Figure 4.7). High $\Delta^{14}C$ values (with younger ages) principally occur in mud areas substantially influenced by terrestrial inputs, i.e., mainly the Bohai Sea mud, northeastern part of the Shandong Peninsula coastal mud, and northeastern part of the central Yellow Sea mud, which correspond to relatively high TOC contents and C/N ratios, together with relatively negative $\delta^{13}C$ values. The areas with relatively high $\Delta^{14}C$ values also include the offshore area of Qingdao, the Korean Peninsula side of the South Yellow Sea, and the sand area in the northern Okinawa Trough. Those areas have substantially low TOC contents, moderately low C/N ratios, and relatively positive $\delta^{13}C$ values. Low $\Delta^{14}C$ values (with older ages) mainly emerge in vast areas off the abandoned Yellow River estuary, extending to the western South Yellow Sea, coarse-grained and fine-grained deposit transition zone in the northeastern area off the Yangtze River estuary, and the central Taiwan Strait. Those areas have relatively low TOC contents and C/N ratios, but relatively positive $\delta^{13}C$ values. Additionally, moderately low $\Delta^{14}C$ values are found from the north of Taiwan Island to southern parts of the Okinawa Trough; however, those areas have relatively high TOC contents, with moderately low C/N ratios and relatively negative $\delta^{13}C$ values.

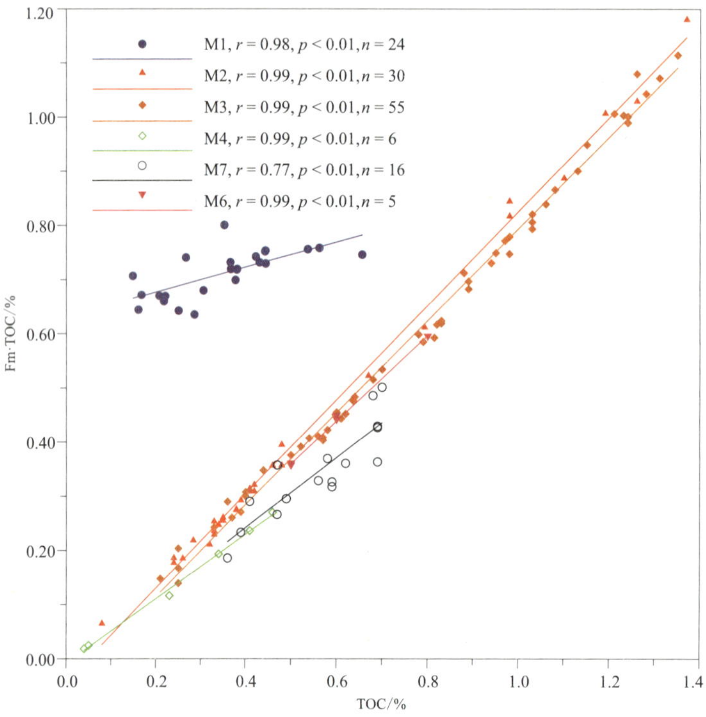

Figure 4.8 Correlation between the fraction of modern organic carbon (Fm·TOC) and total organic carbon (TOC) content of sediments in the Bohai Sea, Yellow Sea, and East China Sea

M1: Bohai Sea Mud; M2: Shandong Peninsula coastal mud; M3: central Yellow Sea mud; M4: abandoned Huanghe River estuary mud; M6: mud of southwestern Jeju Island; M7: Zhemin coastal mud

Table 4.1 Modern biospheric fraction (Fm_{bio}), petrogenic organic carbon (OC_{petro}), biospheric organic carbon (OC_{bio}), terrestrial-biospheric organic carbon ($OC_{bio\text{-}ter}$), and marine-biospheric organic carbon ($OC_{bio\text{-}mar}$) in mud areas of the Bohai Sea, Yellow Sea, and East China Sea

Mud area	Fm_{bio}	OC_{petro}/%	OC_{bio}/%	$OC_{bio-ter}$/%	$OC_{bio-mar}$/%
Bohai Sea mud (M1)	0.79	0.045	0.44 ± 0.16	0.09 ± 0.05	0.35 ± 0.12
Shandong Peninsula coastal mud (M2)	0.86	0.050	0.48 ± 0.34	0.12 ± 0.10	0.37 ± 0.23
central Yellow Sea mud (M3)	0.85	0.065	0.71 ± 0.32	0.18 ± 0.10	0.53 ± 0.22
abandoned Yellow River estuary mud (M4)	0.60	0.015	0.28 ± 0.15	0.08 ± 0.05	0.20 ± 0.10
mud of southwestern Jeju Island (M6)	0.79	0.044	0.56 ± 0.11	0.13 ± 0.03	0.42 ± 0.08
Zhemin coastal mud (M7)	0.65	0.026	0.54 ± 0.11	0.14 ± 0.03	0.40 ± 0.08

Note: Data unavailable for the southeastern Yellow Sea mud (M5)

4.4 Black carbon

Based on the cumulative frequency of all BC data collected from the sediments in the Bohai Sea, Yellow Sea, and East China Sea, the distribution of BC was classified as follows: cumulative frequency > 85%, i.e., BC > 1.36 $mg·g^{-1}$, indicates extremely high content; cumulative frequency > 75%, i.e., BC > 1.13 $mg·g^{-1}$, suggests high content; cumulative frequency < 25%, i.e., BC < 0.56 $mg·g^{-1}$, means low content; and cumulative frequency < 15%, i.e., BC < 0.40 $mg·g^{-1}$, represents extremely low content.

The BC contents of sediments in the Bohai Sea fall in the range of 0.02–1.75 $mg·g^{-1}$ with a mean value of 0.69±0.40 $mg·g^{-1}$ (n = 89) (Figure 4.9). High BC contents are chiefly located in the Bohai Sea mud and the western nearshore area of Liaodong Bay, with the highest value in the central Bohai Sea. Low BC contents appear in Caofeidian and the southern nearshore area of Bohai Bay, the coastal area extending from the Yellow River estuary to Laizhou Bay, the vast area from the eastern side of the central Bohai Sea to the Bohai Strait, and southeastern parts of Liaodong Bay. Within those areas, extremely low BC contents occur in parts of the central Bohai Sea adjacent to Liaodong Bay and the Bohai Strait, and in most of Laizhou Bay. The BC contents of sediments in Bohai Bay are closely tied to riverine inputs, and the BC inputs from small- and medium-scale rivers, such as the Haihe River and the Yongdingxin River, are limited by weak water exchange in the Bohai Sea, which in turn promotes BC adsorption and burial in sediments (Jiang et al., 2010). BC is dominated by char in the sediments of the Bohai Sea, with a mean char/BC ratio of 0.84; the spatial distribution of char matches that of BC, and it is generally consistent with the distribution pattern of fine-grained sediments (Figure 4.10). The spatial distribution of char is also broadly consistent with that of BC, and both have high contents in the Bohai Sea mud (Figure 4.11). The BC/TOC ratios range from 0.01–0.34 in the Bohai Sea with a mean value as high as 0.20, which indicate that BC is an essential fraction of SOC in the Bohai Sea. The primary sources of BC in the Bohai Sea are atmospheric deposition (51%) and riverine input (47%), with the Yellow River accounting for 82% of the total input via rivers. The pattern of contribution is dominated by atmospheric deposition, mainly because the sources of BC emissions are concentrated in the coastal areas of China and are associated with intensive human activities (Fang et al., 2015). Combined with analysis of polycyclic aromatic hydrocarbons from the positive matrix factorization source apportionment model, it is found that 80% of BC in the Bohai Sea sediments is derived from fossil fuels such as coal and gasoline, whereas biomass combustion accounts for only 20% of the total (Fang et al., 2016).

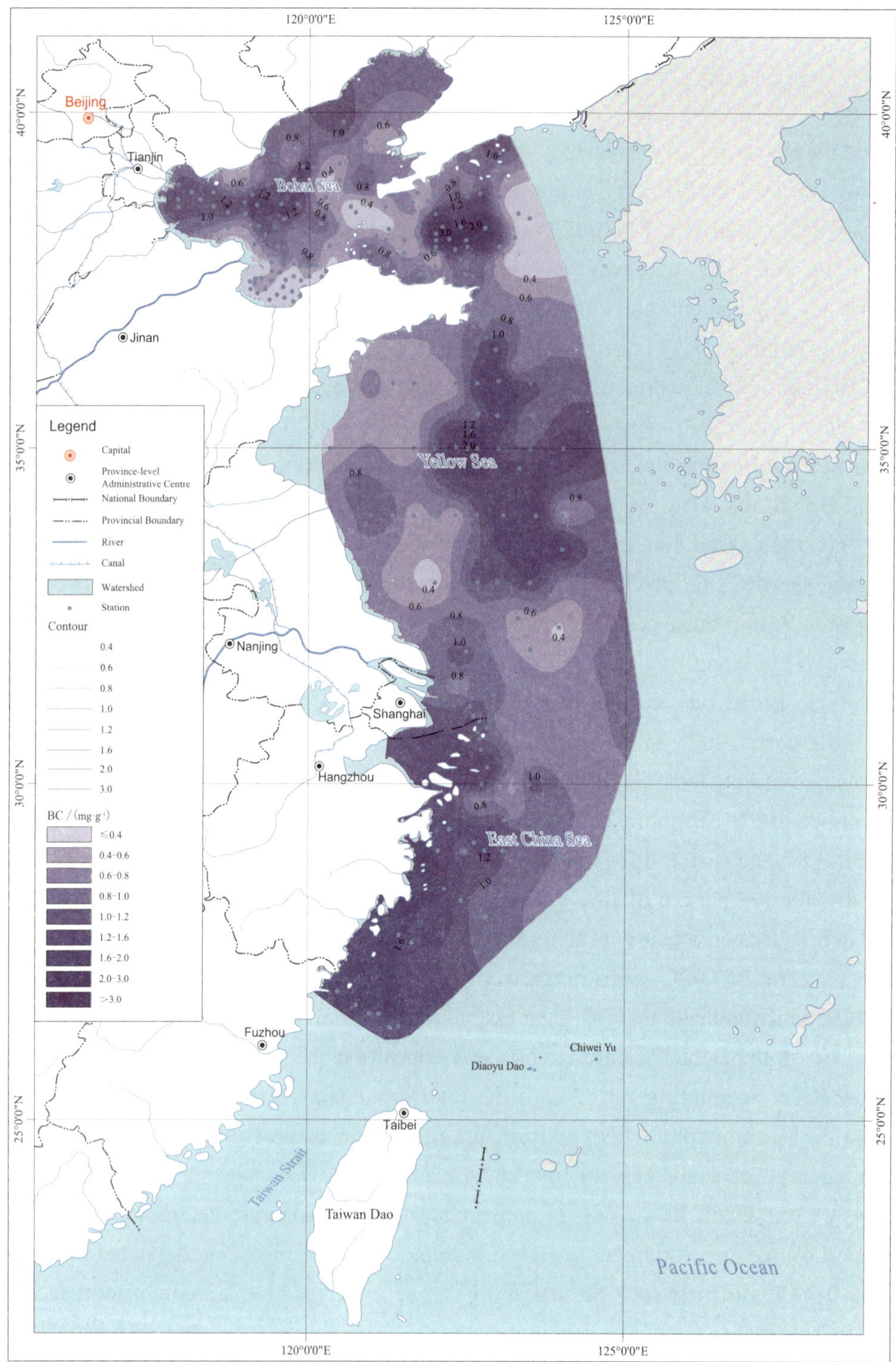

Figure 4.9 Distribution of sedimentary black carbon in the Bohai Sea, Yellow Sea, and East China Sea

Data of the collected stations were extracted from Fang et al., 2015, 2019; Wang Y.et al., 2020

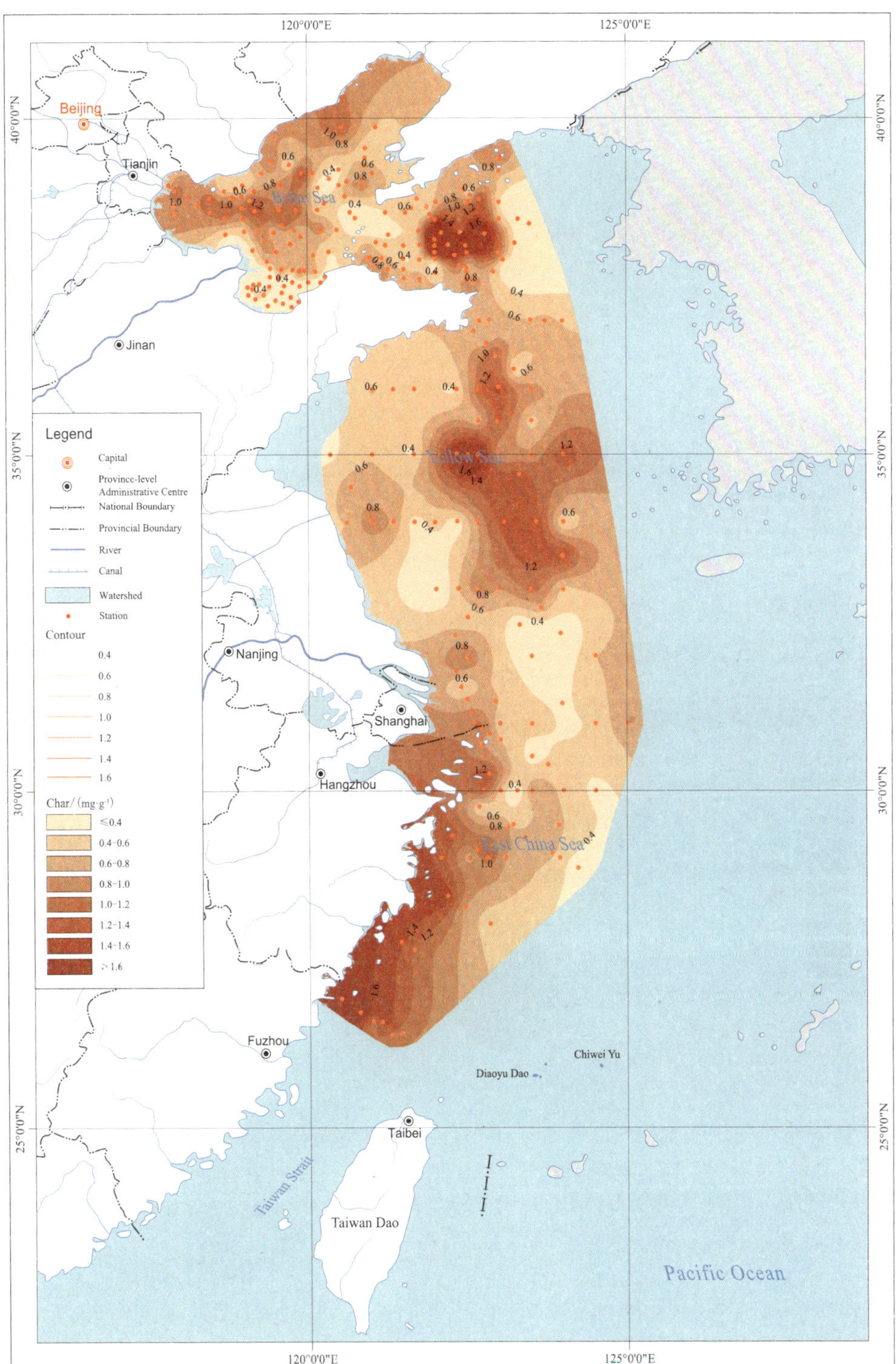

Figure 4.10 Distribution of char fraction in sedimentary black carbon in the Bohai Sea, Yellow Sea, and East China Sea

Data of the collected stations were extracted from Fang et al., 2015, 2019

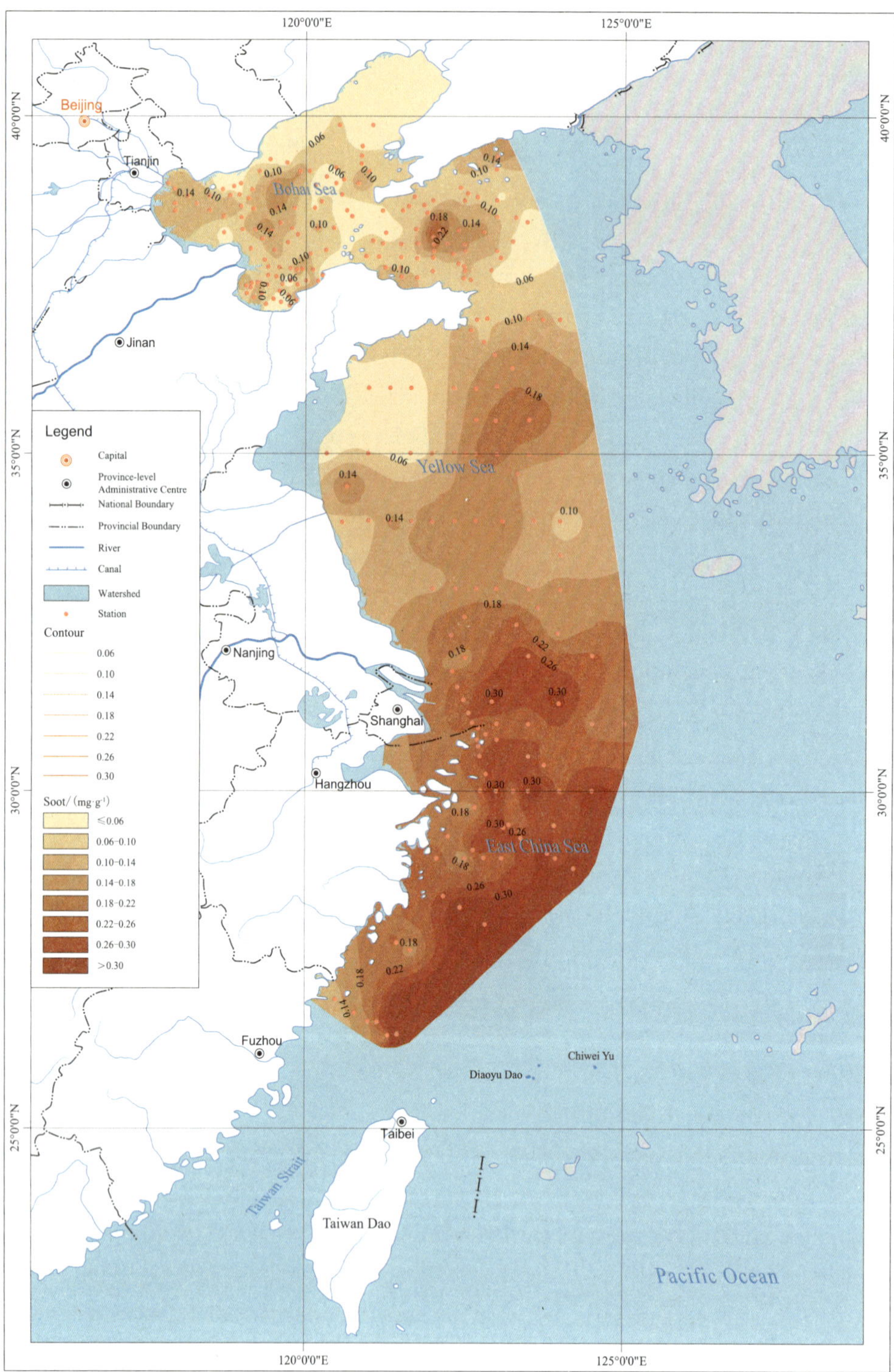

Figure 4.11 Distribution of soot fraction in sedimentary black carbon in the Bohai Sea, Yellow Sea, and East China Sea

Data of the collected stations were extracted from Fang et al., 2015, 2019

The BC contents of sediments range from 0.14–3.55 mg·g^{-1} in the Yellow Sea, with a mean value of 0.99±0.65 mg·g^{-1} (n = 102) (Figure 4.9). Both the range of variation and the mean of the BC contents are greater in the North Yellow Sea than in the South Yellow Sea. High BC contents primarily occur in the northern part of the Shandong Peninsula coastal mud and the central Yellow Sea mud, with extremely high values on the western side of both mud areas. Low BC contents are mainly distributed in the North Yellow Sea to the east of the Bohai Strait and in central western parts, as well as in Haizhou Bay on the western side of the South Yellow Sea and most remaining areas with relatively coarse sediments. Similar to the pattern observed in the Bohai Sea, BC consists mainly of char in the sediments from the Yellow Sea, with a mean char/BC ratio of 0.86; the spatial distributions of char and BC are largely consistent, and broadly mirror the distribution pattern of fine-grained sediments (Figure 4.10). Soot displays distribution characteristics somewhat similar to those of BC, and both have their high values in areas of fine-grained deposits (Figure 4.11). The BC/TOC ratios range from 0.04–0.45 in the Yellow Sea, with a mean value as high as 0.21, i.e., slightly higher than that in the Bohai Sea. Similar to the situation of the Bohai Sea, intensive anthropogenic emission sources are aggregated in the coastal areas of China; thus, the pattern of BC in the Yellow Sea sediments is predominantly determined by atmospheric deposition, followed by the contribution of riverine inputs (Fang et al., 2015). Combined with analysis using the positive matrix factorization source apportionment model, it is found that the proportion of BC in the North Yellow Sea sediments derived from fossil fuels, such as coal and gasoline, is 80%, with biomass combustion accounting for 20%; in the South Yellow Sea sediments, 90% of BC is derived from fossil fuels, such as coal and gasoline, with only 10% attributed to biomass combustion (Fang et al., 2016).

The BC contents of sediments are within the range of 0.33–2.04 mg·g^{-1} in the East China Sea, with a mean value of 1.00±0.33 mg·g^{-1} (n = 111) (Figure 4.9). The distribution of BC in the nearshore sediments of the East China Sea is closely associated with the distribution of mud areas. High BC contents are located in the Zhemin coastal mud and they decline gradually with increasing distance offshore, with values of <0.56 mg·g^{-1} across most areas of the outer shelf. A large portion of the inner-shelf mud area located to the south of Wenzhou has extremely high BC contents. The Yangtze River estuary has relatively low BC contents (<0.90 mg·g^{-1}) owing to dilution by considerable amounts of terrestrial materials discharged via the Yangtze River, similar to the situation in the Yellow River estuary. In the inner-shelf mud area of the East China Sea, BC mainly contains char, with a char/BC ratio of 0.72. The spatial distributions of char and BC are largely consistent, and match the distribution pattern of fine-grained sediments (Figure 4.10). However, compared with BC, soot exhibits a distinct distribution, as demonstrated by the elevated soot content with increasing distance offshore in the Zhemin coastal mud (Figure 4.11). The distinct distribution characteristics of char and soot might be tightly linked to the sedimentary environment. The Zhemin coastal mud is predominantly influenced by factors such as large river inputs, tidal currents, coastal currents, and typhoons. Fine-grained sediments discharged by the Yangtze River are mainly carried by coastal currents and transported southward along the continental shelf. Modern terrestrial deposits are relatively rare on the outer shelf of the East China Sea. The distribution of high soot contents on the outer shelf reflects an input pattern dominated by atmospheric deposition, which is also closely associated with the submicron size of soot particles. The BC/TOC ratios range from 0.09–0.38 in the East China Sea, with a mean value as high as 0.23, i.e., slightly higher than that in both the Bohai Sea and the Yellow Sea. Compared with the sources of BC in the Yellow Sea and the Bohai Sea, those of the BC in the East China Sea sediments are markedly different, comprising mainly riverine inputs dominated by the Yangtze River (72%). It is estimated that in the nearshore areas of the East China Sea, the riverine inputs of BC amount to ~0.615 Mt $C \cdot a^{-1}$, whereas the BC input from atmospheric deposition is only 0.055 Mt $C \cdot a^{-1}$. The BC burial capacity in the nearshore area is 0.630 Mt $C \cdot a^{-1}$, with burial efficiency up to 94% (Fang et al., 2019). This is mainly attributable to the fact that the inner-shelf mud area of the East China Sea receives 96% of the terrestrial sediments (Deng et al., 2006).

In summary, the BC contents of the sediments in the Bohai Sea, Yellow Sea, and East China Sea are 0.02–3.55 $mg \cdot g^{-1}$ with a mean value of 0.90±0.50 $mg \cdot g^{-1}$ (n = 302) (Figure 4.9). The BC/TOC ratios are within the range of 0.01–0.45 with a mean value of 0.21, which makes BC a major component of OC. The spatial distribution of BC is largely the same as that of TOC with high values in areas of fine-grained deposits, which indicates terrestrial inputs. The difference is that the areas of high BC content are distributed over a narrower range in the Bohai Sea relative to the Bohai Sea mud, and over a broader range in the East China Sea relative to the Zhemin coastal mud. In the outer shelf area with high BC contents, BC mainly consists of soot, indicating dominance of inputs via atmospheric deposition.

4.5 Biomarkers

The $\delta^{13}C$ values of OC produced by marine plankton show a large range of variation, and certain differences also exist in terrestrial vegetation types. Early diagenetic degradation can alter the initial C/N ratio and the $\delta^{13}C$ value of organic matter. All those factors reduce the sensitivity of the two indicators for identification of OC origin (Benner et al., 1987). Additionally, adsorption of inorganic nitrogen by coastal sediments and the intensity of human activities (e.g., oil contamination and fertilizer application) also lead to biases in source identification based on both indicators (Müller, 1977). In contrast, biomarkers can be used to distinguish the initial origins of SOC more accurately. In that regard, many studies have been performed to quantify the contribution of OC over the coastal shelf of the eastern China seas. For example, based on analysis of lipid markers (e.g., *n*-alkanes, fatty alcohols, and sterols) in the surface sediments from the Bohai Sea and the Yellow Sea, different lipid markers in the sediments show various levels of degradation; the allochthonous OC in estuarine areas and the terrestrial signals from riverine inputs are notable in nearshore areas (Lin et al., 2014). The composition of *n*-alkanes in the South Yellow Sea sediments often shows a bimodal distribution. This is because short-chain alkanes of the former peak group mainly originate from planktonic algae and bacteria, whereas long-chain alkanes are chiefly related to the contribution of leaf waxes from terrestrial higher plants (Zhao et al., 2011). The Yangtze River estuary–East China Sea inner shelf is the major area for accumulation of materials discharged via the Yangtze River. The biogeochemical processes of OC in this area have received extensive attention, and the sources of SOC have been characterized using various biomarkers, e.g., *n*-alkanes, sterols and alkenones, lignins, fatty acids, and glycerol dialkyl glycerol tetraethers (Yao et al., 2015; Tao et al., 2021). The findings of all the abovementioned studies indicate that areas of fine-grained deposits on the continental shelf are a major sink of OC, especially OC_{ter}, and that sedimentary dynamics control the distribution and fate of that OC. Through combination of various biomarkers and multivariate geochemical analyses, it has been estimated that the major sources of SOC in the Yangtze River estuary and neighboring areas are marine-derived OC (35%), soil organic matter (47%), and terrestrial higher plants (18%) (Yao et al., 2015). Using a three-endmember mixing model, Zhao et al. (2021) found that sedimentary organic matter in the Bohai Sea, Yellow Sea, and East China Sea is derived mainly from the marine fraction (63%±11%), with high values occurring primarily in the central Bohai Sea and the South Yellow Sea, as well as on the outer shelf of the East China Sea. The high values of soil-derived OC (27%±7%) and vascular plant-derived OC (10%±4%) are mainly distributed in estuarine and nearshore areas.

In summary, studies on C/N, $\delta^{13}C$, $\Delta^{14}C$, BC, and various biomarkers of SOC in the Bohai Sea, Yellow Sea, and East China Sea demonstrated that the sources of SOC include terrestrial higher plants, soils, marine primary production, and anthropogenic sources. Among them, marine autochthonous sources are dominant and high values of OC_{mar} mainly occur in the central Bohai Sea, South Yellow Sea, and outer shelf of the East China Sea. High values of OC_{ter} are mainly present in estuarine and nearshore areas with higher C/N ratios and relatively depleted $\delta^{13}C$ values. The anthropogenically derived OC, such as the BC that enters the marine environment chiefly through atmospheric deposition and via large river inputs, finally accumulates in those areas of fine-grained deposits. High contents of soot in the areas of sand on the outer shelf of the East China Sea reflect the influence of atmospheric inputs. Overall, the TOC and OC_{ter} contents in the areas of continental shelf mud are substantially higher than those in areas of sandy deposits.

5 Mass accumulation rate and budget of sedimentary organic carbon

The mud areas of the Bohai Sea, Yellow Sea, and East China Sea are stable deposit areas with respect to modern sedimentation. In the non-mud deposit areas, however, the sedimentation rates are substantially low and even erosion occurs, making it difficult to retain and preserve sediments for a long period. Therefore, the modern sediment flux in the mud areas represents the modern sediment flux of the entire region (Qiao et al., 2017). The mass accumulation rates (MARs) of OC (MAR_{OC}), BC (MAR_{BC}), OC_{ter} ($MAR_{OC\text{-}ter}$), and OC_{mar} ($MAR_{OC\text{-}mar}$) are products of the OC, BC, OC_{ter}, and OC_{mar} contents with MAR. Similarly, the MARs of $OC_{bio\text{-}ter}$ and OC_{petro} are the products of their respective contents with MAR. The OC burial efficiency is the proportion of the burial flux in the input flux.

Based on the cumulative frequency of existing modern sedimentation rate data in the Bohai Sea, Yellow Sea, and East China Sea, the distribution of sedimentation rates was divided as follows: cumulative frequency ≥85%, i.e., sedimentation rate ≥13.7 mm·a^{-1}, means an extremely high value; cumulative frequency ≥ 75%, i.e., sedimentation rate ≥ 8.2 mm·a^{-1}, indicates a high value; cumulative frequency of 25%–75%, i.e., sedimentation rate of 2.0–8.2 mm·a^{-1}, represents a medium value; cumulative frequency ≤25%, i.e., sedimentation rate ≤2.0 mm·a^{-1}, suggests a low value; and cumulative frequency ≤15%, i.e., sedimentation rate ≤0.20 mm·a^{-1}, signifies an extremely low value. The values of MAR_{OC} and MAR_{BC} vary considerably across different areas, and are classified on the basis of the cumulative frequency of MAR data from sub-areas.

5.1 Organic carbon mass accumulation rate and budget in the Bohai Sea

5.1.1 Organic carbon mass accumulation rate and burial flux

In the previous century, the sedimentation rates in the Bohai Sea ranged from 0.7–95.9 mm·a^{-1} with a mean value of 14.5±21.8 mm·a^{-1} (n = 65) (Figure 5.1). High sedimentation rates primarily emerge from the area south of the Haihe River to the coast of the Yellow River estuary in Bohai Bay, in most areas of Laizhou Bay, and at the northern apex and in the southwestern part of Liaodong Bay. Among those areas, extremely high sedimentation rates occur in the estuaries of the Haihe River, Yellow River, and Liaohe River, together with their surrounding areas, with the highest value found in the Yellow River estuary. Low sedimentation rates are widespread in broad areas on the northern side of Bohai Bay, in the central Bohai Sea, and in central areas of Liaodong Bay. In the Bohai Sea mud, the MAR_{OC} values fall in the range of 0.2–989.7 g $C \cdot m^{-2} \cdot a^{-1}$ with a mean value of 57.3±87.8 g $C \cdot m^{-2} \cdot a^{-1}$ (Figure 5.2). High MAR_{OC} values (>67.9 g $C \cdot m^{-2} \cdot a^{-1}$) are mainly concentrated in the Haihe River and Yellow River estuaries, and their surrounding areas. Specifically, the MAR_{OC} values are generally >160.8 g $C \cdot m^{-2} \cdot a^{-1}$ around the Yellow River estuary, which has extremely high values. Low MAR_{OC} values are principally found in the central Bohai Sea and at the boundary between Laizhou Bay and Bohai Bay, with values generally <21.2 g $C \cdot m^{-2} \cdot a^{-1}$. Based on the MAR_{OC} and size of the Bohai Sea mud area, the OC burial flux calculated from the measured dry density data is 1.30 Mt $C \cdot a^{-1}$ (Table 5.1), whereas the burial flux calculated using the empirical dry density is 1.16 Mt $C \cdot a^{-1}$, with an error of ~11%.

While the distribution of $MAR_{OC\text{-}ter}$ is largely consistent with that of MAR_{OC} in the Bohai Sea mud (Figures 5.3), $MAR_{OC\text{-}mar}$ exhibits a distinct distribution driven mainly by marine primary production (Figures 5.4). The burial fluxes of OC_{ter} and OC_{mar} in the Bohai Sea are 0.45 and 0.85 Mt $C \cdot a^{-1}$, respectively. The mean contents of OC_{petro}, OC_{bio}, OC_{bioter}, and OC_{biomar} in the Bohai Sea mud area are 0.045%, 0.44%±0.16%, 0.09%±0.05%, and 0.35%±0.12%, respectively. The burial fluxes of OC_{petro} and OC_{bio} are the products of the OC_{petro} and OC_{bio} contents with sediment burial flux, respectively. Accordingly, the OC_{petro} burial flux is ~0.11 Mt $C \cdot a^{-1}$ and the OC_{bio} burial flux is ~1.08 Mt $C \cdot a^{-1}$ in the Bohai Sea mud area. The OC_{bioter} and OC_{biomar} burial fluxes are ~0.23 and ~0.85 Mt $C \cdot a^{-1}$, respectively (Table 5.1).

In the Bohai Sea mud, MAR_{BC} occurs in the range of 0.2–41.8 g $C \cdot m^{-2} \cdot a^{-1}$ with a mean value of 7.8±6.3 g $C \cdot m^{-2} \cdot a^{-1}$ (Figure 5.5). High MAR_{BC} values mainly exist in the Yellow River estuary and the adjacent Laizhou Bay, as well as in the Haihe River estuary (>7.7 g $C \cdot m^{-2} \cdot a^{-1}$), which is different from the distribution of BC content. Low MAR_{BC} values (<2.0 g $C \cdot m^{-2} \cdot a^{-1}$) predominately emerge in the northern Bohai Bay. Overall, MAR_{BC} exhibits a remarkable trend of decline seaward along the Bohai Economic Rim, indicating that the origin of BC is primarily from the Beijing–Tianjin–Hebei region. The BC burial flux of sediments in the Bohai Sea mud is calculated at 0.14 Mt $C \cdot a^{-1}$, accounting for ~11% of the OC burial flux.

5.1.2 Organic carbon budget

Considering the top 12 major rivers that flow into the Bohai Sea, including the Yellow River, Haihe River, and Liaohe River, the multiyear average annual influx of sediments is 780.1 $Mt \cdot a^{-1}$ and the annual influx of POC is 0.60 $Mt \cdot a^{-1}$ (Table 1.1). The OC flux from the Yellow River into the sea accounts for ~2/3 of the total riverine input flowing into the Bohai Sea; consequently, its

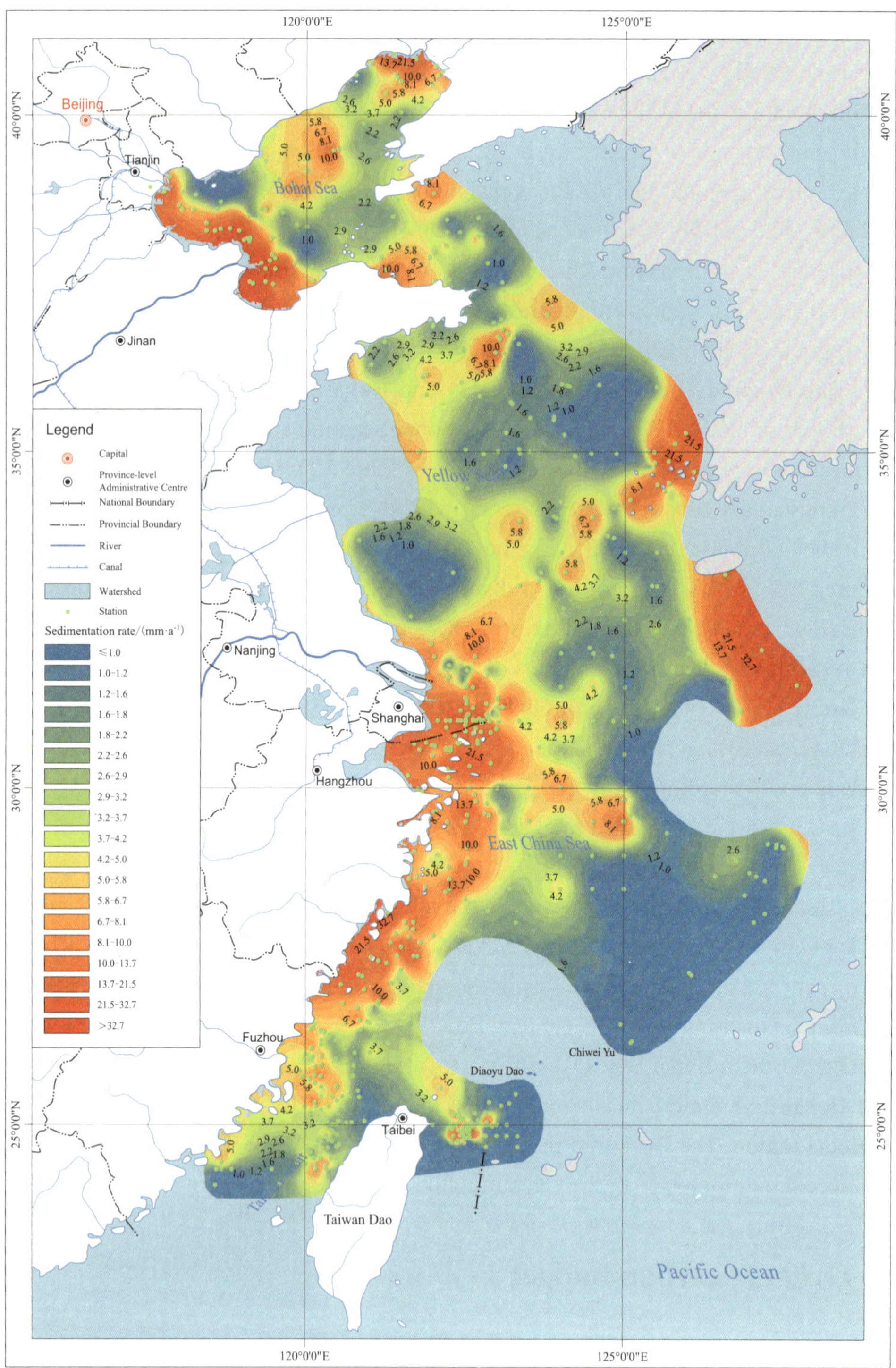

Figure 5.1 Distribution of sedimentation rates in the Bohai Sea, Yellow Sea, and East China Sea(Shi et al., 2021)

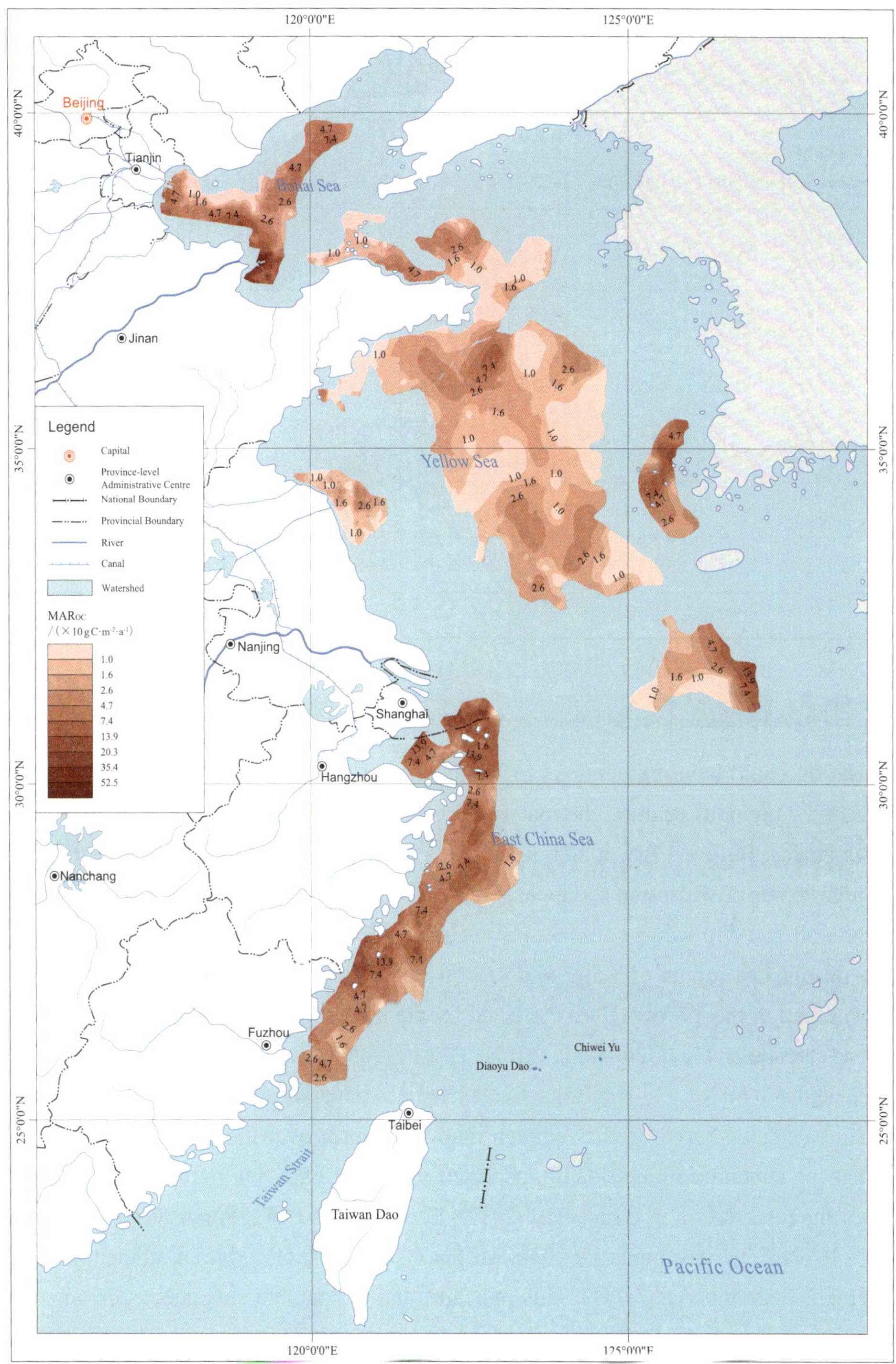

Figure 5.2 Distribution of organic carbon mass accumulation rates (MAR_{OC}) in the mud areas of the Bohai Sea, Yellow Sea, and East China Sea

Table 5.1 Estimates of sedimentary organic carbon burial flux and efficiency in the mud areas of the Bohai Sea, Yellow Sea, and East China Sea

Ocean	Mud area	Area / km^2	Sedimentation rate / $(mm \cdot a^{-1})$	Sediment burial flux / $(Mt \cdot a^{-1})$	OC mass accumulation rate /$(g\ C \cdot m^{-2} \cdot a^{-1})$	Burial flux /$(Mt\ C \cdot a^{-1})$						Burial efficiency /%		
						OC	OC_{ter}	OC_{mar}	OC_{petro}	OC_{bio}	BC	OC_{ter}	OC_{mar}	OC
Bohai Sea	Bohai Sea	18856.2	11.4±17.0	245.4	57.3±87.8	1.30	0.45	0.85	0.11	1.08	0.14	94	40	50
Yellow Sea	Shandong Peninsula	34487.7	3.5±1.9	115.4	16.4±11.0	0.56	0.18	0.38	0.06	0.55	0.09	33	9	11
	central Yellow Sea	89628.0	2.9±1.7	243.3	16.36±11.1	1.56	0.45	1.11	0.16	1.73	0.27			
	abandoned Yellow River estuary	8855.5	4.4±2.1	30.9	15.0±8.5	0.11	0.04	0.07	0.005	0.09	0.02			
	southeastern Yellow Sea	7447.8	9.1±6.2	77.0	55.1±33.7	0.48*	0.10	0.35	—	—	—			
East China Sea	southwest of Jeju Island	16254.0	5.4±4.1	83.4	33.1±38.1	0.54	0.09	0.45	0.04	0.16	—	37	18	21
	Zhemincoast	61674.5	10.5±6.9	613.7	59.2±38.6	3.65	1.26	2.39	0.47	3.31	0.86			
Sum		237303.6				8.20	2.57	5.60	0.85	6.92	1.38	39	14	17

* The numerical difference between OC and the OC_{ter} and OC_{mar} burial fluxes is due to interpolation error resulting from limited SOC data in this mud area; the numerical difference between OC and the OC_{petro} and OC_{bio} burial fluxes is due to interpolation error resulting from the unequal sizes of the $\Delta^{14}C$ and SOC datasets.

drastic variation could have tremendous influence on the total material input from rivers into the Bohai Sea. In the previous century, the material flux from the Yellow River into the sea experienced two distinct stages. Before 1968, material flux was principally controlled by natural factors, with relatively high inputs of water and sediment. From 1968 to the present, human activities such as dam construction and soil and water conservation measures became the major controlling factors, with drastically diminished inputs of water and sediment. At the centennial scale, the water discharge and sediment load of the Yellow River corrected by the multistage mean are $354.6 \times 10^8\ m^3 \cdot ar^{-1}$ and $1026.0\ Mt \cdot ar^{-1}$, respectively (Qiao et al., 2017). Thus, the POC input flux from rivers into the Bohai Sea is calculated at $0.68\ Mt \cdot a^{-1}$. The Bohai Sea exchanges material with the Yellow Sea via the Bohai Strait. When calculated based on the sediment budget balance over the regional centennial scale, it is found that the annual sediment load transported into the Bohai Sea by the Yellow Sea accounts for ~30% of the total river flux (Qiao et al. 2017). Therefore, the OC_{ter} input flux into the Bohai Sea comprises ~70% of the river input, i.e., $0.48\ Mt\ C \cdot a^{-1}$. Thus, the OC_{ter} burial efficiency in the Bohai Sea mud area is determined as ~94%. This indicates that coastal and subaqueous deltaic erosion, as well as submarine resuspension, might be potential sources of OC_{ter} input in the Bohai Sea. The OC_{mar} input flux in the mud area is calculated at $2.11\ Mt\ C \cdot a^{-1}$, based on the mean primary productivity of the Bohai Sea ($112 g\ C \cdot m^{-2} \cdot a^{-1}$) (Song et al., 2008) and the area of the Bohai Sea mud ($18.86 \times 10^3 km^2$). Accordingly, the OC_{mar} burial efficiency in the Bohai Sea mud area is determined as 40%. Furthermore, the bulk OC burial efficiency in this mud area is calculated as ~50%.

5.2 Organic carbon mass accumulation rate and budget in the Yellow Sea

5.2.1 Organic carbon mass accumulation rate and flux

In the Yellow Sea, the sedimentation rates of sediments range from 0–42.9 mm·a^{-1} with a mean value of 3.2±5.3 mm·a^{-1} (n = 122) (Figure 5.1). The distribution of MAR_{OC} in the mud areas (Figure 5.2) generally mirrors that of the sedimentation rates (Figure 5.1), but differs slightly from the distribution of OC content. High sedimentation rates are mainly located in the northern coastal area of the Shandong Peninsula, offshore area of Dalian, and northern part of the central Yellow Sea mud, southeastern Yellow Sea mud, and area north of the Yangtze River estuary. Among those areas, extremely high values occur in the southeastern Yellow Sea mud, with sedimentation rates of >13.6 mm·a^{-1}. Low sedimentation rates mainly exist in the area to the northeast of the Shandong Peninsula, central area of the South Yellow Sea, and southern offshore area of Jiangsu Province. In the Shandong Peninsula coastal mud, the MAR_{OC} values vary from 1.4–64.5 g C·m^{-2}·a^{-1} with a mean value of 16.4±11.0 g C·m^{-2}·a^{-1}. High MAR_{OC} values (>39.8 g C·m^{-2}·a^{-1}) are primarily concentrated in the northern coastal area of the Shandong Peninsula and central area of the North Yellow Sea, close to the area impacted by the Yellow River. Low MAR_{OC} values (mostly < 12.0 g C·m^{-2}·a^{-1}) are predominantly found in the Bohai Strait and to the east of the Shandong Peninsula. In the central Yellow Sea mud, the MAR_{OC} values vary from 1.4–74.5 g C·m^{-2}·a^{-1} with a mean value of 16.36±11.1 g C·m^{-2}·a^{-1}. High MAR_{OC} values (>39.8 g C·m^{-2}·a^{-1}) are mainly concentrated in the northwestern part of this mud area, with low values (<12.0 g C·m^{-2}·a^{-1}) principally distributed in central and northern parts. The abandoned Yellow River estuary mud has MAR_{OC} values in the range of 2.4–51.5 g C·m^{-2}·a^{-1} with a mean value of 15.0±8.5 g C·m^{-2}·a^{-1}. Medium–high MAR_{OC} values (19.9–39.8 g C·m^{-2}·a^{-1}) mainly display a concentrated distribution in the northern part of this mud area, with low values (<12.0 g C·m^{-2}·a^{-1}) found chiefly in the southern landside area. In the southeastern Yellow Sea mud, OC burial fluxes range from 8.0–2175.3 g C·m^{-2}·a^{-1} with a mean value of 55.1±33.7 g C·m^{-2}·a^{-1}. This area shows relatively high MAR_{OC}, with high values (> 39.8 g C·m^{-2}·a^{-1}) predominantly occurring in central and northern parts. Specifically, extremely high MAR_{OC} values (i.e., >57.7 g C·m^{-2}·a^{-1}) occur adjacent to the nearshore area of South Korea. Low MAR_{OC} values (<12.0 g C·m^{-2}·a^{-1}) emerge in the eastern central part of this area over a small range. Among the various mud areas, the OC burial fluxes are as follows: 0.56 Mt C·a^{-1} in the Shandong Peninsula coastal mud, 1.56 Mt C·a^{-1} in the central Yellow Sea mud, 0.11 Mt C·a^{-1} in the abandoned Yellow River estuary mud, 0.48 Mt C·a^{-1} in the southeastern Yellow Sea mud, and 2.71 Mt C·a^{-1} in total.

The distributions of $MAR_{OC\text{-}ter}$ and $MAR_{OC\text{-}mar}$ in the Yellow Sea (Figures 5.3 and 5.4) are broadly in agreement with the trend in MAR_{OC} (Figure 5.2), despite the distinctly lower spatial variability of both $MAR_{OC\text{-}ter}$ and $MAR_{OC\text{-}mar}$. The total burial fluxes of OC_{ter} and OC_{mar} in the mud areas amount to 0.76 and 1.91 Mt C·a^{-1}, respectively (Shandong Peninsula coastal mud: 0.18 and 0.38 Mt C·a^{-1}; central Yellow Sea mud: 0.45 and 1.11 Mt C·a^{-1}; abandoned Yellow River estuary mud: 0.04 and 0.07 Mt C·a^{-1}; and southeastern Yellow Sea mud: 0.10 and 0.35 Mt C·a^{-1}).

It is evident from Table 4.1 that the OC_{petro}, OC_{bio}, $OC_{bio\text{-}ter}$, and $OC_{bio\text{-}mar}$ contents in the Shandong Peninsula coastal mud are 0.050%, 0.48%±0.34%, 0.12%±0.10%, and 0.37%±0.23%, respectively. Based on those data, the burial fluxes of OC_{petro}, $OC_{bio\text{-}ter}$, $OC_{bio\text{-}mar}$, and OC_{bio} in this mud area are estimated at 0.06, 0.13, 0.43, and 0.55 Mt C·a^{-1}, respectively. In the central Yellow Sea mud, the OC_{petro}, OC_{bio}, $OC_{bio\text{-}ter}$, and $OC_{bio\text{-}mar}$ contents are 0.065%, 0.71%±0.32%, 0.18%±0.10%, and 0.53%±0.22%, respectively; thus, the burial fluxes of OC_{petro}, $OC_{bio\text{-}ter}$, $OC_{bio\text{-}mar}$, and OC_{bio} in this mud area are estimated at 0.16, 0.44, 1.29, and 1.73 Mt C·a^{-1}, respectively. In the abandoned Yellow River estuary mud, the OC_{petro}, OC_{bio}, $OC_{bio\text{-}ter}$, and $OC_{bio\text{-}mar}$ contents are 0.015%, 0.28%±0.15%, 0.08%±0.05%, and 0.20%±0.10%, respectively; thus, the burial fluxes of OC_{petro}, $OC_{bio\text{-}ter}$, $OC_{bio\text{-}mar}$, and OC_{bio} in this mud area are estimated at 0.005, 0.03, 0.06, and 0.09 Mt C·a^{-1}, respectively. Excluding the southeastern Yellow Sea mud, the burial fluxes of OC_{petro}, $OC_{bio\text{-}ter}$, $OC_{bio\text{-}mar}$, and OC_{bio} in the mud areas of the Yellow Sea are 0.23, 0.60, 1.77, and 2.37 Mt C·a^{-1}, respectively.

The distribution of MAR_{BC} in the mud areas of the Yellow Sea is broadly consistent with that of the BC content and it shows higher rates in the south relative to the north. This reflects the impact of BC inputs from the Yellow River and the Beijing–Tianjin–Hebei region on the Yellow Sea, which gradually declines with increasing distance of transport of the Yellow River sediments along their main flow path in the sea. MAR_{BC} in the Shandong Peninsula coastal mud is in the range of 0.2–13.8 g C·m^{-2}·a^{-1} with a mean value of 2.5±2.2 g C·m^{-2}·a^{-1} (Figure 5.5), which is prominently lower than the values in the Bohai Sea (7.8±6.3 g C·m^{-2}·a^{-1}). High MAR_{BC} values (>7.7 g C·m^{-2}·a^{-1}) mainly emerge in the northern coastal area of the Shandong Peninsula and in central aeras of the North Yellow Sea, with low values (<2.0 g C·m^{-2}·a^{-1}) mainly in the Bohai Strait and the mud area on the eastern and southern sides of the Shandong Peninsula. In the central Yellow Sea mud, MAR_{BC} occurs in the range of 0–17.0 g C·m^{-2}·a^{-1} with a mean value of 3.0±1.9 g C·m^{-2}·a^{-1} (Figure 5.5). High MAR_{BC} values (>7.7 g C·m^{-2}·a^{-1}) are principally located on the northern side of this mud area, with low values (<2.0 g C·m^{-2}·a^{-1}) mainly in east-central and southeastern parts. In the abandoned Yellow River estuary mud, MAR_{BC} is in the range of 1.1–4.5 g C·m^{-2}·a^{-1} with a mean value of 3.0±1.0 g C·m^{-2}·a^{-1} (Figure 5.5). High MAR_{BC} values (3.6–7.7 g C·m^{-2}·a^{-1}) are mainly present in the north-central side of the mud area, whereas low values (<2.0 g C·m^{-2}·a^{-1}) primarily emerge in southern parts. Owing to lack of measured data from the southeastern Yellow Sea mud, interpolated MAR_{BC} values in Figure 5.5 are used for reference only. Excluding the southeastern Yellow Sea mud, the estimated BC burial fluxes of sediments in the various mud areas of the Yellow Sea are as follows: 0.09 Mt C·a^{-1} in the Shandong Peninsula coastal mud, 0.27 Mt C·a^{-1} in the central Yellow Sea mud, and 0.02 Mt C·a^{-1} in the abandoned Yellow River estuary mud. In those mud aeras, the total BC burial flux amounts to 0.38 Mt C·a^{-1}, which accounts for

~17% of the total OC burial flux in the mud areas of the Yellow Sea (2.23 Mt C·a^{-1}, excluding the southeastern Yellow Sea mud; Table 5.1).

5.2.2 Organic carbon budget

The major sources of sediment in the Yellow Sea are from the Yellow River (~376.6 Mt·a^{-1}) via long-distance transport and from subaqueous deltaic erosion in the abandoned Yellow River estuary (~23.7 Mt·a^{-1}) (Qiao et al., 2017). The sediment fluxes from other rivers that flow directly into the Yellow Sea, including the Huaihe River, Yalu River, Hanjiang River, and Keum River, comprise only ~2‰ of its annual sediment input flux (0.9 Mt·a^{-1}) (Table 1.1). The OC_{ter} input flux in the mud areas of the Yellow Sea is calculated as 2.36 Mt C·a^{-1}, based on the mean POC content in the Yellow River (0.48%±0.14%) (Wang et al., 2012), the mean TOC content of surface sediments in the abandoned Yellow River estuary (0.40%) (Deng et al. 2006), and the POC data of rivers flowing directly into the sea (0.46 Mt·a^{-1}) (Table 1.1), in addition to the total mud area and the $MAR_{OC\text{-}ter}$ in various mud areas. Accordingly, the OC_{ter} burial efficiency in the Yellow Sea is estimated at 33%. Based on the mean primary productivity (159 g C·m^{-2}·a^{-1}) (Song et al., 2008) and total mud area (140.4 × 10^{3}km^2) of the Yellow Sea, its OC_{mar} input flux is calculated as 22.32 Mt C·a^{-1}, with burial efficiency of only 9%. Taken together, the OC burial efficiency is ~11% in the mud areas of the Yellow Sea (Table 5.1).

5.3 Organic carbon mass accumulation rate and budget in the East China Sea

5.3.1 Organic carbon mass accumulation rate and flux

In the East China Sea, the burial fluxes of SOC show remarkable spatial variation, which reflects the controlling effects of material supply and the sedimentary dynamic environment. The range of sedimentation rates is 0–63.0 mm·a^{-1} with a mean value of 8.1±11.1 mm·a^{-1} (n = 378) (Figure 5.1). High sedimentation rates are mainly located in the Zhemin coastal mud, eastern part of the mud of southwestern Jeju Island, and to the north of Taiwan. Low sedimentation rates primarily emerge in the outer shelf area of the East China Sea and most areas of the Okinawa Trough. In the southwestern Jeju Island, the MAR_{OC} values of SOC are in the range of 0–205.4 g C·m^{-2}·a^{-1} with a mean value of 33.1±38.1 g C·m^{-2}·a^{-1} (Figure 5.2). High MAR_{OC} values (>39.8 g C·m^{-2}·a^{-1}) are mainly distributed in the eastern part of this mud area, with low values (<12.0 g C·m^{-2}·a^{-1}) primarily in the west-central part. In the Zhemin coastal mud, MAR_{OC} occurs in the range of 6.1–388.5 g C·m^{-2}·a^{-1} with a mean value of 59.2±38.6 g C·m^{-2}·a^{-1} (Figure 5.2). High MAR_{OC} values (>39.8 g C·m^{-2}·a^{-1}) are dispersed widely in patches across this mud area, with extremely high values (>57.7 g C·m^{-2}·a^{-1}) in the Yangtze

River estuary and off Hangzhou Bay. In contrast, low MAR_{OC} values (<12.0 g $C \cdot m^{-2} \cdot a^{-1}$) show limited distribution only on the seaward margin of the mud area. Based on MAR_{OC} and the size of the mud areas, the OC burial flux is estimated at 0.54 Mt $C \cdot a^{-1}$ in the mud of southwestern Jeju Island and at 3.65 Mt $C \cdot a^{-1}$ in the Zhemin coastal mud. Accordingly, the total OC burial flux in the mud areas of the East China Sea is 4.19 Mt $C \cdot a^{-1}$ (Table 5.1).

The spatial distribution of $MAR_{OC\text{-}ter}$ in the East China Sea (Figure 5.3) is largely similar to the trend of MAR_{OC} (Figure 5.2). However, $MAR_{OC\text{-}mar}$ exhibits distinct distributional characteristics (Figure 5.4) exemplified by the expanded distribution of high values. High $MAR_{OC\text{-}mar}$ generally occurs in most areas from the Yangtze River estuary to the Taiwan Strait, as well as to the mud of southwestern Jeju Island. The presence of low values in the southern East China Sea is consistent with the distribution trend of SOC. The OC_{ter} and OC_{mar} burial fluxes in the mud areas amount to 1.35 and 2.84 Mt $C \cdot a^{-1}$, respectively (mud of southwestern Jeju Island: 0.09 and 0.45 Mt $C \cdot a^{-1}$, respectively; Zhemin coastal mud: 1.26 and 2.39 Mt $C \cdot a^{-1}$, respectively).

Table 4.1 lists the $OC_{pe\text{-}tro}$, OC_{bio}, $OC_{bio\text{-}ter}$, and $OC_{bio\text{-}mar}$ contents in the mud of southwestern Jeju Island, which are 0.044%, 0.56%±0.11%, 0.13%±0.03%, and 0.42%±0.08 %, respectively. Based on those data, the burial fluxes of OC_{petro}, $OC_{bi\text{-}oter}$, $OC_{bio\text{-}mar}$, and OC_{bio} in this mud area are estimated at 0.03, 0.11, 0.36, and 0.47 Mt $C \cdot a^{-1}$, respectively. The OC_{petro}, OC_{bio}, $OC_{bio\text{-}ter}$, and $OC_{bio\text{-}mar}$ contents in the Zhemin coastal mud are 0.026%, 0.54%±0.11%, 0.14%±0.03%, and 0.40%±0.08%, respectively. Accordingly, the burial fluxes of OC_{petro}, $OC_{bio\text{-}ter}$, $OC_{bio\text{-}mar}$, and OC_{bio} in this mud area are estimated at 0.16, 0.86, 2.45, and 3.31 Mt $C \cdot a^{-1}$, respectively. To sum up, in the mud areas of the East China Sea, the burial fluxes of OC_{petro}, $OC_{bio\text{-}ter}$, $OC_{bio\text{-}mar}$, and OC_{bio} are 0.20, 0.97, 2.81, and 3.78 Mt $C \cdot a^{-1}$, respectively.

In the Zhemin coastal mud, MAR_{BC} occurs in the range of 0.3–35.2 g $C \cdot m^{-2} \cdot a^{-1}$ with a mean value of 7.9±9.1 g $C \cdot m^{-2} \cdot a^{-1}$ (Figure 5.5). The MAR_{BC} values are comparable to those of the Bohai Sea (7.8±6.3 g $C \cdot m^{-2} \cdot a^{-1}$) and prominently higher than those of the Yellow Sea (2.5±2.2 g $C \cdot m^{-2} \cdot a^{-1}$). Owing to lack of measured data from the mud of southwestern Jeju Island, the interpolation plot (Figure 5.5) is for reference only and is not discussed here. MAR_{BC} shows greater spatial variation than that of the BC content, indicating remarkable changes in sedimentation rates in the nearshore area of the East China Sea. The BC burial flux in the Zhemin coastal mud is estimated at 0.86 Mt $C \cdot a^{-1}$, which accounts for ~24% of the total SOC burial flux in the mud area.

5.3.2 Organic carbon budget

Table 1.1 lists the top 13 major rivers flowing into the East China Sea, including the Yangtze River, Qiantang River, Minjiang River, and other rivers in Taiwan. Their average input fluxes of sediments and POC are 482.3 and 2.73 $Mt \cdot a^{-1}$, respectively. Moreover, subaqueous deltaic erosion in the abandoned Yellow River estuary and coastal erosion are also major sources of sediment in the mud areas of the East China Sea, amounting to 238 $Mt \cdot a^{-1}$ (Qiao et al., 2017). The OC_{ter} input flux in the East China Sea is determined as 0.95 Mt $C \cdot a^{-1}$ based on the mean TOC content in the abandoned

Yellow River estuary (0.40%) (Deng et al., 2006). Thus, the input flux of OC_{ter} is determined as 3.68 Mt C·a^{-1} and its burial efficiency is ~37%. The input flux of OC_{mar} in the mud areas is calculated at 15.89 Mt C·a^{-1}, based on the mean primary productivity (204g C·m^{-2}·a^{-1}) (Song et al., 2008) and total mud area (77.9 × $10^3 km^2$), as well as the $MAR_{OC\text{-}mar}$ and areal integral of the various mud areas. The burial flux of OC_{mar} is 2.84 Mt C·a^{-1} (mud of southwestern Jeju Island: 0.45 Mt C·a^{-1}; Zhemin coastal mud: 2.36 Mt C·a^{-1}), with the burial efficiency of only 18%. Altogether, the SOC burial efficiency is ~21% in the mud areas of the East China Sea (Table 5.1; Shi et al., 2024).

Generally, the sedimentation rates in the Bohai Sea, Yellow Sea, and East China Sea are within the range of 0–95.9 mm·a^{-1} (n = 565) (Figure 4.11). High sedimentation rates are mainly concentrated in the estuaries of the major rivers, including the Yellow River and the Yangtze River, and their nearby areas. The mud areas have MAR_{OC} values of 0–99.0 g C·m^{-2}·a^{-1} with a mean value of 32.9 g C·m^{-2}·a^{-1}. The spatial heterogeneity in MAR_{OC} distribution is striking, with high values in the Yellow River estuary and its surroundings, and sub-high values mainly in the Yangtze River estuary and the Zhemin coastal mud. Additionally, MAR_{OC} reaches relatively high levels in areas of the Haihe River, Liaohe River, and Oujiang River estuaries, as well as the Shandong Peninsula coastal mud, central South Yellow Sea mud, and southeastern Yellow Sea mud. MAR_{OC} is closely tied to the distribution of sedimentation rates and OC contents. The OC burial fluxes in the Bohai Sea, Yellow Sea, and East China Sea are 1.30, 2.71, and 4.19 Mt C·ar^{-1}, respectively, with a sum of 8.20 Mt C·ar^{-1}, and the OC burial efficiency is 50%, 11%, and 21%, respectively.

The trends of distribution of $MAR_{OC\text{-}ter}$ and MAR_{OC} are broadly consistent in the mud areas, i.e., both decline rapidly outward along the major river estuaries. In contrast, the $MAR_{OC\text{-}mar}$ distribution is usually different from the trend of $MAR_{OC\text{-}ter}$, which is primarily related to the distribution of marine primary productivity and the sedimentary environment. The OC_{ter} burial fluxes in the mud areas of the Bohai Sea, Yellow Sea, and East China Sea are 0.45, 0.77, and 1.35 Mt C·a^{-1}, respectively, amounting to a total of 2.57 Mt C·a^{-1}. The mud areas of the Bohai Sea, Yellow Sea, and East China Sea serve as the main sedimentary sinks of OC_{ter}, with burial efficiency of 94%, 33%, and 37%, respectively. The OC_{mar} burial fluxes of the Bohai Sea, Yellow Sea, and East China Sea are 0.85, 1.91, and 2.84 Mt C·a^{-1}, respectively, with a sum of 5.60 Mt C·a^{-1}, corresponding to burial efficiency of 40%, 9%, and 18%, respectively (Figure 5.6).

The OC in the mud areas is predominantly derived from marine sources (~68%), with total burial efficiency of ~14%. Except for the southeastern Yellow Sea mud, the burial fluxes of the OC_{petro} fraction in the mud areas of the Bohai Sea, Yellow Sea, and East China Sea are 0.11, 0.23, and 0.51 Mt C·a^{-1}, respectively, amounting to 0.85 Mt C·a^{-1} and comprising ~2% of the global OC_{petro} burial flux (43 Mt C·a^{-1}) (Galy et al., 2015). The OC_{bio} burial fluxes of the Bohai Sea, Yellow Sea, and East China Sea are 1.08, 2.37, and 3.47 Mt C·a^{-1}, respectively, with a sum of 6.92 Mt C·a^{-1}, which is comparable to the intensity of silicate weathering in the nine major river basins across China (5.05–7.52 Mt C·a^{-1}) (Wu et al., 2011). The total burial flux of BC is 1.38 Mt C·a^{-1} in the mud areas, excluding the southeastern Yellow Sea mud and the mud of southwestern Jeju Island (Table 5.1).

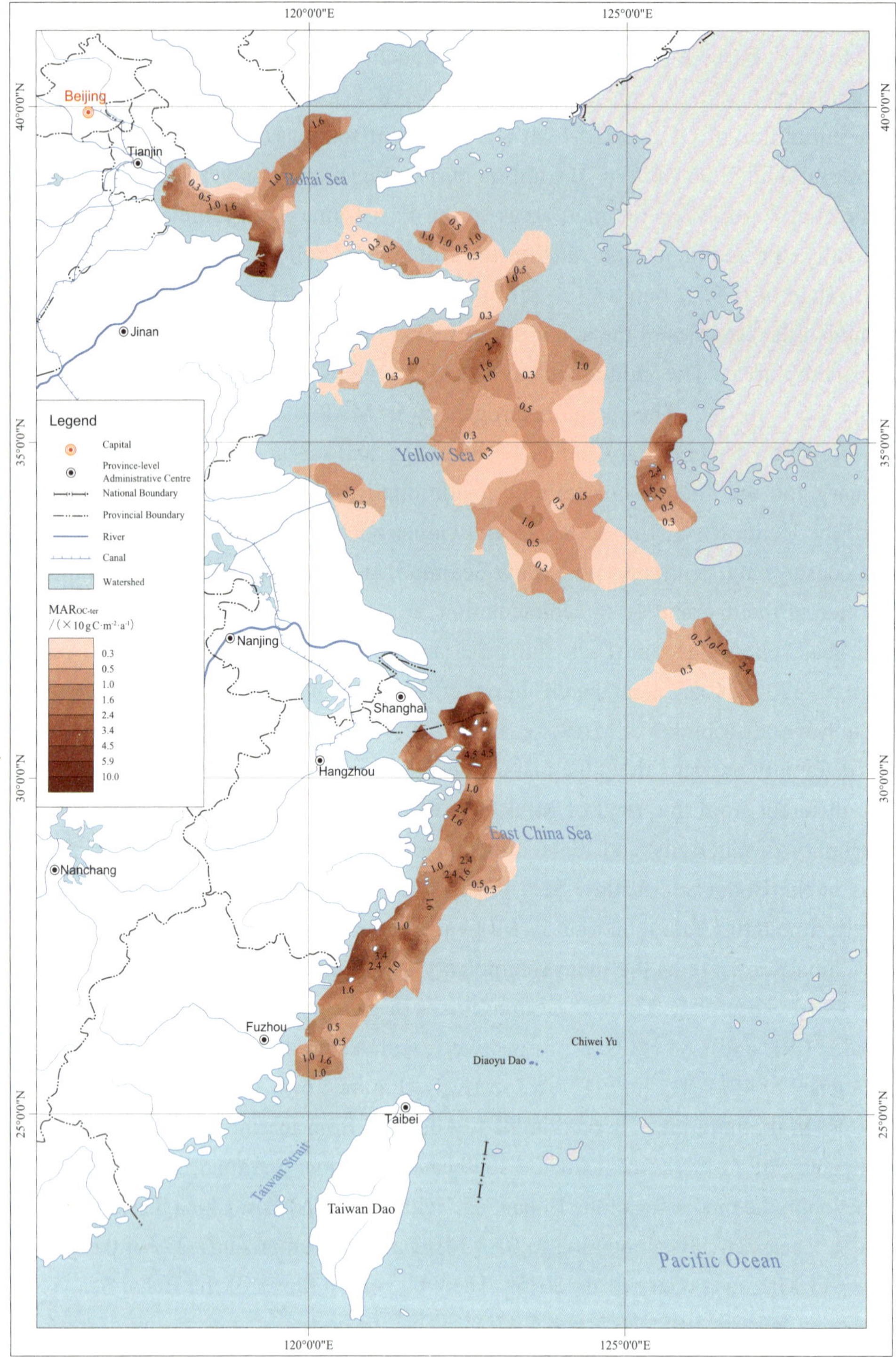

Figure 5.3 Distribution of terrestrial organic carbon mass accumulation rates ($MAR_{OC\text{-}ter}$) in the mud areas of the Bohai Sea, Yellow Sea, and East China Sea

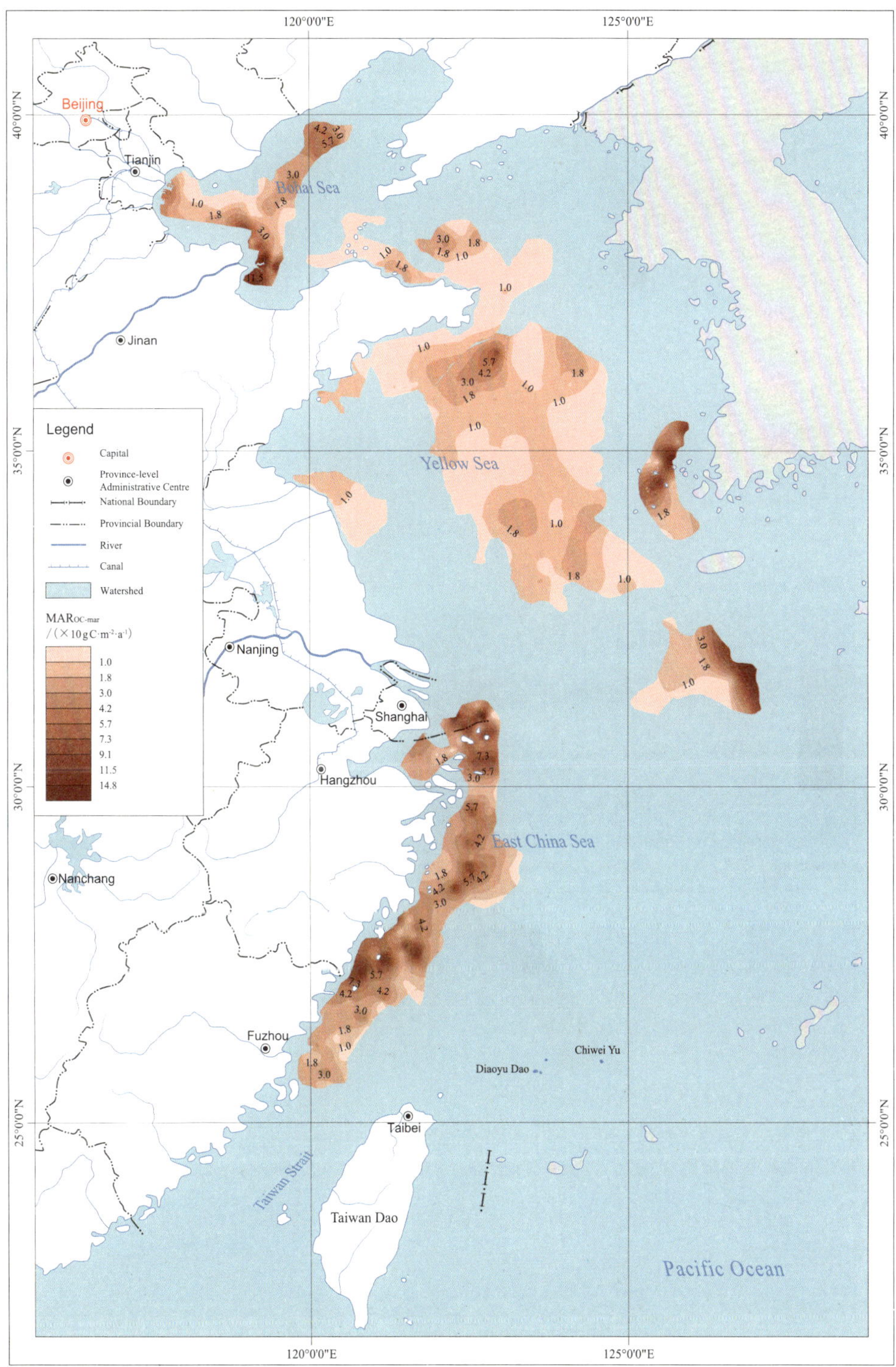

Figure 5.4 Distribution of marine organic carbon mass accumulation rates ($MAR_{OC\text{-}mar}$) in the mud areas of the Bohai Sea, Yellow Sea, and East China Sea

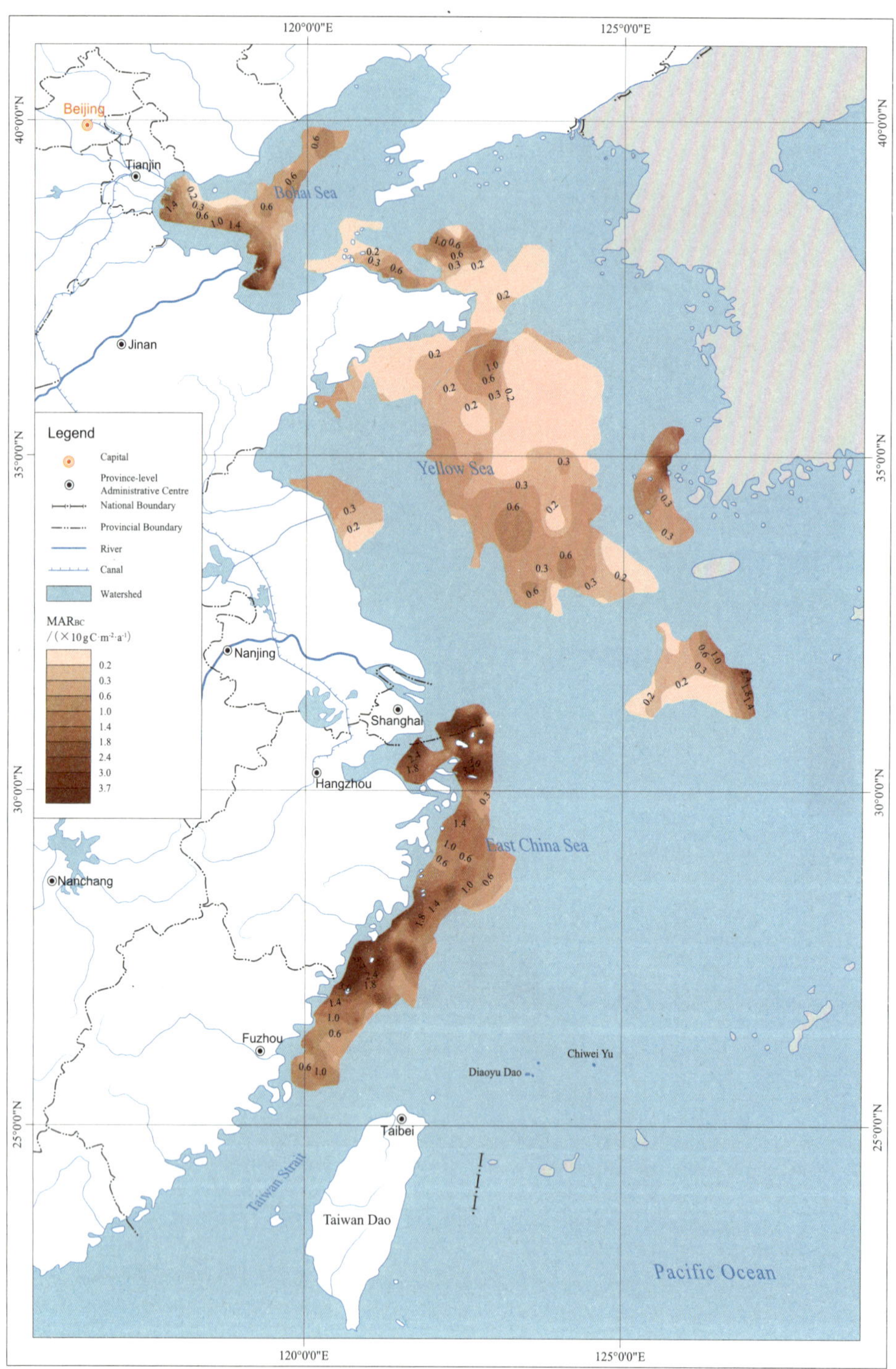

Figure 5.5 Distribution of black carbon mass accumulation rates (MAR_{BC}) in the mud areas of the Bohai Sea, Yellow Sea, and East China Sea

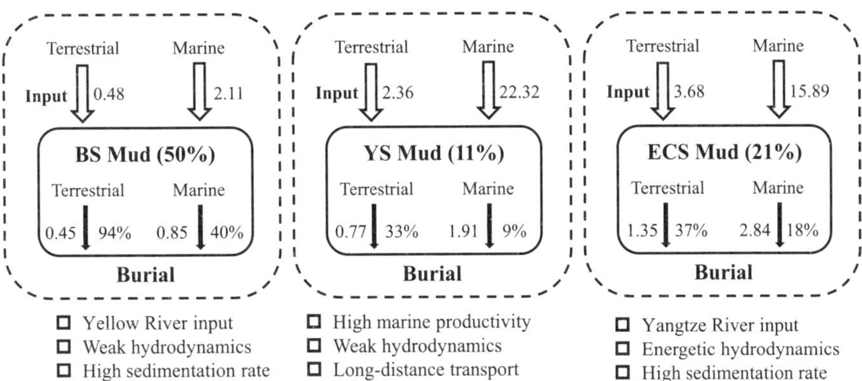

Figure 5.6 Schematic of the organic carbon budget and the burial environment in mud deposit areas of the Bohai Sea, Yellow Sea, and East China Sea (unit: Mt C·a^{-1})

6 Controlling factors and transport–burial patterns of sedimentary organic carbon

6.1 Sedimentation

Marine hydrodynamic conditions not only control the dispersion and distribution of mineral–organic matter complexes over the continental shelf, but also affect the exposure time of organic matter in the oxidizing environment through suspension–deposition processes, thereby influencing OC burial (Bianchi et al., 2007; Hu et al., 2013; Bao et al., 2018). The migration of POC complexes in estuarine–shelf environments is a selective process (Xing et al., 2016). Owing to the impact of hydrodynamic conditions, the characteristics of the distribution of POC complexes depend mainly on factors such as the grain size, density, mineral composition, and specific surface area of the particulate matter. For example, most fine-grained, low-density particulate matter is likely to be transported by waves and coastal currents to sea areas further from river estuaries, whereas coarse-grained, high-density particulate matter is preferentially deposited nearer estuaries (Wakeham et al., 2009). During this process, materials with different sources, activities, grain sizes, and mineralogical and geochemical compositions could be sorted or differentiated via dynamic sorting (Bianchi et al., 2002). Furthermore, this would lead to differentiation of the OC fractions adsorbed on the particulate sediment that are of different types and have various properties. In other words, OC would be redistributed among the particulate matter with varied grain sizes and mineral compositions, or even among various phases (Mayer, 1994), which has profound influence on the geochemical behavior and fate of SOC in estuarine–shelf environments.

The distribution of high TOC contents in the Bohai Sea, Yellow Sea, and East China Sea is broadly consistent with the pattern of the fine-grained deposit area (Figure 1.3), showing remarkable distribution characteristics controlled by sediment grain size. In the study area, TOC content is significantly positively correlated with the mean grain size and fine-grained fraction (clay and silt) of sediments ($r = 0.44–0.53$, $p < 0.01$, $n = 3848$) [Figure 6.1(a), (b), (c)]. In contrast, there is significant negative correlation between TOC content and the coarse-gra0ined fraction (sand) of sediments ($r = -0.52$, $p < 0.01$, $n = 3848$) [Figure 6.1(d)]. This explains the distribution pattern of relatively high OC content in the mud areas but generally low OC content in the sand areas, including the central Bohai Sea, eastern central North Yellow Sea, Subei Shoal, and outer shelf of the East China Sea. BC is a major component of SOC in the eastern China seas. The spatial distribution trend of BC (Figure 4.9) is similar to that of both TOC and OC_{ter} (Figure 4.3), with significant distribution characteristics controlled by sediment grain size ($p < 0.01$) (Figure 6.2). This further verifies that the high affinity of BC to particulates promotes its adsorption on and burial in fine-grained sediments.

The mean TOC content in the mud areas (0.57%±0.23%, $n = 2128$) is 39% higher than that in the non-mud areas (0.41%±0.25%, $n = 3668$). The median TOC content in the mud areas (0.57%) is 54% higher than that in the non-mud areas (0.37%) [Figure 6.3(a)]. Among the different areas, the mean TOC content in the mud area of the Bohai Sea (0.55%±0.21%, $n = 461$) is 53% higher than that in the corresponding non-mud area (0.36%±0.20%, $n = 1048$); in the mud area, the median TOC content (0.55%) is 62% higher than that in the non-mud area (0.34%) (Figure 6.3b). In the mud areas of the Yellow Sea, the mean TOC content (0.61%±0.21%, $n = 783$) is 74% higher than that in the corresponding non-mud areas (0.35%±0.21%, $n = 1309$); in the mud areas, the median TOC content (0.51%) is 59% higher than that in the non-mud areas (0.32%) (Figure 6.3b). In the mud areas of the East China Sea, the mean TOC content (0.59%±0.14%, $n = 884$) is 16% higher than that in the non-mud areas (0.51%±0.30%, $n = 1311$); in the mud areas, the median TOC content (0.59%) is 26% higher than that in the non-mud areas (0.46%) (Figure 6.3b). In the study area, TOC content is significantly positively correlated with silt and clay fractions (0.48 versus 0.44, $p < 0.01$), which also indicates that more OC is adsorbed on fine-grained fractions than on coarse-grained fractions of sediment. Consequently, there are relatively high TOC contents in fine-grained deposit areas, such as the Shandong Peninsula coastal mud and the central Yellow Sea mud.

The mud area of the Bohai Sea is the result of westward and northward migration of sediments from the Yellow River and subsequent accumulation in the Bohai Bay and central Bohai Sea (Liu JG et al., 2007). In addition to the bulk of the sediments deposited in the central Bohai Sea, a proportion of the modern Yellow River sediments is transported to the Yellow Sea by coastal currents (Alexander et al., 1991; Qiao et al., 2017). The Shandong Peninsula coastal mud sediments are mainly attributed to long-distance input of Yellow River sediments, but they are also influenced by coastal erosion and inputs from small and medium rivers in surrounding areas (Liu et al., 2001). The central Yellow Sea mud is formed primarily because of the influence of cyclonic eddies, with sediments mainly derived from the Yellow River and erosion of the abandoned Yellow River estuary (Shi et al., 2002; Wang et al., 2014). Most sediments in the mud areas of the Yellow Sea are far from terrestrial inputs and are constantly transported, deposited, and resuspended by coastal and tidal currents (Liu et al., 2009; Yang and Liu, 2007). A large proportion of OC_{ter} discharged to the Yellow Sea is seriously mineralized after long-distance transport, deposition, and resuspension processes (Hu et al., 2016a). In the area of the central Yellow Sea mud, the weak dynamic environment and water stratification facilitate retention and preservation of the fine-grained sediments discharged in this area (Shi et al., 2002; Dong et al., 2011; Guo et al., 2021). Sediments in the abandoned Yellow River estuary are principally derived from the ancient Yellow River Delta and eroded sediments, whereas the southeastern Yellow Sea mud is influenced by material derived from the Korean Peninsula (Qiao et al., 2017). OC is chiefly adsorbed on the surface of fine-grained sediments and transported via ocean currents to the distal mud areas in the Yellow Sea. Because the Yellow Sea receives no direct inputs from large rivers and is far from the mouth of the Yellow River, the sedimentary hydrodynamic environment and its resulting mud deposits are likely major mechanisms that regulate SOC transport and burial (Hu et al., 2016a). The distribution characteristics of OC stable isotopes are in good agreement with the dispersal paths of sediments from the Yellow River. This reveals that river input and the sedimentary hydrodynamic environment of the continental shelf control the selective transport of terrestrial SOC in those areas (Hu et al., 2013).

In the East China Sea, SOC content is closely related to the mean grain size of sediments, and its high values primarily occur in the Yangtze River estuary and inner shelf mud areas. It indicates that hydrodynamic forces and sediment grain size distribution are crucial factors governing TOC distribution in those areas. When discharged to the East China Sea, the Yangtze River sediments and OC are first deposited temporally in the Yangtze River estuary, then transported southward by coastal currents, and eventually accumulated over the inner shelf owing to the effect of the Taiwan Warm Current (Liu JP et al., 2007; Liu et al., 2018; Liu et al., 2021). In the area of the Zhemin coastal mud, sediments are continuously resuspended, redistributed, and redeposited owing to strong tides, waves, and coastal currents, as well as winter storm surges and upwelling, leading to intense organic matter mineralization (Yao et al., 2014; Sun et al., 2020a). However, because of the upwelling effect caused by the Taiwan Warm Current, most OC inputs from the Yangtze River are still deposited and buried in that area (Bao et al., 2018; Wu et al., 2020). According to analysis of the OC composition in sediments of different densities and grain sizes in the Yangtze River estuary and adjacent continental shelf areas, it is observed that OC_{ter} is principally enriched on low-density particulate matter, whereas OC_{mar} is preferentially enriched on high-density particulate matter. Lignin-rich fresh plant debris is mainly adsorbed on coarse grains and it is preferentially accumulated near the estuary, whereas lignin-depleted soil OC with a moderately high degree of degradation is chiefly present on fine grains and can be transported far from the estuary (Wang et al., 2015). Therefore, the hydrodynamic sorting process in the East China Sea plays an essential role in the transport and dispersion processes of OC_{ter} and OC_{mar} off the estuary. Overall, most areas of the Bohai Sea and Yellow Sea have shallow water depth in a relatively stable sedimentary environment, which is favorable for OC preservation. In contrast, the East China Sea has a broad continental shelf and is influenced by the strong dynamic environment, where intense sediment resuspension and transport coupled with a dynamic and variable sedimentary environment accelerate OC mineralization (DeMaster et al., 1985; Su and Huh, 2002; Bao et al., 2018; Wu et al., 2020; Guo et al., 2021; Zhao et al., 2021). Hence, the OC_{ter} burial efficiency (37%) in the mud areas of the East China Sea is distinctly lower than that in the mud area of the Bohai Sea (94%).

The mud area in the Bohai Sea is directly influenced by inputs from the Yellow River, with shallow waters and a stable sedimentary environment contributing to high OC_{ter} burial efficiency. The mud deposit areas in the Yellow Sea are far from direct terrestrial inputs; despite the stable sedimentary environment, the OC_{ter} burial efficiency is low after the long-distance transport of SOC. The East China Sea receives direct inputs from the Yangtze River and from rivers in other areas. The Yangtze River estuary and inner shelf are influenced by the strong dynamic environment, resulting in high spatial heterogeneity in the sedimentary environment, intensive SOC mineralization, and relatively low OC burial efficiency. In summary, the mud deposit areas are the main locations of SOC burial in the eastern China seas, with hydrodynamic conditions acting as the prominent controlling factor of SOC distribution.

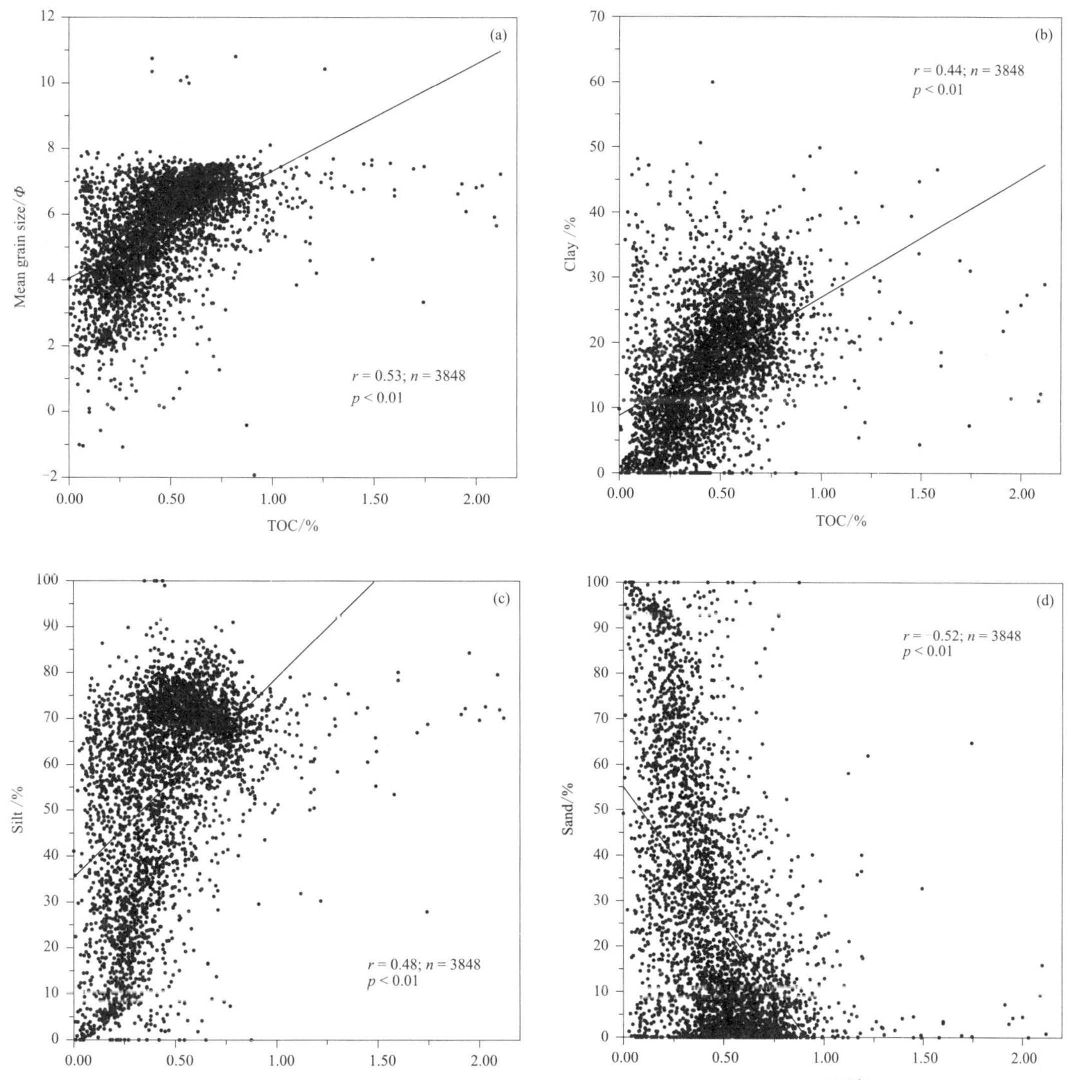

Figure 6.1 Correlations between sedimentary organic carbon (SOC) and mean grain size(a), clay fraction(b), silt fraction(c), and sand fraction of sediments(d) in the Bohai Sea, Yellow Sea, and East China Sea

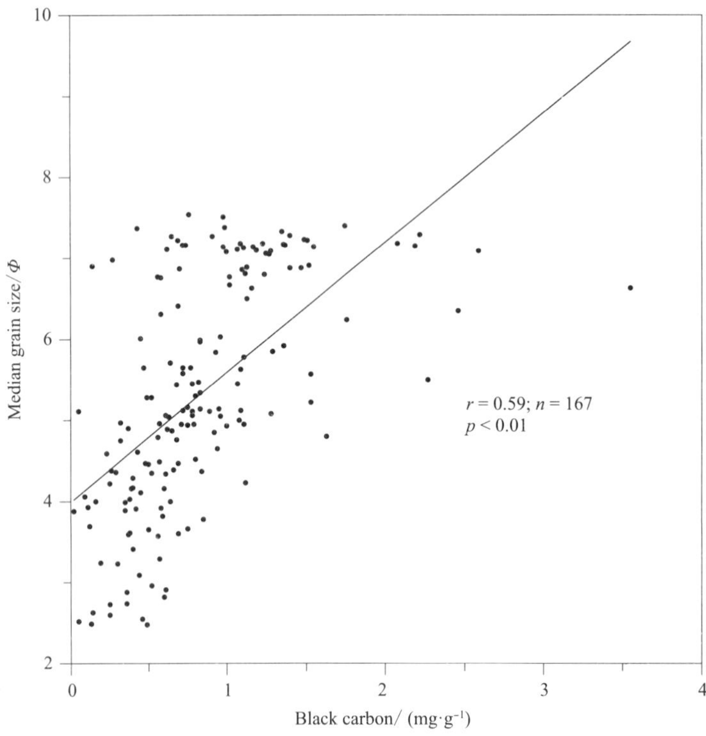

Figure 6.2 Correlation between black carbon (BC) and sediment median grain size in the Bohai Sea and the Yellow Sea

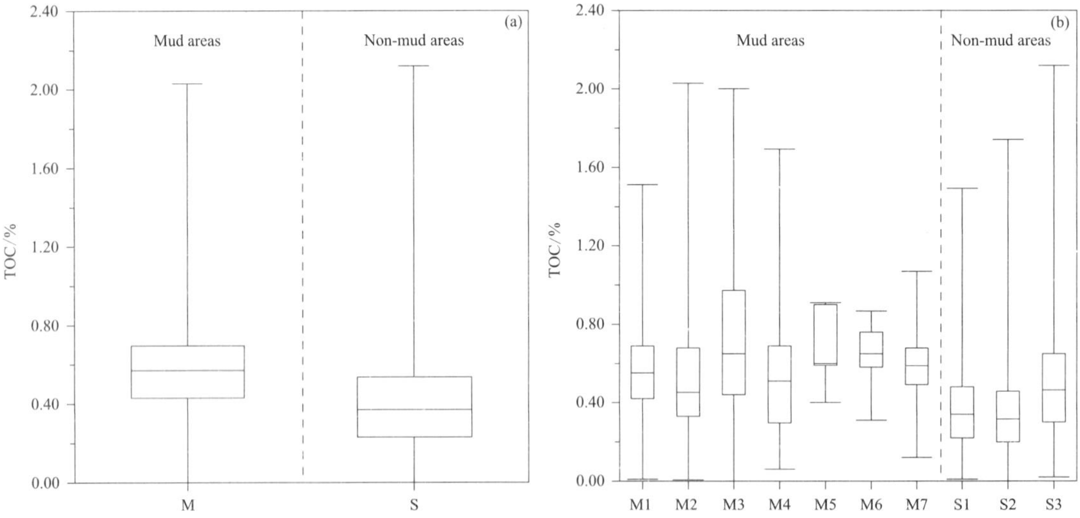

Figure 6.3 Comparison of (a) sedimentary organic carbon (SOC) content between mud and non-mud areas, and (b) SOC content between mud and non-mud sub-areas in the Bohai Sea, Yellow Sea, and East China Sea

M: mud area, n=2128; S, non-mud area, n=3668; M1: Bohai Sea mud area, n=461; M2: Shandong Peninsula coastal mud n=400; M3: mud area inthe central Yellow Sea, n=218; M4: abandoned Yellow River estuary mud area, n=156; M5: mud area inthe southeasternYellow Sea, n=9; M6: mud area to the southwest of Jeju Island, n=19; M7, Zhemincoastal mud area, n=865; S1, area excluding the Bohai Sea mud area, n=1048; S2, area excluding the mud areas of the Yellow Sea, n=1309; S3, area excluding the mud areas of the East China Sea, n=1311

6.2 Transport process

Hydrodynamic sorting can enable selective transport of OC adsorbed on particulate matter. Coarse silt is non-cohesive and prone to resuspension, redistribution, and dispersion; therefore, the OC bound to this fraction is likely to be transported for a long period and is prone to selective degradation, resulting in low contents and old ages of OC. Owing to the strong cohesiveness and weak dispersibility of clay, OC associated with this fraction is of relatively young age (Ausín et al., 2021).

The age of POC from the Yellow River is markedly different to that of POC from the Yangtze River. The POC from the Yellow River is notably older (4000–8000a B.P.), indicating that OC from the Yellow River has been highly degraded before being discharged to the sea and is therefore refractory to degradation. In contrast, POC discharged from the Yangtze River is relatively young, aged between ~800–1060a B.P. (Wang et al., 2012). Despite the older ages of SOC around the Yellow River estuary (>2500 a B.P.) (Figure 4.7), there are noticeably higher OC contents in the sediments along the dispersal paths of the Yellow River sediments, including partial areas of the Bohai Sea mud, Shandong Peninsula coastal mud, and central Yellow Sea mud, compared with those around the Yellow River. In those mud areas, sediment OC content is higher than that in the Huanghe River estuary and its surroundings, with an increasing OC_{mar} fraction (increase of $\delta^{13}C$, $\Delta^{14}C$, and Fm_{bi}) (Figures 4.2 and 4.6, Table 4.1). The inputs of aged OC from the Yellow River are diluted by young OC fractions from marine primary production; therefore, the SOC ages in the mud areas of the Bohai Sea and the Yellow Sea are relatively young (Figure 4.7). Additionally, the mean grain size of the sediments tends to increase along the dispersal paths of the Yellow River sediments toward the Bohai Sea and the Yellow Sea. Especially in the Shandong Peninsula coastal mud, there is dramatic increase in the silt content in the nearshore area (>75%) (Shi, 2012), and the content of OC is low with a similar age to that observed in the Yellow River sediments (Figure 4.7). This might reflect that the OC carried by the silt-size fraction of sediments is of relatively old age.

Strong resuspension leads to SOC oxidation and aging in the nearshore mud areas of the East China Sea. The Zhemin coastal mud has substantially higher SOC contents but younger OC ages than that in the Yangtze River estuary (Figure 4.7), most likely due to the higher clay fraction (25%–50%) (Shi, 2012). Similar to the trend observed in the Yellow Sea, the TOC content (Figure 3.2), OC_{mar} fraction (Figure 4.4), and $\Delta^{14}C$ value (Figure 4.6) all increase, whereas the OC age decreases (Figure 4.7) during the transport processes of Yangtze River sediments to the Zhemin coastal mud and the mud to the southwest of Jeju Island. Those changes are related to the production and burial of fresh OC_{mar}. In short, long-distance transport of sediments in the Bohai Sea, Yellow Sea, and East China Sea is accompanied by the sorting of sediments, OC_{ter} aging, and input of fresh OC_{mar}. The continuous supply of fresh OC_{mar} is the primary reason for the dominant contribution of marine sources to SOC over the continental shelf.

6.3 Organic carbon–mineral interaction

Fine-grained minerals are the major minerals bound to OC, and most such minerals are phyllosilicate and iron oxides with high surface area, which often carry high electric charge (Keil and Mayer, 2014; Hu et al., 2023). OC achieves long-term physical protection by adsorption on the surface of such fine-grained minerals, and organic matter adsorbed on fine-grained minerals with larger surface area is more resistant to degradation (Keil et al., 1994; Mayer, 1994; Shields et al., 2016, 2019; Blattmann et al., 2018, 2019). Therefore, the mineral composition in sediments plays a vital role in regulating OC burial and preservation. Smectite, which is one example of relatively fine clay minerals, can be easily transported in water. Its outer surface adsorbs OC, and the expandable interlayer space also provides sufficient storage space for OC (Kennedy and Wagner, 2011). Thus, smectite is one of the most important clay minerals for promoting the preservation and burial of OC. However, it has been shown that soil-derived OC adsorbed on smectite can be replaced by OC_{mar} during the sedimentary process, whereas OC_{petro} is bound tightly to other minerals such as mica and chlorite, which supports its preservation in the marine environment (Blattmann et al., 2019). This reveals that the preservation of OC_{ter} in coastal sediments is mainly governed by the characteristics of mineral surface area, i.e., the mineral structure characteristics of phyllosilicate. The interaction between SOC and minerals is discussed in the following section by taking the Bohai Sea as an example.

Sediments from the Yellow River are characterized by high illite content (~60%) and low smectite content (~15%) with an illite/smectite ratio of <6 (Fan et al., 2001; Qiao et al., 2011; Zhao et al., 2021; Shi, 2012). Soil-derived OC can be easily transported over long distances when adsorbed on smectite. The smectite contents of the sediments in the Bohai Sea range between 0–16% with a mean value of 7%±4% (n = 409). Smectite is a characteristic clay mineral of Yellow River sediments and its highest content is found in the Yellow River Delta. The distribution characteristics of smectite are similar to the distributions of TOC and the OC_{ter} fraction (Figure 4.3). Soil-derived OC is one of the most important contributors of OC_{ter} in the Bohai Sea (Hu et al., 2016a), and the smectite fraction is significantly positively correlated with the TOC content of sediment in this area ($p < 0.01$) (Figure 6.4a), which suggests that OC_{ter} can be adsorbed on smectite in this area. Chlorite mostly occurs in an environment with strong physical weathering, and OC_{petro} can bind closely to minerals such as chlorite, allowing it to be easily preserved in the marine environment. In the Bohai Sea, chlorite contents vary in the range of 4%–29% with a mean value of 12%±3% (n = 409). High chlorite contents occur primarily in the Yellow River Delta and its surroundings, including Laizhou Bay and southern parts of Bohai Bay. The chlorite contents reach up to 15% in the Yellow River Delta, whereas they are ~7%–15% in the Bohai Sea mud area. The distribution characteristics of chlorite broadly mirror the distributions of TOC and the OC_{ter} fraction (Figure 4.3), and the chlorite fraction is significantly positively correlated with TOC content ($p < 0.01$) [Figure 6.4(c)]. This also evidences that adsorption of organic matter by chlorite is conducive to its preservation and high content. In summary, the above findings indicate that the OC_{ter} fraction of sediments in the Bohai Sea is somewhat influenced by the content of clay minerals, mainly the characteristic minerals from the Yellow River—smectite and chlorite. The relatively stable sedimentary environment coupled with adsorptive protection by clay minerals promotes OC_{ter} burial and preservation.

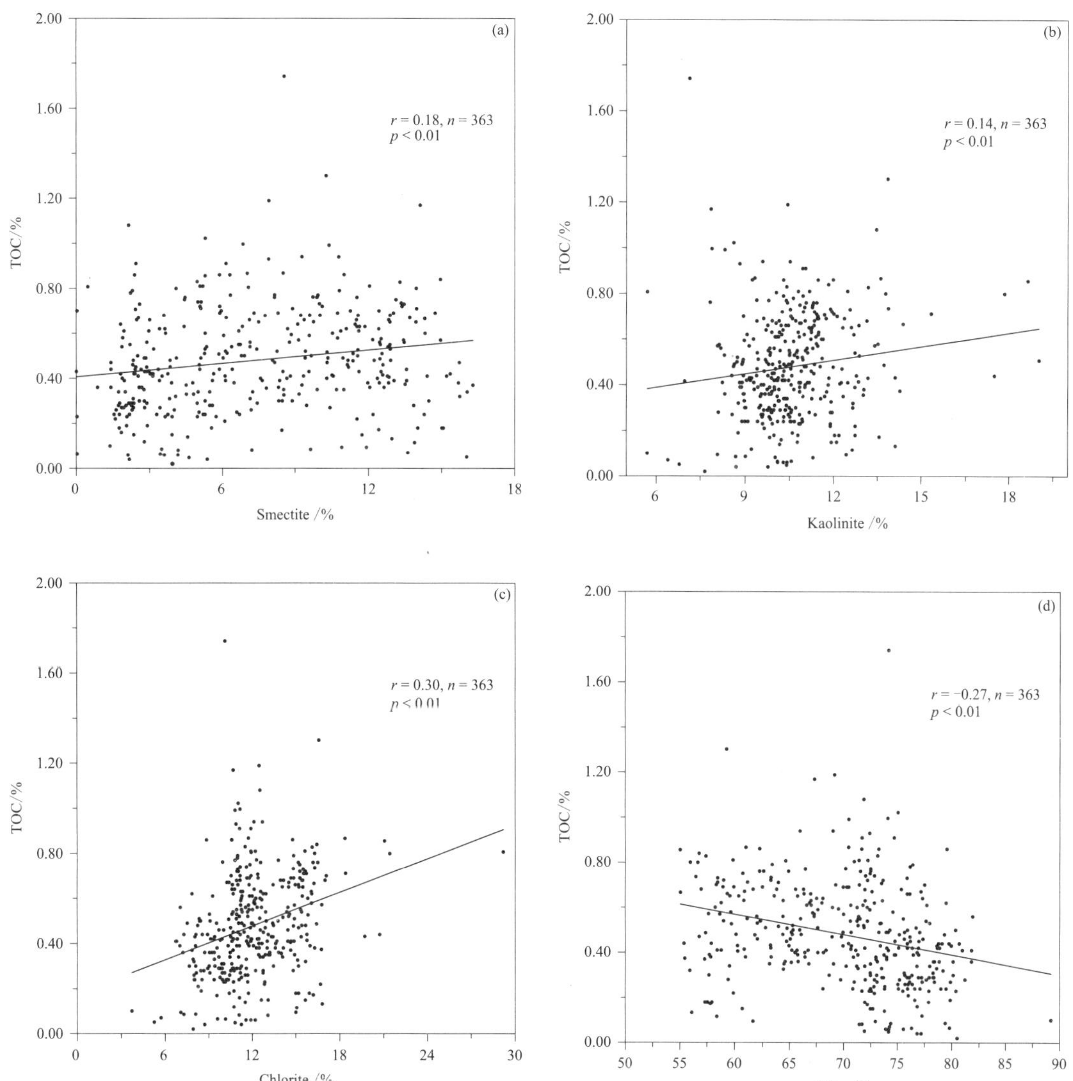

Figure 6.4 Correlation between sedimentary total organic carbon (TOC) and clay minerals

(a) smectite, (b) kaolinite, (c) chlorite, and (d) illite in the Bohai Sea

6.4 Human activities

Human activities, such as dam construction, can prominently reduce sediment flux from rivers to the sea (Wang. S et al., 2016). On the one hand, itt directly leads to decrease in OC_{ter} burial flux; on the other hand, it indirectly promotes deltaic and nearshore erosion, causing sediment resuspension and facilitating OC mineralization, which in turn diminish OC accumulation and burial (Syvitski et al., 2005; Gao et al., 2019). Since 1960, there has been stepwise reduction in the volume of sediments discharged into the eastern China seas from the Yangtze River and the Yellow River owing to dam construction, which has profoundly altered the OC transport process and burial pattern over the continental shelf (Li et al., 2015; Sun et al., 2020b; Wang et al., 2020; Lu et al., 2022). Following commencement of the operation of the Three Gorges Reservoir in 2003 and the Xiaolangdi Reservoir in 1999, rapid decline occurred in sediment loads of the Yangtze and Yellow rivers, with their annual averages comprising only 33% and 14% of the long-term annual averages in 1950–2010, respectively (Figure 6.5). It is estimated that the OC_{ter} flux from the Yangtze River to the sea decreased by 15% following dam construction (Sun et al., 2020b); the OC_{ter} burial flux in the Bohai Sea, Yellow Sea, and East China Sea decreased by as much as 66% following dam construction, compared with the long-term average annual sediment flux of the Yellow River and Yangtze River (Zhao et al., 2021). Dam construction additionally causes changes in the composition of the OC discharged to the sea from rivers. For example, following the impoundment of the Xiaolangdi Dam, the downstream riverbed sediments became the primary source of organic matter flowing into the sea, with their age being ~2400 a younger than that of POC in the river section draining through the Loess Plateau (Lu et al., 2022). Therefore, dam construction activity dramatically alters the characteristics and distribution pattern and flux of OC burial over the continental shelf of the eastern China Seas, and impacts the burial potential of coastal sedimentary carbon sinks. Moreover, water eutrophication is likely to occur in coastal ecosystems impacted by human activities such as pollution discharge. This would promote the formation of water hypoxia, reduce the rate of OC mineralization, and consequently increase the rate of SOC preservation (Bauer et al., 2013; Bianchi et al., 2016). To unravel the potential impacts of human activities, the spatiotemporal variation of SOC over the past hundred years in three sediment cores (i.e., B239, M3, and M7; Figures 2.1 and 6.6) collected from the Bohai Sea mud area is characterized in the following section.

(1) Impact of dam construction and river diversion

River diversion, together with distinct variation in sediment input, would notably alter OC_{ter} input and burial. The centennial-scale sedimentary characteristics of core BH239 (Figures 2.1 and 6.6) from the northern side of the Yellow River estuary were mainly influenced by the artificail Yellow River diversion in 1976 (Qiao et al., 2011). The TOC contents in core BH239 ranged between 0.40%–1.78% and increased rapidly from the surface downward until reaching a maximum at around 1990; after that, the TOC contents gradually decreased and generally leveled off before 1976. The C/N ratios varied in the range of 7.1–22.5 and exhibited a trend highly consistent with the vertical distribution of TOC, which demonstrates the close relationship between TOC content and the changes in provenance of organic matter in the area.

During 1953–1976, the Yellow River discharged into the northern side of the Yellow River Delta (i.e., the Shenxiangou and Diaokou Channels). When large amounts of terrestrial sediments were discharged into this area, they directly affected the sedimentation exhibited in core BH239. The C/N ratios (>9.9) also indicated prominent terrestrial contribution to OC during this period. However, the TOC contents remained stable over this period, possibly because of the following reasons. ① Direct sediment input from the Yellow River resulted in a water body with high concentration of suspended particulate matter which caused reduction in marine productivity and OC_{mar} contribution (e.g., Shi and Wang, 2012). ② There was a dilution effect due to the direct input of fresh sediments from the Yellow River (e.g., Hu et al., 2011). ③ Reduction in the sediment flux into the sea, indirectly promoted subaqueous deltaic erosion that compensated for the OC supply to this core (e.g., Sun et al., 2020b). After 1976, the channel of the Yellow River shifted southward (i.e., to the Qingshuigou Channel). The TOC contents and C/N ratios exhibited a rapid upward trend over this period, reaching their peak values at around 1990. This might be attributable to the decline in Yellow River sediments flowing into the sea because of the river diversion, which led to intensified sediment erosion in the subaqueous delta and promoted a remarkable increase in the contribution of the OC_{ter} fraction in core BH239. After 1990, the TOC and C/N values in core BH239 displayed a rapid downward trend accompanied by coarsening of the sediment grain size, likely due to the reduction in OC_{ter} input following the southward shift of the Yellow River channel. In summary, the SOC in the Bohai Sea mud area is prominently impacted by factors such as channel shifts in the lower reaches of the Yellow River.

(2) Impact of anthropogenic nutrient inputs

Since 1950, the eastern China seas have experienced rapid increase in nutrient contents such as nitrogen and phosphorus, continuous expansion of the eutrophic area, and rapid development of seawater eutrophication due to the impact of coastal anthropogenic activities (e.g., Sun, 2007; Yu et al., 2013). Cores M3 and M7 (Xu et al., 2018) are both from areas with relatively high OC_{mar} contents in the central and northern parts of the Bohai Sea mud, respectively (Figure 4.4), far from coastal terrestrial inputs. In core M3, the TOC contents ranged between 0.49%–0.58% (Figure 6.6) and tended to increase slowly from the surface layer downward, with indistinct variation. The C/N ratios varied in the range of 4.0–7.5 and gradually increased from the surface layer downward. In core M7, the TOC contents were 0.32%–0.72%, and showed an overall trend of slow reduction from the surface downward, with relatively distinct variation. The C/N ratios were within the range of 4.2–8.2 and they also decreased gradually from the surface downward. Despite the opposite trends of the C/N ratios between cores M3 and M7, the contents of both TOC and the biomarker of marine primary productivity—sterol (e.g., dinosterol)—exhibited remarkable upward trends after 1980, indicative of considerable increase in phytoplankton productivity over this area (Xu et al., 2018). The increase in marine primary productivity across the central and northern Bohai Sea presented remarkable synchronicity with the rapid increase of nitrogen and phosphorus nutrients in the seawater of the Bohai Sea (Sun, 2007). Therefore, the intensification of eutrophication and the remarkable increase of the sterol content in cores M3 and M7 from 1990 reveal the impact of coastal anthropogenic nutrient inputs on SOC.

To sum up, the distribution of OC_{ter} in the Bohai Sea, Yellow Sea, and East China Sea is primarily influenced by large river transport and complex hydrodynamic environment. Mineral adsorption and protection of OC play essential roles in SOC burial and preservation. Most POC input from large rivers, such as the Yellow and Yangtze rivers, is adsorbed on the fine-grained sediments. The POC from terrestrial sources is mainly deposited in mud deposit areas, driven by coastal currents. OC_{mar} generated by marine primary production constitutes a major part of the TOC in most areas except estuaries. The distribution and burial of OC_{mar} are chiefly governed by the nutrient supply and hydrodynamic environment. Therefore, hydrodynamic conditions, sedimentary processes, and OC types are the major factors controlling SOC distribution, burial, and preservation over the coastal continental shelf of the eastern China seas. Undoubtedly, further study is needed to investigate the profound impacts of seasonal variations in the hydrodynamic environment, marine primary productivity, and human activities on SOC distribution and burial in this area.

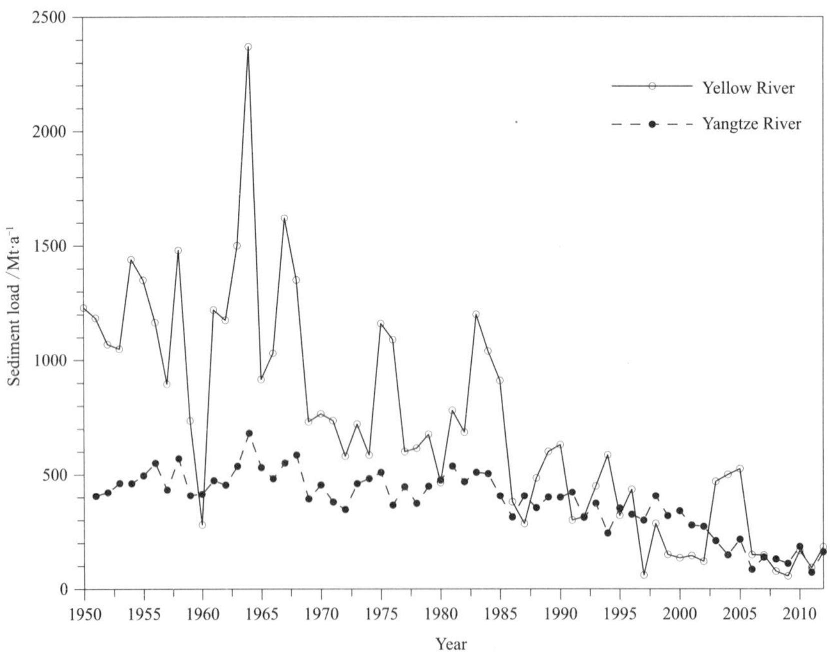

Figure 6.5 Variation of sediment fluxes to the sea from the Yangtze River and Yellow River (1950–2012; data were obtained from the Datong and Lijin hydrological stations)

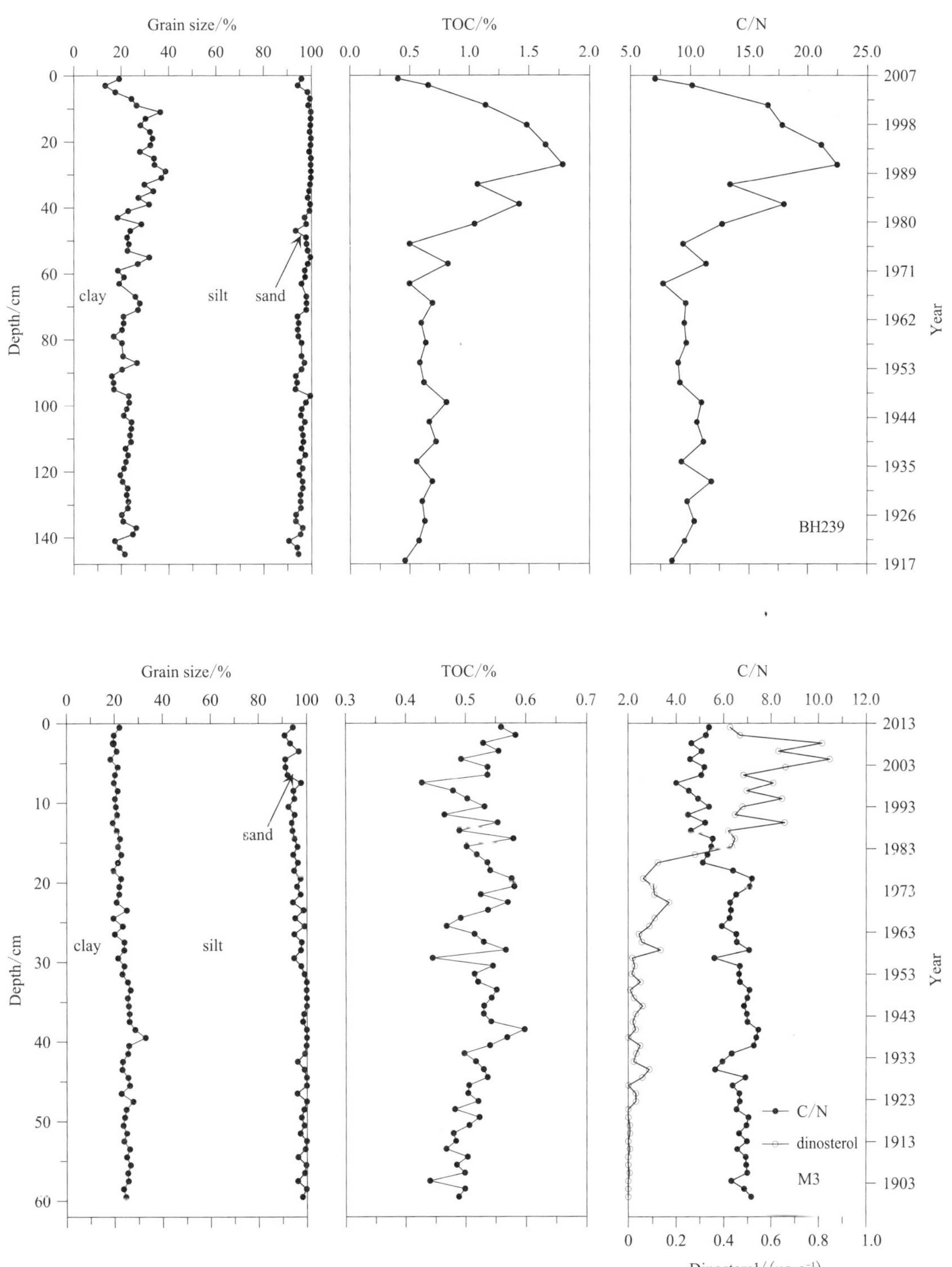

Grain size/%
TOC/%
C/N
Depth/cm
Year
clay
silt
sand
BH239
C/N
dinosterol
M3
Dinosterol/(μg·g⁻¹)

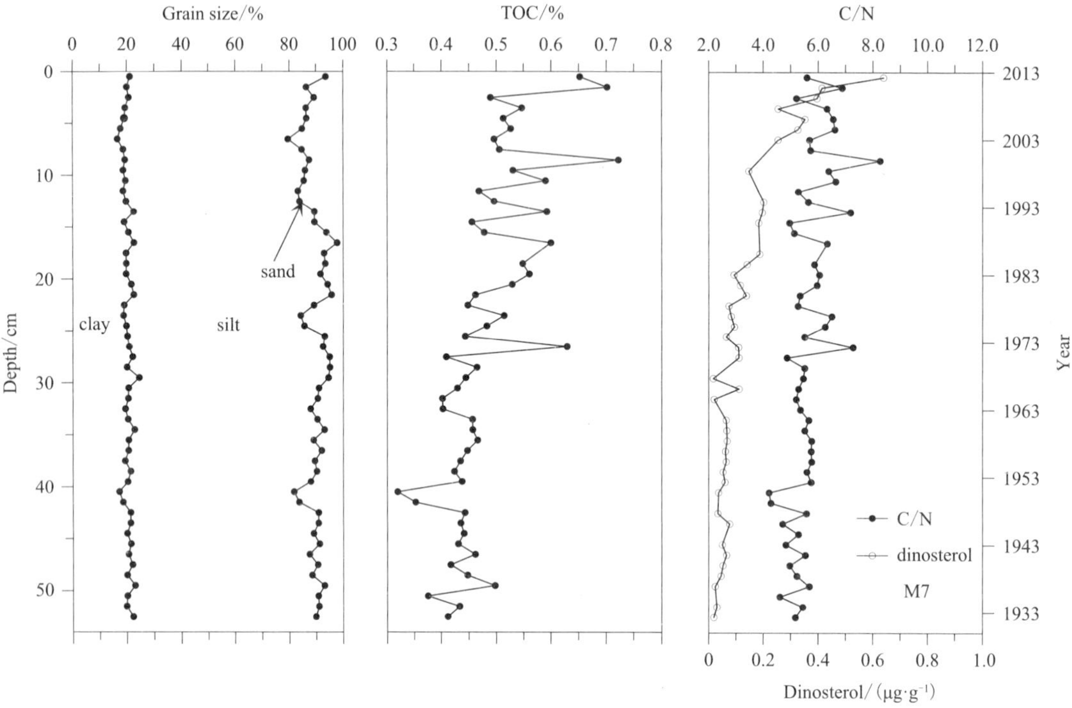

Figure 6.6 Vertical variation in sedimentary organic matter in cores BH239, M3, and M7 in the Bohai Sea mud area over the past century (see Figure 2.1 for station locations)

6.5 Regional synthesis modes of SOC dispersal and accumulation patterns

Although the continental margin accounts for only 8% of the global ocean area, about 90% of OC burial in the global oceans occurs in estuaries, nearshore subaqucous deltas, and shelf deposit areas. Such areas form the burial center of important OC with marine and terrestrial origins, which could be an important contribution to the balance in global carbon cycling (Berner, 1982; Hedges and Keil, 1995; Atwood et al., 2020). The eastern China seas annually receive huge amounts of particulate matter, OC, and nutrients from the Yangtze River and Yellow River, which facilitate the development of several mud deposits driven by hydrodynamics (Qiao et al., 2017). The OC sources and sedimentary environments associated with those mud deposits are different (Hu et al., 2009, 2012, 2013), which leads to substantial differences in the patterns of OC transport and burial (Hu et al., 2016a; Bao et al., 2016; Zhao et al., 2021).

High SOC contents in the study area are mainly distributed in the Bohai Sea mud, central North Yellow Sea, central Yellow Sea mud, southeastern Yellow Sea mud, inner shelf of the East China Sea, mud of southwestern Jeju Island, to the northeast of Taiwan, and the north-central Okinawa Trough (Figure 6.7). The sources of OC are dominated by the marine-derived contribution, with high OC_{mar} contents mainly in the central Bohai Sea and the South Yellow Sea, as well as in the middle and outer shelf of the East China Sea. High OC_{ter} contents are principally located in estuarine and nearshore areas, with evident signals of terrestrial inputs in local areas such as the estuaries. Anthropogenically derived BC is concentrated in fine-grained deposit areas with the main input pathways via atmospheric transport and river discharge. Overall, there are substantially higher TOC and OC_{ter} contents in the shelf mud areas compared to those in the non-mud areas. With respect to modern sedimentation, the mud areas of the Bohai Sea and the Yellow Sea belong to relatively stable sedimentary environments, where the spatial distribution pattern of SOC is also in agreement with the accumulation of fine-grained sediments (Figure 6.7). The shallow water depths and relatively stable sedimentary environments in most areas of the Bohai Sea and the Yellow Sea are favorable for OC preservation. In contrast, the East China Sea has a broader continental shelf and is influenced more by strong dynamic environments with significant resuspension and transport processes, which could induce the redistribution and transformation of the deposited OC. Further studies found that the resuspension–redeposition cycle during the transport process can yield selective transport and degradation of SOC in the labile nature (Hu et al., 2013; Bao et al., 2018). Therefore, hydrodynamic conditions serve as a crucial factor driving SOC distribution and accumulation in the eastern marginal seas.

By integrating the MAR_{OC} and areas of different mud deposits, the total burial flux of SOC in the mud areas on the continental margins in east China is estimated at 8.20 Mt $C \cdot a^{-1}$ (Figure 6.7), which accounts for ~5.3% of global marine sediments (~157 Mt $C \cdot a^{-1}$; Berner, 1982). Specifically, the OC_{mar} burial flux is ~5.60 Mt $C \cdot a^{-1}$ (~68%) and the OC_{ter} burial flux is ~2.57 Mt $C \cdot a^{-1}$ (~32%). Furthermore, the OC_{bio} burial flux is estimated at ~6.92 Mt $C \cdot a^{-1}$ based on ^{14}C data, which is comparable to the flux of CO_2 adsorbed via silicate weathering in major rivers across mainland China (Wu et al., 2011). The Bohai Sea mud area has higher OC burial efficiency (~50%) than both the Yellow Sea (~11%) and the East China Sea (~21%). This is primarily related to the shallower water depths, higher sedimentation rates, larger proportions of recalcitrant OC_{ter} (resulting in greater carbon burial efficiency of up to 94%) (Table 5.1), and relatively stable sedimentary environments in this mud area. For the varied OC burial efficiency with different origins, OC_{ter} generally shows higher burial efficiency than that of OC_{mar}. In the mud area of the Bohai Sea, the burial efficiency of OC_{ter} (~94%) is higher than that of OC_{mar} (~40%), whereas in the mud areas of the Yellow Sea, the burial efficiency of OC_{ter} (~33%) is prominently higher than that of OC_{mar} (~9%) (Table 5.1). The high burial efficiency of OC_{ter} in the mud areas of both the Bohai Sea and the Yellow Sea is likely due to the influence of tremendous inputs of pre-aged OC from the Yellow River, which is recalcitrant to degradation despite the long-distance transport (Tao et al., 2016). However, the repeated cycle of deposition–resuspension processes and the cold eddy circulation enhance the long-distance–selective transport process, promoting degradation of OC_{mar} during its across-shelf dispersal. As for SOC in the mud areas of the East China Sea, frequent physical disturbances (e.g., resuspension-transportation-depasition process) could accelerate OC degradation (Yao et al., 2015), resulting in relatively low burial efficiency of OC_{mar} and OC_{ter} (18% and 37%, respectively) (Table 5.1). Additionally, comparison of the burial fluxes of varied OC with different origins before and after dam construction revealed that the OC_{ter}, OC_{bio}, and OC_{petro} burial fluxes decreased by ~66%, 64%, and 68%, respectively, after dam construction. This indicates that substantial reduction in OC storage occurred in the eastern China seas because of dam construction (Zhao et al., 2021). In the context of future dam construction, the sediment load will continue to decrease, which could further diminish the OC burial capacity and storage ability across the east China shelf.

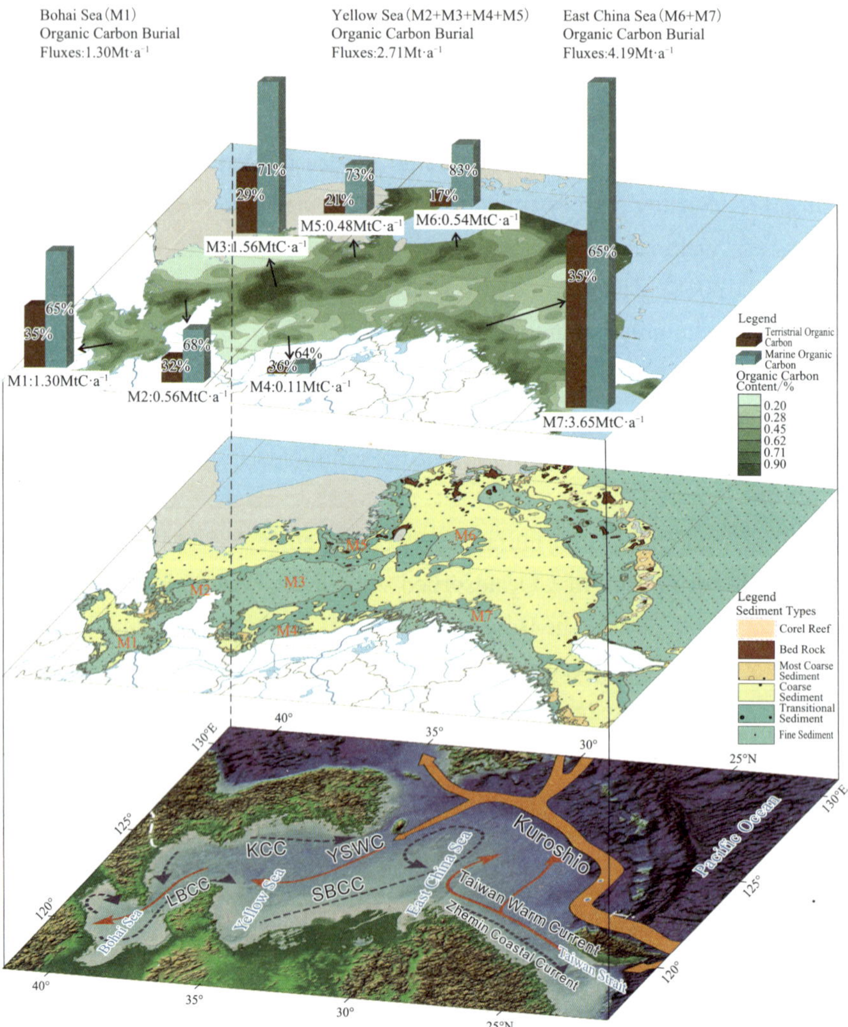

Figure 6.7 Patterns of sedimentary organic carbon burial and distribution in the eastern China shelf seas

In summary, rapid sedimentation in the eastern China seas facilitates OC burial, which contrasts with the long-distance sediment transport that would promote OC processing and reduce its burial efficiency. Moreover, differences in sedimentary regime between riverine and marine hydrodynamics (e.g., sorting and resuspension) strongly constrain sediment transport and dispersal. Hence, this leads to regional discrepancy in the sedimentary burial pattern of OC (Figure 6.7), and ultimately reduces the OC sink in the sediments. On the global scale, sedimentary regimes with high sedimentation rates and/or a relatively closed system usually develop higher OC_{ter} burial efficiency. In the mud areas of the Bohai Sea, the high sedimentation rates and/or relatively stable sedimentary environments could constrain the high OC_{ter} burial efficiency. In contrast, the OC_{ter} burial efficiency is distinctly lower in the mud areas of the East China Sea.

7 Conclusions

This map was compiled based on large amounts of measured data in the surface sediments of the Bohai Sea, Yellow Sea, and East China Sea. It explicitly depicts the SOC content, composition, and MAR distribution in the eastern China seas. The OC burial flux is estimated, and the burial records and evolution of SOC impacted by human activities such as dam construction are reconstructed and analyzed. The influence of various hydrodynamic environments and sedimentary processes on SOC transport, burial, and preservation is also deciphered. The major findings obtained in this study are as follows.

(1) The SOC contents in the Bohai Sea, Yellow Sea, and East China Sea fall in the range of 0–2.12% with a mean value of 0.47%±0.26% (n = 5796). TOC content is significantly correlated ($p < 0.01$) with the fine-grained fraction of sediments. High TOC contents mainly occur in mud areas, including the Yellow River estuary and the adjacent western Laizhou Bay, most of Bohai Bay, the western side of the central Bohai Bay, and southwestern Liaodong Bay; the northern Shandong Peninsula coastal mud, central Yellow Sea mud, abandoned Yellow River estuary and its surroundings, and northwestern parts of the southeastern Yellow Sea mud; and the Yangtze River estuary and the adjacent Zhemin coastal mud, to the southwest of the Jeju Island mud area, and the southern Okinawa Trough. Low TOC contents are primarily distributed in non-mud areas, including Liaodong Bay, the Bohai Strait, northern Yellow Sea, northeastern Yangtze River estuary, southwestern South Yellow Sea, and outer shelf of the East China Sea. The lowest SOC contents occur in the sand deposit area on the outer shelf of the East China Sea and the southern East China Sea. The mean TOC content in the mud areas (0.57%±0.23%, n = 2128) is 39% higher than that in the non-mud areas (0.41%±0.25%, n = 3668).

(2) The C/N ratios in the study area vary between 1.3–28.1 with a mean value of 7.8±2.9 (n = 1935). The distribution of the C/N ratios mirrors that of the TOC contents, being higher in estuarine, nearshore, and mud areas strongly influenced by terrestrial sources. The $\delta^{13}C$ values of SOC range from −25.80‰ to −20.00‰ with a mean value of −22.13‰±0.91‰ (n = 988). The distribution of $\delta^{13}C$ values shows high values mainly in sand areas and low values in estuarine and mud areas. The SOC $\Delta^{14}C$ values vary from −871‰ to −137 ‰ (mean: −311‰±115‰, n = 432), corresponding to 16,417–1124 a B.P. The distributions of $\Delta^{14}C$ values show remarkable spatial heterogeneity. High values principally occur in the mud area of the Bohai Sea and area

offshore of Dalian to the northeastern part of the Shandong Peninsula coastal mud, as well as in the northeastern part of the central Yellow Sea mud, offshore area of Qingdao, eastern South Yellow Sea, and northern Okinawa Trough sand area. Low values are observed off the abandoned Yellow River estuary extending to the western South Yellow Sea, in addition to the northeastern area off the Yangtze River estuary, the central Taiwan Strait, and to the northeast of Taiwan.

(3) The sources of SOC in the study area include terrestrial higher plants, soil, marine primary production, rock weathering, erosion, and anthropogenic contributions. Generally, marine sources (OC_{mar}) predominantly contribute to SOC with a mean value of 69.5%. High OC_{mar} contents appear in the central Bohai Sea and the outer shelf of the East China Sea, which are far from terrestrial inputs. High OC_{ter} contents are mainly distributed in estuaries and nearby shelf areas, with high spatial heterogeneity. Considering the age of SOC, OC_{bio} is the predominant fraction of SOC. The mean Fm_{bio} is 0.76 and the mean OC_{bio} content is 0.50%, with the input from terrestrial higher plants accounting for 25% of OC_{bio}. The distribution of OC_{petro} fraction is usually affected by large rivers, and it shows the highest levels in the Bohai Sea mud (0.045%), Shandong Peninsula coastal mud (0.050%), and central Yellow Sea mud (0.065%).

(4) The MAR_{OC} in the mud areas varies between 0–99.0 g $C \cdot m^{-2} \cdot a^{-1}$ with a mean value of 32.9 g $C \cdot m^{-2} \cdot a^{-1}$. The OC burial fluxes in the Bohai Sea, Yellow Sea, and East China Sea mud areas are 1.30, 2.71, and 4.19 Mt $C \cdot a^{-1}$, respectively, with a total of 8.20 Mt $C \cdot a^{-1}$, and more than 85% is contributed by the OC_{bio} fraction. The relatively high OC burial efficiency (50%) in the Bohai Sea could be ascribed to its closest distance to terrestrial inputs, shallow water depths, and high sedimentation rates. Owing to the long-distance sediment transport and the stronger hydrodynamic environment, the OC burial efficiency remarkably decreases to 11% and 21% in the Yellow Sea and the East China Sea, respectively.

(5) The OC_{ter} distribution and burial in the study area are chiefly controlled by large river transport and complex hydrodynamic environment. Mineral adsorption and protection of OC play crucial roles in the burial and preservation of SOC. The majority of POC from the Yellow River and the Yangtze River is adsorbed on fine-grained sediments and deposited in mud areas. Shallow water depths, high inputs of recalcitrant OC_{ter}, and stable sedimentary environments in the Bohai Sea are more favorable for OC preservation. The East China Sea has a broad continental shelf with a strong dynamic environment and frequent resuspension and dispersal of sediment, and the unstable sedimentary regime could promote OC_{ter} processing that results in low efficiency of OC preservation. Human activities such as river-channel shifting prominently alter OC burial in the proximal mud areas, which exerts profound impact on SOC distribution and burial therein.

References

Alexander CR, DeMaster D, Nittrouer C, 1991. Sediment accumulation in a modern epicontinental-shelf setting: the Yellow Sea. Marine Geology, 98, 51-72.

Aller RC, Mackin JE, Ullman, WJ, et al. 1985. Early chemical diagenesis, sediment-water solute exchange, and storage of reactive organic matter near the mouth of the Changjiang, East China Sea. Continental Shelf Research, 4: 227-251.

Amano, A., Itaki, T. 2016. Variations in sedimentary environments in the forearc and backarc regions of the Ryukyu Arc since 25 ka based on CNS analysis of sediment cores. Quaternary International, 397: 360-372.

Atwood, T.B., Connolly, R.M., Almahasheer, H., Carnell, P.E., Duarte, C.M., Ewers Lewis, C.J., Irigoien, X., Kelleway, J.J., Lavery, P.S., Macreadie, P.I., Serrano, O., Sanders, C.J., Santos, I., Steven, A.D.L., Lovelock, C.E. 2017. Global patterns in mangrove soil carbon stocks and losses. Nature Climate Change, 7: 523-528.

Atwood, T.B., Witt, A., Mayorga, J., Hammill, E., Sala, E. 2020. Global Patterns in Marine Sediment Carbon Stocks. Frontiers in Marine Science, 7.

Ausín, B., Bruni, E., Haghipour, N., Welte, C., Bernasconi, S.M., Eglinton, T.I. 2021. Controls on the abundance, provenance and age of organic carbon buried in continental margin sediments. Earth and Planetary Science Letters, 558: 116759.

Bao, H.Y. 2013.The sources, transportations and transformations of dissolved and particulate terrestrial organic matter in typical river and estuary system. Shanghai: East China Normal University. (in Chinese)

Bao, R., McIntyre, C., Zhao, M., Zhu, C., Kao, S.-J., Eglinton, T.I. 2016. Widespread dispersal and aging of organic carbon in shallow marginal seas. Geology, 44: 791-794.

Bao, R., van der Voort, T.S., Zhao, M., Guo, X., Montluçon, D.B., McIntyre, C., Eglinton, T.I. 2018. Influence of Hydrodynamic Processes on the Fate of Sedimentary Organic Matter on Continental Margins. Global Biogeochemical Cycles, 32: 1420-1432.

Bao, R., Zhao, M., McNichol, A., Galy, V., McIntyre, C., Haghipour, N., Eglinton, T.I. 2019. Temporal constraints on lateral organic matter transport along a coastal mud belt. Organic Geochemistry, 128: 86-93.

Bauer, J.E., Cai, W.-J., Raymond, P.A., Bianchi, T.S., Hopkinson, C.S., Regnier, P.A.G. 2013. The changing carbon cycle of the coastal ocean. Nature, 504: 61-70.

Belicka, L.L., Harvey, H.R. 2009. The sequestration of terrestrial organic carbon in Arctic Ocean sediments: A comparison of methods and implications for regional carbon budgets. Geochimica et Cosmochimica Acta, 73: 6231-6248.

Benner, R., Fogel, M.L., Sprague, E.K., Hodson, R.E. 1987. Depletion of 13C in lignin and its implications for stable carbon isotope studies. Nature, 329: 708-710.

Berner, R.A. 1982. Burial of organic carbon and pyrite sulfur in the modern ocean; its geochemical and environmental significance. American Journal of Science, 282: 451-473.

Berner, R.A. 2003. The long-term carbon cycle, fossil fuels and atmospheric composition. Nature, 426: 323-326.

Bianchi, T.S., Mitra, S., McKee, B.A. 2002. Sources of terrestrially-derived organic carbon in lower Mississippi River and Louisiana shelf sediments: implications for differential sedimentation and transport at the coastal margin. Marine Chemistry, 77: 211-223.

Bianchi, T.S., Galler, J.J., Allison, M.A. 2007. Hydrodynamic sorting and transport of terrestrially derived organic carbon in sediments of the Mississippi and Atchafalaya Rivers. Estuarine, Coastal and Shelf Science, 73: 211-222.

Bianchi, T.S., Schreiner, K.M., Smith, R.W., Burdige, D.J., Woodard, S., Conley, D.J. 2016. Redox Effects on Organic Matter Storage in Coastal Sediments During the Holocene: A Biomarker/Proxy Perspective. Annual Review of Earth and Planetary Sciences, 44: 295-319.

Bianchi, T.S., Cui, X., Blair, N.E., Burdige, D.J., Eglinton, T.I., Galy, V. 2018. Centers of organic carbon burial and oxidation at the land-ocean interface. Organic Geochemistry, 115: 138-155.

Blair, N.E., Aller, R.C. 2012. The Fate of Terrestrial Organic Carbon in the Marine Environment. Annual Review of Marine Science, 4: 401-423.

Blattmann, T.M., Zhang, Y., Zhao, Y., Wen, K., Lin, S., Li, J., Wacker, L., Haghipour, N., Plötze, M., Liu, Z., Eglinton, T.I. 2018. Contrasting Fates of Petrogenic and Biospheric Carbon in the South China Sea. Geophysical Research Letters, 45: 9077-9086.

Blattmann, T.M., Liu, Z., Zhang, Y., Zhao, Y., Haghipour, N., Montluçon, D.B., Plötze, M., Eglinton, T.I. 2019. Mineralogical control on the fate of continentally derived organic matter in the ocean. Science, 366: 742-745.

Bosman, S.H., Schwing, P.T., Larson, R.A., Wildermann, N.E., Brooks, G.R., Romero, I.C., Sanchez-Cabeza, J.-A., Ruiz-Fernández, A.C., Machain-Castillo, M.L., Gracia, A. 2020. The southern Gulf of Mexico: A baseline radiocarbon isoscape of surface sediments and isotopic excursions at depth. PLoS ONE, 15: e0231678.

Burdige, D.J. 2007. Preservation of Organic Matter in Marine Sediments: Controls, Mechanisms, and an Imbalance in Sediment Organic Carbon Budgets? Chemical Reviews, 107: 467-485.

Cai, D.L., Cai, A.Z. 1993. Study on the isotopic geochemistry of organic carbon in the Huanghe River Estuary. Science in China (Series B), 23(10): 1105-1113. (in Chinese)

Cai, D.L., Tan, F.C., Edmond J.M 1992. Organic carbon isotope geochemistry of the Changjiang (Yangtze River) estuary. Geochimica, (03):305-312. (in Chinese with English abstract)

Cao, Y., Xing, L., Zhang, T., Liao, W.-H. 2017. Multi-proxy evidence for decreased terrestrial contribution to sedimentary organic matter in coastal areas of the East China Sea during the past 100years. Science of the Total Environment, 599-600: 1895-1902.

Cartapanis, O., Bianchi, D., Jaccard, S.L., Galbraith, E.D. 2016. Global pulses of organic carbon burial in deep-sea sediments during glacial maxima. Nature Communications, 7: 10796.

Cha, H.-J., Choi, M.S., Lee, C.-B., Shin, D.-H. 2007. Geochemistry of surface sediments in the southwestern East/Japan Sea. Journal of Asian Earth Sciences, 29: 685-697.

Chang, F., Li, T., Xiong, Z., Xu, Z. 2015. Evidence for sea level and monsoonally driven variations in terrigenous input to the northern East China Sea during the last 24.3 ka. Paleoceanography, 30: 642-658.

Chang, F., Li, T., Zhuang, L., Yan, J. 2010. Environmental anomalies in the northeastern East China Sea during the last 3 000 years: implications for El Niño activity in the Holocene. Chinese Journal of Oceanology and Limnology, 28: 190-200.

Chen, S.Y. 1992. Diagenetic processes of organic carbon, iron and manganese in sediments of Meizhou Bay. Journal of Tropical Oceanography, (03): 24-28. (in Chinese with English abstract)

Chen, Y., Hu, C., Yang, G.-P., Gao, X.-C., Zhou, L.-M. 2021a. Variation and Reactivity of Organic Matter in the Surface Sediments of the Changjiang Estuary and Its Adjacent East China Sea. Journal of Geophysical Research: Biogeosciences, 126: e2020JG005765.

Chen, Y., Hu, C., Yang, G.-P., Gao, X.-C. 2021b. Source, distribution and degradation of sedimentary organic matter in the South Yellow Sea and East China Sea. Estuarine, Coastal and Shelf Science, 255: 107372.

Chen Y.L., Wu Y.T., Liu X.Y., Zhou X.H., Lei N. 2013. Features of seafoor topography in the Bohai Sea. Advances in Marine Sciences, 31: 75-82. (in Chinese with English abstract)

Cheng Z.C. 1980. Study on the characteristics of organic matter in modern sediments. Petroleum Geology & Experiment, (01): 37-42. (in Chinese)

Cui, X.R. 1983. Characteristics of the adsorbed gaseous hydrocarbons in the surficial sediments of the Bohai Sea – East China Sea. Marine Geology& Quaternary Geology, 3(01): 47-54. (in Chinese with English abstract)

Dai, M., Su, J., Zhao, Y., Hofmann, E.E., Cao, Z., Cai, W.-J., Gan, J., Lacroix, F., Laruelle, G.G., Meng, F., Müller, J.D., Regnier, P.A.G., Wang, G., Wang, Z. 2022. Carbon Fluxes in the Coastal Ocean: Synthesis, Boundary Processes and Future Trends. Annual Review of Earth and Planetary Sciences, 50: 593-626.

DeMaster, D.J., McKee, B.A., Nittrouer, C.A., Jiangchu, Q., Guodong, C. 1985. Rates of sediment accumulation and particle reworking based on radiochemical measurements from continental shelf deposits in the East China Sea. Continental shelf research, 4: 143-158.

Deng, B., Zhang, J., Wu, Y. 2006. Recent sediment accumulation and carbon burial in the East China Sea. Global Biogeochemical Cycles,20.

Ding, Z., Duan, X., Ge, Q., Zhang, Z. 2010. On the major proposals for carbon emission reduction and some related issues. Science China Earth Sciences, 53: 159-172.

Ding, Z. L, Zhang, T. 2022. Carbon Neutrality: Logical System and Technology Requirements. Beijing: Science Press. (in Chinese)

Dong, L.X., Guan, W.B., Chen, Q., Li, X.H., Liu, X.H., Zeng, X.M. 2011. Sediment transport in the Yellow Sea and East China Sea. Estuarine, Coastal and Shelf Science, 93: 248-258.

Dunne, J.P., Sarmiento, J.L., Gnanadesikan, A. 2007. A synthesis of global particle export from the surface ocean and cycling through the ocean interior and on the seafloor. Global Biogeochemical Cycles, 21(4): GB4006.

Edition committee of the bay chorography in China. 1998. The Bay Chorography in China (14). Beijing: Ocean Press. (in Chinese)

Fan, D.J., Yang, Z.S., Mao, D., Guo, Z.G. 2001. Clay minerals and geochemistry of the sediment from the Yangtze and Yellow rivers. Marine Geology&Quaternary Geology, 21(4):78-12. (in Chinese with English abstract)

Fang, Y., Chen, Y., Tian, C., Lin, T., Hu, L., Huang, G., Tang, J., Li, J., Zhang, G. 2015. Flux and budget of BC in the continental shelf seas adjacent to Chinese high BC emission source regions. Global Biogeochemical Cycles, 29: 957-972.

Fang, Y., Chen, Y., Tian, C., Lin, T., Hu, L., Li, J., Zhang, G. 2016. Application of PMF receptor model merging with PAHs signatures for source apportionment of black carbon in the continental shelf surface sediments of the Bohai and Yellow Seas, China. Journal of Geophysical Research: Oceans,121: 1346-1359.

Fang, Y., Chen, Y., Hu, L., Tian, C., Luo, Y., Li, J., Zhang, G., Zheng, M., Lin, T. 2019. Large-river dominated black carbon flux and budget: A case study of the estuarine-inner shelf of East China Sea, China. Science of the Total Environment, 651: 2489-2496.

Fennel, K., Alin, S., Barbero, L., Evans, W., Bourgeois, T., Cooley, S., Dunne, J., Feely, R.A., Hernandez-Ayon, J.M., Hu, X., Lohrenz, S., Muller-Karger, F., Najjar, R., Robbins, L., Shadwick, E., Siedlecki, S., Steiner, N., Sutton, A., Turk, D., Vlahos, P., Wang, Z.A. 2019. Carbon cycling in the North American coastal ocean: a synthesis.

Biogeosciences, 16: 1281-1304.

Fourqurean, J.W., Duarte, C.M., Kennedy, H., Marbà, N., Holmer, M., Mateo, M.A., Apostolaki, E.T., Kendrick, G.A., Krause-Jensen, D., McGlathery, K.J., Serrano, O. 2012. Seagrass ecosystems as a globally significant carbon stock. Nature Geoscience, 5: 505-509.

Galy, V., Eglinton, T. 2011. Protracted storage of biospheric carbon in the Ganges–Brahmaputra basin. Nature Geoscience, 4: 843-847.

Galy, V., France-Lanord, C., Beyssac, O., Faure, P., Kudrass, H., Palhol, F. 2007. Efficient organic carbon burial in the Bengal fan sustained by the Himalayan erosional system. Nature, 450: 407-410.

Galy, V., Beyssac, O., France-Lanord, C., Eglinton, T. 2008. Recycling of Graphite During Himalayan Erosion: A Geological Stabilization of Carbon in the Crust. Science, 322: 943-945.

Galy, V., Peucker-Ehrenbrink, B., Eglinton, T. 2015. Global carbon export from the terrestrial biosphere controlled by erosion. Nature, 521: 204-207.

Gao, J.H., Shi, Y., Sheng, H., Kettner, A.J., Yang, Y., Jia, J.J., Wang, Y.P., Li, J., Chen, Y., Zou, X., Gao, S. 2019. Rapid response of the Changjiang (Yangtze) River and East China Sea source-to-sink conveying system to human induced catchment perturbations. Marine Geology, 414: 1-17.

Goñi, M.A., Yunker, M.B., Macdonald, R.W., Eglinton, T.I. 2005. The supply and preservation of ancient and modern components of organic carbon in the Canadian Beaufort Shelf of the Arctic Ocean. Marine Chemistry, 93: 53-73.

Guo, J., Yuan, H., Song, J., Li, X., Duan, L., Li, N., Wang, Y. 2021. Evaluation of sedimentary organic carbon reactivity and burial in the eastern China marginal seas. Journal of Geophysical Research: Oceans, 126: e2021JC017207.

Guo, Z.G., Yang, Z.S., Zhang, D.Q., Fan, D.J., Lei, K. 2002. Seasonal distribution of suspended matter in the northern East China Sea and barrier effect of current circulation on its transport. Acta Oceanologica Sinica, 24(05): 71-80. (in Chinese with English abstract)

Hamilton, S.E., Friess, D.A. 2018. Global carbon stocks and potential emissions due to mangrove deforestation from 2000 to 2012. Nature Climate Change, 8: 240-244.

Hao, Q, 2010. The distribution of Chlorophyll a and primary production and the Environmental control mechanism in the China Sea: Ship-measured and satellite study. Qingdao: Ocean University of China. 1-137. (in Chinese)

Hedges, J.I., Keil, R.G. 1995. Sedimentary organic matter preservation: an assessment and speculative synthesis. Marine Chemistry, 49: 81-115.

Hedges, J.I., Keil, R.G., Benner, R. 1997. What happens to terrestrial organic matter in the ocean? Organic Geochemistry. 27: 195-212.

Hengl, T., de Jesus, J.M., MacMillan, R.A., Batjes, N.H., Heuvelink, G.B., Ribeiro, E., Samuel-Rosa, A., Kempen, B., Leenaars, J.G., Walsh, M.G. 2014. SoilGrids1km—global soil information based on automated mapping. PLoS ONE, 9: e105992.

Hengl, T., Mendes de Jesus, J., Heuvelink, G.B., Ruiperez Gonzalez, M., Kilibarda, M., Blagotić, A., Shangguan, W., Wright, M.N., Geng, X., Bauer-Marschallinger, B. 2017. SoilGrids250m: Global gridded soil information based on machine learning. PLoS ONE, 12: e0169748.

Hilton, R.G. 2017. Climate regulates the erosional carbon export from the terrestrial biosphere. Geomorphology, 277: 118-132.

Hilton, R.G., Galy, A., Hovius, N., Kao, S.-J., Horng, M.-J., Chen, H. 2012. Climatic and geomorphic controls on the erosion of terrestrial biomass from subtropical mountain forest. Global Biogeochemical Cycles, 26: GB3014.

Hu, L., Guo, Z., Feng, J., Yang, Z., Fang, M. 2009. Distributions and sources of bulk organic matter and aliphatic hydrocarbons in surface sediments of the Bohai Sea, China. Marine Chemistry, 113: 197-211.

Hu, L., Ji, Y., Zhao, B., Liu, X., Du, J., Liang, Y., Yao, P. 2023. The effect of iron on the preservation of organic carbon in marine sediments and its implications for carbon sequestration. Science China Earth Sciences, 66: 1946-1959.

Hu, L., Lin, T., Shi, X., Yang, Z., Wang, H., Zhang, G., Guo, Z. 2011. The role of shelf mud depositional process and large river inputs on the fate of organochlorine pesticides in sediments of the Yellow and East China seas. Geophysical Research Letters, 38.

Hu, L., Shi, X., Yu, Z., Lin, T., Wang, H., Ma, D., Guo, Z., Yang, Z. 2012. Distribution of sedimentary organic matter in estuarine–inner shelf regions of the East China Sea: Implications for hydrodynamic forces and anthropogenic impact. Marine Chemistry, 142-144: 29-40.

Hu, L., Shi, X., Guo, Z., Wang, H., Yang, Z. 2013. Sources, dispersal and preservation of sedimentary organic matter in the Yellow Sea: The importance of depositional hydrodynamic forcing. Marine Geology, 335: 52-63.

Hu, L., Shi, X., Bai, Y., Qiao, S., Li, L., Yu, Y., Yang, G., Ma, D., Guo, Z. 2016a. Recent organic carbon sequestration in the shelf sediments of the Bohai Sea and Yellow Sea, China. Journal of Marine Systems, 155: 50-58.

Hu, L., Shi, X., Bai, Y., Fang, Y., Chen, Y., Qiao, S., Liu, S., Yang, G., Kornkanitnan, N., Khokiattiwong, S. 2016b. Distribution, input pathway and mass inventory of black carbon in sediments of the Gulf of Thailand, SE Asia. Estuarine, Coastal and Shelf Science, 170: 10-19.

Huh, C.-A., Su, C.-C. 1999. Sedimentation dynamics in the East China Sea elucidated from ^{210}Pb, 137Cs and 239,240 Pu. Marine Geology, 160: 183-196.

Huh, C.-A., Lin, H.-L., Lin, S., Huang, Y.-W. 2009. Modern accumulation rates and a budget of sediment off the Gaoping (Kaoping) River, SW Taiwan: A tidal and flood dominated depositional environment around a submarine canyon. Journal of Marine Systems, 76: 405-416.

Huh, C.-A., Chen, W., Hsu, F.-H., Su, C.-C., Chiu, J.-K., Lin, S., Liu, C.-S., Huang, B.-J. 2011. Modern (< 100 years) sedimentation in the Taiwan Strait: rates and source-to-sink pathways elucidated from radionuclides and particle size distribution. Continental Shelf Research, 31: 47-63.

Inthorn, M., Wagner, T., Scheeder, G., Zabel, M. 2006. Lateral transport controls distribution, quality, and burial of organic matter along continental slopes in high-productivity areas. Geology, 34: 205-208.

Jahnke, R.A. 1996. The global ocean flux of particulate organic carbon: Areal distribution and magnitude. Global Biogeochemical Cycles, 10: 71-88.

Jeng, W.-L., Lin, S., Kao, S.-J. 2003. Distribution of terrigenous lipids in marine sediments off northeastern Taiwan. Deep Sea Research Part II: Topical Studies in Oceanography, 50: 1179-1201.

Jia, J., Gao, J., Cai, T., Li, Y., Yang, Y., Wang, Y.P., Xia, X., Li, J., Wang, A., Gao, S. 2018. Sediment accumulation and retention of the Changjiang (Yangtze River) subaqueous delta and its distal muds over the last century. Marine Geology, 401: 2-16.

Jiang X.H., Chen Y.J., Tang J.H., Huang G.P., Liu D.Y., Li J., Zhang G. 2010. The distribution of black carbon in the surface sediments of coastal zone, Bohai Bay. Ecology and Environmental Sciences, 19(7): 1617-1621. (in Chinese with English abstract)

Jiao N., Li C., Wang X. 2016. Response and Feedback of Marine Carbon Sink to Climate Change. Advances in Earth Science, 31(7): 668-681. (in Chinese with English abstract)

Jiao, N., Liang, Y., Zhang, Y., Liu, J., Zhang, Y., Zhang, R., Zhao, M., Dai, M., Zhai, W., Gao, K., Song, J., Yuan, D., Li, C., Lin, G., Huang, X., Yan, H., Hu, L., Zhang, Z., Wang, L., Cao, C., Luo, Y., Luo, T., Wang, N., Dang,

H., Wang, D., Zhang, S. 2018. Carbon pools and fluxes in the China Seas and adjacent oceans. Science China Earth Sciences 61, 1535-1563.

Kang, M.G., Choi, Y.C. 2003. The Characteristics of suspended particulate matter and surface sediment of C, N in the Northern East China Sea ill summer. Journal of the Korean Society for Marine Environment & Energy, 6: 13-23. (in Korean with English abstract)

Kao, S., Milliman, J. 2008. Water and sediment discharge from small mountainous rivers, Taiwan: the roles of lithology, episodic events, and human activities. The Journal of Geology, 116: 431-448.

Kao, S.J., Lin, F.J., Liu, K.K. 2003. Organic carbon and nitrogen contents and their isotopic compositions in surficial sediments from the East China Sea shelf and the southern Okinawa Trough. Deep Sea Research Part II: Topical Studies in Oceanography, 50: 1203-1217.

Kao, S.-J., Shiah, F.-K., Wang, C.-H., Liu, K.-K. 2006. Efficient trapping of organic carbon in sediments on the continental margin with high fluvial sediment input off southwestern Taiwan. Continental Shelf Research, 26: 2520-2537.

Kao, S.J., Hilton, R.G., Selvaraj, K., Dai, M., Zehetner, F., Huang, J.C., Hsu, S.C., Sparkes, R., Liu, J.T., Lee, T.Y., Yang, J.Y.T., Galy, A., Xu, X., Hovius, N. 2014. Preservation of terrestrial organic carbon in marine sediments offshore Taiwan: mountain building and atmospheric carbon dioxide sequestration. Earth Surface Dynamics, 2: 127-139.

Keil, R. 2017. Anthropogenic forcing of carbonate and organic carbon preservation in marine sediments. Annual Review of Marine Science, 9: 151-172.

Keil, R. G., Mayer, L. M. 2014. Mineral matrices and organic matter. Treatise on Geochemistry, 76: 337-359.

Keil, R.G., Tsamakis, E., Fuh, C.B., Giddings, J.C., Hedges, J.I. 1994. Mineralogical and textural controls on the organic composition of coastal marine sediments: Hydrodynamic separation using SPLITT-fractionation. Geochimica et Cosmochimica Acta, 58: 879-893.

Kennedy, H., Beggins, J., Duarte, C.M., Fourqurean, J.W., Holmer, M., Marbà, N., Middelburg, J.J. 2010. Seagrass sediments as a global carbon sink: Isotopic constraints. Global Biogeochemical Cycles, 24.

Kennedy, M.J., Wagner, T. 2011. Clay mineral continental amplifier for marine carbon sequestration in a greenhouse ocean. Proceedings of the National Academy of Sciences, 108: 9776-9781.

Kim, S. H., Lee, J. S., Kim, K. –T., Kim, S. –L., Yu, O.H., Lim, D., Kim, S. H. 2020. Low benthic mineralization and nutrient fluxes in the continental shelf sediment of the northern East China. Journal of Sea Research, 164: 101934.

Kong, G.S., Park, S.C. 2007. Paleoenvironmental changes and depositional history of the Korea (Tsushima) Strait since the LGM. Journal of Asian Earth Sciences, 29: 84-104.

Kuhlbusch, T.A.J. 1998. Black Carbon and the Carbon Cycle. Science. 280: 1903-1904.

Lamb, A.L., Wilson, G.P., Leng, M.J. 2006. A review of coastal palaeoclimate and relative sea-level reconstructions using $\delta^{13}C$ and C/N ratios in organic material. Earth-Science Reviews, 75: 29-57.

LaRowe, D.E., Arndt, S., Bradley, J.A., Estes, E.R., Hoarfrost, A., Lang, S.Q., Lloyd, K.G., Mahmoudi, N., Orsi, W.D., Shah Walter, S.R., Steen, A.D., Zhao, R. 2020. The fate of organic carbon in marine sediments - New insights from recent data and analysis. Earth-Science Reviews, 204: 103146.

Lee, T.R., Wood, W.T., Phrampus, B.J. 2019. A Machine Learning (kNN) Approach to Predicting Global Seafloor Total Organic Carbon. Global Biogeochemical Cycles, 33: 37-46.

Legge, O., Johnson, M., Hicks, N., Jickells, T., Diesing, M., Aldridge, J., Andrews, J., Artioli, Y., Bakker, D.C.E., Burrows, M.T., Carr, N., Cripps, G., Felgate, S.L., Fernand, L., Greenwood, N., Hartman, S., Kröger, S., Lessin, G., Mahaffey, C., Mayor, D.J., Parker, R., Queirós, A.M., Shutler, J.D., Silva, T., Stahl, H., Tinker,

J., Underwood, G.J.C., Van Der Molen, J., Wakelin, S., Weston, K., Williamson, P. 2020. Carbon on the Northwest European Shelf: Contemporary Budget and Future Influences. Frontiers in Marine Science, 7.

Leithold, E.L., Blair, N.E., Wegmann, K.W. 2016. Source-to-sink sedimentary systems and global carbon burial: A river runs through it. Earth-Science Reviews, 153: 30-42.

Levin, L.A., Sibuet, M. 2012. Understanding Continental Margin Biodiversity: A New Imperative. Annual Review of Marine Science, 4: 79-112.

Li, D., Yao, P., Bianchi, T.S., Zhang, T., Zhao, B., Pan, H., Wang, J., Yu, Z. 2014. Organic carbon cycling in sediments of the Changjiang Estuary and adjacent shelf: Implication for the influence of Three Gorges Dam. Journal of Marine Systems, 139: 409-419.

Li, G., Wang, X.T., Yang, Z., Mao, C., West, A.J., Ji, J. 2015. Dam-triggered organic carbon sequestration makes the Changjiang (Yangtze) river basin (China) a significant carbon sink. Journal of Geophysical Research: Biogeosciences, 120: 39-53.

Li G.S., Wang F., Liang Q., Li J.L. 2003. Estimation of Ocean Primary Productivity by Remote Sensing and Introduction to Spatio-temporal Variation Mechanism for the East China Sea. Acta Geographica Sinica, 58(04): 483-493. (in Chinese with English abstract)

Li, X., Bianchi, T.S., Allison, M.A., Chapman, P., Mitra, S., Zhang, Z., Yang, G., Yu, Z. 2012. Composition, abundance and age of total organic carbon in surface sediments from the inner shelf of the East China Sea. Marine Chemistry, 145-147: 37-52.

Liao, W., Hu, J., Peng, P.a. 2018. Burial of Organic Carbon in the Taiwan Strait. Journal of Geophysical Research: Oceans, 123: 6639-6652.

Lim, J., Lee, J.-Y., Kim, J.-C., Hong, S.-S., Yang, D.-Y. 2015. Holocene environmental change at the southern coast of Korea based on organic carbon isotope ($\delta^{13}C$) and C/S ratios. Quaternary International, 384: 160-168.

Lin M.H. 1989. The submarine geomorphological zones and geomorphological types in the Huanghai Sea. Marine Sciences, (06): 7-15. (in Chinese with English abstract)

Lin, S., Huang, K.-M., Chen, S.-K. 2000. Organic carbon deposition and its control on iron sulfide formation of the southern East China Sea continental shelf sediments. Continental Shelf Research, 20: 619-635.

Lin, T., Wang, L., Chen, Y., Tian, C., Pan, X., Tang, J., Li, J. 2014. Sources and preservation of sedimentary organic matter in the Southern Bohai Sea and the Yellow Sea: Evidence from lipid biomarkers. Marine Pollution Bulletin, 86: 210-218.

Liu, D., Bai, Y., He, X., Chen, C.-T.A., Huang, T.-H., Pan, D., Chen, X., Wang, D., Zhang, L. 2020. Changes in riverine organic carbon input to the ocean from mainland China over the past 60 years. Environment International, 134: 105258.

Liu J.G., Li A.C., Chen M.H., Xu F.J. 2007. Geochemical characteristics of sediments in the Bohai Sea mud area during Holocene. Geochimica, 36(6): 559-568. (in Chinese with English abstract)

Liu J., Yu Z.G., Zang J.Y., Sun T., Zhao C.Y., Ran X.B. 2015. Distribution and Budget of Organic Carbon in the Bohai and Yellow Seas. Advances in Earth Science, 30(05): 564-578. (in Chinese with English abstract)

Liu, J., Xue, Z., Ross, K., Wang, H., Yang, Z., Li, A., Gao, S. 2009. Fate of sediments delivered to the sea by Asian large rivers: long-distance transport and formation of remote alongshore clinothems. The Sedimentary Record, 7: 4-9.

Liu, J.P., Milliman, J.D., Gao, S. 2001. The Shandong mud wedge and post-glacial sediment accumulation in the Yellow Sea. Geo-Marine Letters, 21: 212-218.

Liu, J.P., Xu, K.H., Li, A.C., Milliman, J.D., Velozzi, D.M., Xiao, S.B., Yang, Z.S. 2007. Flux and fate of Yangtze River sediment delivered to the East China Sea. Geomorphology, 85: 208-224.

Liu, J.T., Hsu, R.T., Yang, R.J., Wang, Y.P., Wu, H., Du, X., Li, A., Chien, S.C., Lee, J., Yang, S., Zhu, J., Su, C.-C., Chang, Y., Huh, C.-A. 2018. A comprehensive sediment dynamics study of a major mud belt system on the inner shelf along an energetic coast. Scientific reports, 8: 4229.

Liu, J.T., Lee, J., Yang, R.J., Du, X., Li, A., Lin, Y.-S., Su, C.-C., Tao, S. 2021. Coupling between physical processes and biogeochemistry of suspended particles over the inner shelf mud in the East China Sea. Marine Geology, 442: 106657.

Liu, Q, Guo, X.H., Yin, Z.Q., Zhou, K.B., Roberts, E.G., Dai, M.H. 2018. Carbon fluxes in the China Seas: An overview and perspective. Scientia Sinica Terrae, 48(11): 1422-1443.

Liu, X.Y., Dong, L.F., Chen, Y.L., Zhou, X.H. 2013. Analysis on Geomorphological Features and Their Controlling Factors in the Bohai Sea. Advances in Marine Science, 31(01): 105-115. (in Chinese with English abstract)

Liu, Z.X., Xia, D.X. 2004. Tidal sands in the China Seas. Beijing: Ocean Press. (in Chinese)

Liu, Z.C., Chen, Y.L., Ding, J.S., Zhang, W.H., Wu, Y.T., Guo, F.B. 2003. Study on Zoned Characteristics and Formation Cause of the East China Sea Submarine Topography. Advances in Marine Science, 21(02): 160-173. (in Chinese with English abstract)

Lu, B., Zhen, S.L., Tang, Y.Q., Chen, J.F. 1995. Amino acids of piston core samples from central South Chian Sea. Dongahi Marine Science, 13(01): 44-52. (in Chinese with English abstract)

Lu, T., Wang, H., Wu, X., Bi, N., Hu, L., Bianchi, T.S. 2022. Transport of particulate organic carbon in the lower Yellow River (Huanghe) as modulated by dam operation. Global and Planetary Change, 103948.

Luan, Z.F. 1984. Characteristics of organic matter in sediment core DC-2 from the East China Sea. Marine Sciences, (01): 9-12. (in Chinese with English abstract)

Luan, Z.F. 1985. Characteristics of organic geochemistry of sediments in northern part of the South Huanghai Sea. Oceanologia et Limnologia Sinica, 16(01): 93-100. (in Chinese with English abstract)

Ma, W.-W., Zhu, M.-X., Yang, G.-P., Li, T. 2018. Iron geochemistry and organic carbon preservation by iron (oxyhydr)oxides in surface sediments of the East China Sea and the south Yellow Sea. Journal of Marine Systems, 178: 62-74.

Macreadie, P.I., Ollivier, Q.R., Kelleway, J.J., Serrano, O., Carnell, P.E., Ewers Lewis, C.J., Atwood, T.B., Sanderman, J., Baldock, J., Connolly, R.M., Duarte, C.M., Lavery, P.S., Steven, A., Lovelock, C.E. 2017. Carbon sequestration by Australian tidal marshes. Scientific Reports ,7: 44071

Martens, J., Romankevich, E., Semiletov, I., Wild, B., van Dongen, B., Vonk, J., Tesi, T., Shakhova, N., Dudarev, O.V., Kosmach, D., Vetrov, A., Lobkovsky, L., Belyaev, N., Macdonald, R.W., Pieńkowski, A.J., Eglinton, T.I., Haghipour, N., Dahle, S., Carroll, M.L., Åström, E.K.L., Grebmeier, J.M., Cooper, L.W., Possnert, G., Gustafsson, Ö. 2021. CASCADE – The Circum-Arctic Sediment CArbon DatabasE. Earth System Science Data, 13: 2561-2572.

Matsuzaki, K.M., Itaki, T., Tada, R. 2019. Paleoceanographic changes in the Northern East China Sea during the last 400 kyr as inferred from radiolarian assemblages (IODP Site U1429). Progress in Earth and Planetary Science, 6: 22.

Mayer, L.M. 1994. Surface area control of organic carbon accumulation in continental shelf sediments. Geochimica et Cosmochimica Acta ,58: 1271-1284.

Mei, X., Li, X., Wang, Z., Zhang, C., Zhang, Y. 2019. Cross shelf transport of terrigenous organic matter in surface sediments from outer shelf to Okinawa Trough in East China Sea. Journal of Marine Systems, 199: 103224.

Meyers, P.A , 1997. Geal proxics of paleoceanographic, paleolimnlolgic, paleolimnologic, and paleoclimatic processes. Organic Geochemistry, 27:213-250.

Middelburg, J.J., Nieuwenhuize, J., van Breugel, P. 1999. Black carbon in marine sediments. Marine Chemistry, 65:

245-252.

Ministry of Water Resources of the People's Republic of China. 2011. Bulletin of Chinese River Sediment 2010. Beijing: China Water & Power Press. (in Chinese)

Müller, P.J. 1977. CN ratios in Pacific deep-sea sediments: Effect of inorganic ammonium and organic nitrogen compounds sorbed by clays. Geochimica et Cosmochimica Acta, 41: 765-776.

Najjar, R.G., Herrmann, M., Alexander, R., Boyer, E.W., Burdige, D.J., Butman, D., Cai, W.-J., Canuel, E.A., Chen, R.F., Friedrichs, M.A.M., Feagin, R.A., Griffith, P.C., Hinson, A.L., Holmquist, J.R., Hu, X., Kemp, W.M., Kroeger, K.D., Mannino, A., McCallister, S.L., McGillis, W.R., Mulholland, M.R., Pilskaln, C.H., Salisbury, J., Signorini, S.R., St-Laurent, P., Tian, H., Tzortziou, M., Vlahos, P., Wang, Z.A., Zimmerman, R.C. 2018. Carbon Budget of Tidal Wetlands, Estuaries, and Shelf Waters of Eastern North America. Global Biogeochemical Cycles, 32: 389-416.

Osland, M.J., Gabler, C.A., Grace, J.B., Day, R.H., McCoy, M.L., McLeod, J.L., From, A.S., Enwright, N.M., Feher, L.C., Stagg, C.L., Hartley, S.B. 2018. Climate and plant controls on soil organic matter in coastal wetlands. Global Change Biology, 24: 5361-5379.

Park, S.C., Yoo, D.G., Lee, K.W., Lee, H.H. 1999. Accumulation of recent muds associated with coastal circulations, southeastern Korea Sea (Korea Strait). Continental shelf research, 19: 589-608.

Perdue, E.M., Koprivnjak, J.-F. 2007. Using the C/N ratio to estimate terrigenous inputs of organic matter to aquatic environments. Estuarine, Coastal and Shelf Science, 73: 65-72.

Qi, L., Wu, Y., Chen, S., Wang, X. 2021. Evaluation of Abandoned Huanghe Delta as an Important Carbon Source for the Chinese Marginal Seas in Recent Decades. Journal of Geophysical Research: Oceans, 126: e2020JC017125.

Qiao, S., Shi, X., Saito, Y., Li, X., Yu, Y., Bai, Y., Liu, Y., Wang, K., Yang, G. 2011. Sedimentary records of natural and artificial Huanghe (Yellow River) channel shifts during the Holocene in the southern Bohai Sea. Continental Shelf Research, 31: 1336-1342.

Qiao, S., Shi, X., Wang, G., Zhou, L., Hu, B., Hu, L., Yang, G., Liu, Y., Yao, Z., Liu, S. 2017. Sediment accumulation and budget in the Bohai Sea, Yellow Sea and East China Sea. Marine Geology, 390: 270-281.

Qin Y.S., Zhao Y.Y., Zhao S.L. 1985. Geology of Bohai Sea. Beijing: Science Press. (in Chinese)

Qin Y.S., Zhao Y.Y., Chen L.R., Zhao S.L. 1987. Geology of East China Sea. Beijing: Science Press. (in Chinese)

Qin Y.S., Zhao Y.Y., Chen L.R. 1989. Geology of Yellow Sea. Beijing: Science Press. (in Chinese)

Ramanathan, V., Carmichael, G. 2008. Global and regional climate changes due to black carbon. Nature Geoscience, 1: 221-227.

Ran, L., Lu, X.X., Sun, H., Han, J., Li, R., Zhang, J. 2013. Spatial and seasonal variability of organic carbon transport in the Yellow River, China. Journal of Hydrology., 498: 76-88.

Redfield, A.C., Ketchum, B.H., Richards, F.A. 1963. The influence of organisms on the composition of sea water. In: Hill, M.N. (Ed.), The Sea. New York: Wiley, pp. 26-77.

Rowe, G.T., Boland, G.S., Phoel, W.C., Anderson, R.F., Biscaye, P.E. 1994. Deep-sea floor respiration as an indication of lateral input of biogenic detritus from continental margins. Deep Sea Research Part II: Topical Studies in Oceanography, 41: 657-668.

Sanderman, J., Hengl, T., Fiske, G., Solvik, K., Adame, M.F., Benson, L., Bukoski, J.J., Carnell, P., Cifuentes-Jara, M., Donato, D., Duncan, C., Eid, E.M., Ermgassen, P.z., Lewis, C.J.E., Macreadie, P.I., Glass, L., Gress, S., Jardine, S.L., Jones, T.G., Nsombo, E.N., Rahman, M.M., Sanders, C.J., Spalding, M., Landis, E. 2018. A global map of mangrove forest soil carbon at 30 m spatial resolution. Environmental Research Letters, 13: 055002.

Scheingross, J.S., Repasch, M.N., Hovius, N., Sachse, D., Lupker, M., Fuchs, M., Halevy, I., Gröcke, D.R., Golombek, N.Y., Haghipour, N., Eglinton, T.I., Orfeo, O., Schleicher, A.M. 2021. The fate of fluvially-deposited organic carbon during transient floodplain storage. Earth and Planetary Science Letters, 561: 116822.

Seiter, K., Hensen, C., Schröter, J., Zabel, M. 2004. Organic carbon content in surface sediments—defining regional provinces. Deep Sea Research Part I: Oceanographic Research Papers, 51: 2001-2026.

Shi, G.C. 1985. Isotopic composition of modern sedimentary organic carbon. Donghai Marine Science, 3(04): 75-76. (in Chinese)

Shi, G.C. 1993. Stable isotope of suspended particulate organic carbon in Yangtze Estuary and adjacent waters. Marine Science Bulletin, 12(01): 49-53. (in Chinese with English abstract)

Shi, W., Wang, M. 2012. Satellite views of the Bohai Sea, Yellow Sea, and East China Sea. Progress in Oceanography, 104: 30-45.

Shi, X., Shen,X., Yi, Hi., Chen, Z., Meng, Y. 2003. Modern sedimentary environments and dynamic depositional systems in the southern Yellow Sea. Chinese Science Bulletin 48, 1-7.

Shi, X.F. 2012. China coastal seas -Seabed sediment. Beijing: Ocean Press. (in Chinese)

Shi, X.F., Hu, L.M., Qiao, S.Q., Bai, Y.Z. 2016. Progress in research of sedimentary organic carbon in the east China sea: sources, dispersal and sequestration. Advances in Marine Science, 34(03): 313-327. (in Chinese with English abstract)

Shi, X.F., Liu, Y. G., Qiao, S.Q., Liu, S.F., Wang, K.S. 2021. Sediment type map of the Bohai Sea, Yellow Sea and East China Sea. Beijing: Science Press. (in Chinese with English abstract)

Shi, X., Wu, B., Qiao, S., Yao, Z., Hu, L., Bai, Y., Hu, S., Sheng, J., Liu, Y., Liu, S., Wang, K., Zou, J., 2024. Distribution, burial fluxes and carbon sink effect of sedimentary organic carbon in the eastern China seas. Science China Earth Sciences. DOI: 10.1007/s11430-024-1412-0

Shields, M.R., Bianchi, T.S., Gélinas, Y., Allison, M.A., Twilley, R.R. 2016. Enhanced terrestrial carbon preservation promoted by reactive iron in deltaic sediments. Geophysical Research Letters, 43: 1149-1157.

Shields, M.R., Bianchi, T.S., Kolker, A.S., Kenney, W.F., Mohrig, D., Osborne, T.Z., Curtis, J.H. 2019. Factors Controlling Storage, Sources, and Diagenetic State of Organic Carbon in a Prograding Subaerial Delta: Wax Lake Delta, Louisiana. Journal of Geophysical Research: Biogeosciences, 124: 1115-1131.

Song J.M., Li, X.G., Yuan, H.M., Zheng, G.X., Yang, Y.F. 2008. Carbon fixed by phytoplankton and cultured algae in China coastal seas. Acta Ecologica Sinica, 28(2): 551-558. (in Chinese with English abstract)

Song Y. Q., Wang, C.Y., Jin, W.J., Wang, H.Y., Liu, X.L., Li, X.J. 2022. Characteristics,sources of organic matter in surface sediments and environmental assessment of Liaodong Bay,Bohai Sea. Ecological Science, 41(2): 84-90. (in Chinese with English abstract)

Su, C.-C., Huh, C.-A. 2002. ^{210}Pb, 137Cs and 239,240Pu in East China Sea sediments: sources, pathways and budgets of sediments and radionuclides. Marine Geology, 183: 163-178.

Su, J.L., Huang, D.J. 1995. On the current field associated with the Yellow Sea cold water mass. Oceanologia Et Limnologia Sinica, 26(5):1-7. (in Chinese with English abstract)

Su, J.L., Yuan, Y.L. 2005. China offshore hydrology. Beijing: Ocean Press. (in Chinese)

Suman, D.O., Kuhlbusch, T.A.J., Lim, B. 1997. Marine Sediments: A Reservoir for Black Carbon and their Use as Spatial and Temporal Records of Combustion. Berlin: Springer Berlin Heidelberg, pp. 271-293.

Sun, P.Y. 2007. Analysis of Ultrophication Variation Characteristic and Ecological Effect of Bohai Sea. Qingdao: Ocean University of China. (in Chinese)

Sun, X., Fan, D., Liao, H., Tian, Y. 2020a. Fate of Organic Carbon Burial in Modern Sediment Within Yangtze River Estuary. Journal of Geophysical Research: Biogeosciences, 125: e2019JG005379.

Sun, X., Fan, D., Liu, M., Liao, H., Tian, Y. 2020b. The fate of organic carbon burial in the river-dominated East China Sea: Evidence from sediment geochemical records of the last 70 years. Organic Geochemistry, 143: 103999.

Sun, X., Fan, D., Cheng, P., Hu, L., Sun, X., Guo, Z., Yang, Z. 2021. Source, transport and fate of terrestrial organic carbon from Yangtze River during a large flood event: Insights from multiple-isotopes ($\delta^{13}C$, $\delta^{15}N$, $\Delta^{14}C$) and geochemical tracers. Geochimica et Cosmochimica Acta, 308: 217-236.

Syvitski, J.P., Vörösmarty, C.J., Kettner, A.J., Green, P. 2005. Impact of humans on the flux of terrestrial sediment to the global coastal ocean. Science, 308: 376-380.

Tan, S.C., Shi, G.Y. 2006. Remote Sensing for Ocean Primary Productivity and Its Spatio-temporal Variability in the China Seas. Acta Geographica Sinica, 61(11): 1189-1199. (in Chinese with English abstract)

Tang, Y.Q., Zheng, S.L., Gong, M., Shi, J.Y., Huang, X.J. 1993. The biomarker compounds of cores from the South China Sea and the Okinawa Trough. Tropic Oceanology, 12(01): 57-63. (in Chinese with English abstract)

Tao, K., Xu, Y., Wang, Y., Wang, Y., He, D. 2021. Source, sink and preservation of organic matter from a machine learning approach of polar lipid tracers in sediments and soils from the Yellow River and Bohai Sea, eastern China. Chemical Geology, 582: 120441.

Tao, S., Eglinton, T.I., Montluçon, D.B., McIntyre, C., Zhao, M. 2015. Pre-aged soil organic carbon as a major component of the Yellow River suspended load: Regional significance and global relevance. Earth and Planetary Science Letters, 414: 77-86.

Tao, S., Eglinton, T.I., Montluçon, D.B., McIntyre, C., Zhao, M. 2016. Diverse origins and pre-depositional histories of organic matter in contemporary Chinese marginal sea sediments. Geochimica et Cosmochimica Acta, 191: 70-88.

Van der Voort, T.S., Mannu, U., Blattmann, T.M., Bao, R., Zhao, M., Eglinton, T.I. 2018. Deconvolving the Fate of Carbon in Coastal Sediments. Geophysical Research Letters, 45: 4134-4142.

van der Voort, T.S., Blattmann, T.M., Usman, M., Montluçon, D., Loeffler, T., Tavagna, M.L., Gruber, N., Eglinton, T.I. 2021. MOSAIC (Modern Ocean Sediment Archive and Inventory of Carbon): a (radio)carbon-centric database for seafloor surficial sediments. Earth System Science Data, 13: 2135-2146.

Wakeham, S.G., Canuel, E.A., Lerberg, E.J., Mason, P., Sampere, T.P., Bianchi, T.S. 2009. Partitioning of organic matter in continental margin sediments among density fractions. Marine Chemistry, 115: 211-225.

Wang, C., Hao, Z., Gao, J., Feng, Z., Ding, Y., Zhang, C., Zou, X. 2020. Reservoir Construction Has Reduced Organic Carbon Deposition in the East China Sea by Half Since 2006. Geophysical Research Letters, 47: e2020GL087357.

Wang, H., Kandasamy, S., Liu, Q., Lin, B., Lou, J.-Y., Veeran, Y., Lei, H., Liu, Z., Arthur Chen, C.-T. 2021. Roles of sediment supply, geochemical composition and monsoon on organic matter burial along the longitudinal mud belt in the East China Sea in modern times. Geochimica et Cosmochimica Acta, 305: 66-86.

Wang, H.W., Yu, F., Lv L.G., Diao, X.Y., Guo, J.S. 2009. Characteristics of Spatial and Interannual Variation in the Yellow Sea Warm Current Area in Winter. Advances in Marine Science, 27(2): 140-148. (in Chinese with English abstract)

Wang, J., Yao, P., Bianchi, T.S., Li, D., Zhao, B., Cui, X., Pan, H., Zhang, T., Yu, Z. 2015. The effect of particle density on the sources, distribution, and degradation of sedimentary organic carbon in the Changjiang Estuary and adjacent shelf. Chemical Geology, 402: 52-67.

Wang, P.X. 2002. Ice and carbon in climate evolution. Earth Science Frontiers, 9(1): 85-88. (in Chinese with English abstract)

Wang, R.M., Tang J.H., Huang, G.P., Chen, Y.J., Tian, C.G., Pan, X.H., Luo Y.M., Li, J., Zhang, G. 2015.

Provenance of organic matter in estuarine and marine surface sediments around the Bohai Sea. Oceanologia et Limnologia Sinica, 46(3): 497-507. (in Chinese with English abstract)

Wang, S., Fu, B., Piao, S., Lu, Y., Ciais, P., Feng, X., Wang, Y. 2016. Reduced sediment transport in the Yellow River due to anthropogenic changes. Nature Geoscience, 9: 38-41.

Wang, X., Ma, H., Li, R., Song, Z., Wu, J. 2012. Seasonal fluxes and source variation of organic carbon transported by two major Chinese Rivers: The Yellow River and Changjiang (Yangtze) River. Global Biogeochemical Cycles, 26(2): GB2025.

Wang, X., Xu, C., Druffel, E.M., Xue, Y., Qi, Y. 2016. Two black carbon pools transported by the Changjiang and Huanghe Rivers in China. Global Biogeochemical Cycles, 30: 1778-1790.

Wang, Y., Li, G., Zhang, W., Dong, P. 2014. Sedimentary environment and formation mechanism of the mud deposit in the central South Yellow Sea during the past 40 kyr. Marine Geology, 347: 123-135.

Wang, Y.Y., Zhang, G.D., Zhu, J.C., Zhou, F.G. 1991. The Early Diagenesis of the Sediments in the Estuary of Yangtze River and its Adjacent Shelf. Acta Sedimentologica Sinica, 9(1): 54-62. (in Chinese with English abstract)

Wu, W.H., Zheng, H.B., Yang, J.D., Luo, C., Zhou, B. 2011. Chemical weathering of large river catchments in China and the global carbon cycle. Quaternary Sciences, 31(3): 397-407. (in Chinese with English abstract)

Wu, X., Wu, B., Jiang, M., Chang, F., Nan, Q., Yu, X., Gaowa, S. 2020. Distribution, sources and burial flux of sedimentary organic matter in the East China Sea. Journal of Oceanology and Limnology, 38: 1488-1501.

Wu, Y., Eglinton, T., Yang, L., Deng, B., Montluçon, D., Zhang, J. 2013. Spatial variability in the abundance, composition, and age of organic matter in surficial sediments of the East China Sea. Journal of Geophysical Research: Biogeosciences, 118: 1495-1507.

Xia, B., Zhang, L. 2011. Carbon distribution and fluxes of 16 rivers discharging into the Bohai Sea in summer. Acta Oceanologica Sinica, 30(3): 43.

Xing, L., Hou, D., Wang, X., Li, L., Zhao, M. 2016. Assessment of the sources of sedimentary organic matter in the Bohai Sea and the northern Yellow Sea using biomarker proxies. Estuarine, Coastal and Shelf Science, 176: 67-75.

Xing, L., Zhang, H., Yuan, Z., Sun, Y., Zhao, M. 2011. Terrestrial and marine biomarker estimates of organic matter sources and distributions in surface sediments from the East China Sea shelf. Continental Shelf Research, 31: 1106-1115.

Xing, L., Zhao, M., Gao, W., Wang, F., Zhang, H., Li, L., Liu, J., Liu, Y. 2014. Multiple proxy estimates of source and spatial variation in organic matter in surface sediments from the southern Yellow Sea. Organic Geochemistry, 76: 72-81.

Xiong, L.F., Liu, J.H., Bai, Y.Z., Shi, X.F., Zou, J.J. 2010. Distribution pattern of POC of the spring suspended matter in the Yellow Sea and East China Sea. Marine Geology & Quaternary Geology, 30(03): 7-14. (in Chinese with English abstract)

Xiong, X.J. 2012. China coastal seas: Physical oceanography and marine meteorology. Beijing: Ocean Press. (in Chinese)

Xu, D.Y., Liu, X.Q., Zhang, X.H., Li, T.G., Chen, B.Y. 1997. Geology of China offshore areas. Beijing: Geology Press. (in Chinese)

Xu, J.S., Li, L.G. 1985. The characteristics of the distribution of several chemical compositions in the surface sediments of Dongshan Bay, Fujian. Journal of Oceanography in Taiwan Strait, 4(01). 29-37. (in Chinese with English abstract)

Xu, Y., Zhou, S., Hu, L., Wang, Y., Xiao, W. 2018. Different controls on sedimentary organic carbon in the Bohai

Sea: River mouth relocation, turbidity and eutrophication. Journal of Marine Systems, 180: 1-8.

Yang, L., Guo, W., Chen, N., Hong, H., Huang, J., Xu, J., Huang, S. 2013. Influence of a summer storm event on the flux and composition of dissolved organic matter in a subtropical river, China. Applied Geochemistry, 28: 164-171.

Yang, Z., Liu, J. 2007. A unique Yellow River-derived distal subaqueous delta in the Yellow Sea. Marine Geology, 240: 169-176.

Yao, P., Yu, Z., Bianchi, T.S., Guo, Z., Zhao, M., Knappy, C.S., Keely, B.J., Zhao, B., Zhang, T., Pan, H., Wang, J., Li, D. 2015. A multi-proxy analysis of sedimentary organic carbon in the Changjiang Estuary and adjacent shelf. Journal of Geophysical Research: Biogeosciences, 120: 1407-1429.

Yao, P., Zhao, B., Bianchi, T.S., Guo, Z., Zhao, M., Li, D., Pan, H., Wang, J., Zhang, T., Yu, Z. 2014. Remineralization of sedimentary organic carbon in mud deposits of the Changjiang Estuary and adjacent shelf: Implications for carbon preservation and authigenic mineral formation. Continental Shelf Research, 91: 1-11.

Yoon, S.-H., Kim, J.-H., Yi, H.-I., Yamamoto, M., Gal, J.-K., Kang, S., Shin, K.-H. 2016. Source, composition and reactivity of sedimentary organic carbon in the river-dominated marginal seas: A study of the eastern Yellow Sea (the northwestern Pacific). Continental Shelf Research, 125: 114-126.

Youn, J.-S., Kim, T.-J. 2008. Geochemical composition and provenance of surface sediments in the western part of Jeju island, Korea. Journal of the Korean Earth Science Society, 29: 328-340. (in Korean with English abstract)

Yu, C.Y., Liang, B., Bao, C.G., Li, M., Hu, Y.Y., Lan, D.D., Xu, Y., Luo, H., Ma, M.H. 2013. Study on eutrophication status and trend in Bohai Sea. Marine Environmental Science, 32: 175-177. (in Chinese with English abstract)

Yu, F., Zang, J.Y., Guo, B.H., Hu, X.M. 2002. Some phenomena of the Kuroshio intrusion into shelf area and the shelf circulation of the East China Sea. Advances in Marine science, 20 (03): 21-28. (in Chinese with English abstract)

Yu, M., Guo, Z., Wang, X., Eglinton, T.I., Yuan, Z., Xing, L., Zhang, H., Zhao, M. 2018. Sources and radiocarbon ages of aerosol organic carbon along the east coast of China and implications for atmospheric fossil carbon contributions to China marginal seas. Science of the Total Environment, 619-620: 957-965.

Yu, M., Eglinton, T.I., Haghipour, N., Montluçon, D.B., Wacker, L., Hou, P., Ding, Y., Zhao, M. 2021. Contrasting fates of terrestrial organic carbon pools in marginal sea sediments. Geochimica et Cosmochimica Acta, 309: 16-30.

Zeng D.Y., Ni, X.B., Huang, D.J. 2012. Temporal and spatial variability of the Zhe-Min Coastal Current and the Taiwan Warm Current in winter in the southern Zhejiang coastal sea. Scientia Sinica Terrae, 42(07): 1123-1134. (in Chinese)

Zhang, H., Xing, L., Zhao, M. 2017. Origins of terrestrial organic matter in surface sediments of the East China Sea shelf. Journal of Ocean University of China, 16: 793-802.

Zhang, H., Li, D.-W., Sachs, J.P., Yuan, Z., Wang, Z., Su, C., Zhao, M. 2021. Hydrodynamic processes and source changes caused elevated ^{14}C ages of organic carbon in the East China Sea over the last 14.3 kyr. Geochimica et Cosmochimica Acta, 304: 347-363.

Zhao, B., Yao, P., Bianchi, T.S., Arellano, A.R., Wang, X., Yang, J., Su, R., Wang, J., Xu, Y., Huang, X., Chen, L., Ye, J., Yu, Z. 2018. The remineralization of sedimentary organic carbon in different sedimentary regimes of the Yellow and East China Seas. Chemical Geology, 495: 104-117.

Zhao, B., Yao, P., Bianchi, T.S., Yu, Z.G. 2021. Controls on Organic Carbon Burial in the Eastern China Marginal Seas: A Regional Synthesis. Global Biogeochemical Cycles, 35: e2020GB006608.

Zhao, M.X., Zhang, Y.Z., Xing, L., Liu, Y.G., Tao, S.Q., Zhang, H.L 2011. The composition and distribution of n-alkanes in surface sediments from South Yellow Sea and their potential as organic matter source indicators.

Periodical of Ocean University of China (Natural Science), 41: 90-96. (in Chinese with English abstract)

Zhao, Q.J. 1993. The geochemical characteristics of inshore sediments from the southern of the Huanghai Sea. Marine Sciences, (01): 62-65. (in Chinese with English abstract)

Zhao, Y.Y., Yan, M.C. 1994. Geochemistry of shallow sea sediments in China. Beijing: Science Press. (in Chinese)

Zhu, C., Xue, B., Pan, J., Zhang, H., Wagner, T., Pancost, R.D. 2008. The dispersal of sedimentary terrestrial organic matter in the East China Sea (ECS) as revealed by biomarkers and hydro-chemical characteristics. Organic Geochemistry, 39: 952-957.

Zhu, C., Talbot, H.M., Wagner, T., Pan, J.-M., Pancost, R.D. 2011a. Distribution of hopanoids along a land to sea transect: Implications for microbial ecology and the use of hopanoids in environmental studies. Limnology and oceanography, 56: 1850-1865.

Zhu, C., Wagner, T., Pan, J.-M., Pancost, R.D. 2011b. Multiple sources and extensive degradation of terrestrial sedimentary organic matter across an energetic, wide continental shelf. Geochemistry, Geophysics, Geosystems, 12.

Zhu, C., Weijers, J.W.H., Wagner, T., Pan, J.-M., Chen, J.-F., Pancost, R.D. 2011c. Sources and distributions of tetraether lipids in surface sediments across a large river-dominated continental margin. Organic Geochemistry, 42: 376-386.

Zhu, C., Pan, J.-M., Pancost, R.D. 2012. Anthropogenic pollution and oxygen depletion in the lower Yangtze River as revealed by sedimentary biomarkers. Organic Geochemistry, 53: 95-98.

Zhu, C., Wagner, T., Talbot, H.M., Weijers, J.W.H., Pan, J.-M., Pancost, R.D. 2013. Mechanistic controls on diverse fates of terrestrial organic components in the East China Sea. Geochimica et Cosmochimica Acta, 117: 129-143.

Zhu, G.H., Brooks, J.M. 1986. A study of the source of organic matter in modern marine sediments with carbon stable isotope. Donghai Marine Sciences, 4(02): 53-59. (in Chinese with English abstract)

Zhu, G.H., Brooks, J.M., Kenoicutt, M.C. 1988. Organic geochemical exploration of sediment provenances of sediments in the Changjiang River Estuary and its adjacent areas. Acta Oceanologica Sinica, 10 (04): 460-469. (in Chinese)

Supplementary Table

Key terminologies and their abbreviations

Terminology	Abbreviation
Organic carbon	OC
Sedimentary organic carbon	SOC
Particulate organic carbon	POC
Total organic carbon	TOC
Terrestrial organic carbon	OC_{ter}
Marine organic carbon	OC_{mar}
Total nitrogen	TN
Total organic carbon/total nitrogen ratio	C/N
Stable carbon isotope ratio ($^{13}C/^{12}C$)	$\delta^{13}C$
Radioactive carbon isotope ratio ($^{14}C/^{12}C$ or $^{14}C/^{13}C$)	$\Delta^{14}C$
Fraction modern	Fm
Biospheric fraction modern	Fm_{bio}
Biospheric organic carbon	OC_{bio}
Petrogenic organic carbon	OC_{petro}
Terrestrial–biospheric organic carbon	$OC_{bio-ter}$
Marine–biospheric organic carbon	$OC_{bio-mar}$
Black carbon	BC
Mass accumulation rate of organic carbon	MAR_{OC}
Mass accumulation rate of terrestrial organic carbon Mass accumulation rate of marine organic carbon	MAR_{OC-ter} MAR_{OC-mar}
Mass accumulation rate of black carbon	MAR_{BC}